Analysis of papers and patents for the dominant economic forest species in China

我国主要优势经济林树种论文与专利分析

马文君　王忠明　王姣姣　李　博◎著

中国林业出版社

图书在版编目(CIP)数据

我国主要优势经济林树种论文与专利分析/马文君等著.—北京：中国林业出版社，2022.11

ISBN 978-7-5219-1822-9

Ⅰ.①我… Ⅱ.①马… Ⅲ.①经济林-树种-中国-文集②经济林-树种-专利-分析方法-中国 Ⅳ.①S727.3-53②G306

中国版本图书馆 CIP 数据核字(2020)第 215408 号

策划编辑：刘家玲
责任编辑：甄美子
封面设计：北京睿宸弘文文化传播有限公司

出版发行 中国林业出版社
(100009，北京市西城区刘海胡同 7 号，电话 83223120)
电子邮箱 cfphzbs@163.com
网　　址 www.forestry.gov.cn/lycb.html
印　　刷 三河市祥达印刷包装有限公司
版　　次 2022 年 11 月第 1 版
印　　次 2022 年 11 月第 1 次印刷
开　　本 787mm×1092mm 1/16
印　　张 11
字　　数 280 千字
定　　价 39.00 元

前言

科技文献是科学技术研究直接产出的重要形式，也是全球科技共同体确定和评价科技贡献的重要依据。科技论文可以从不同层面反映我国在基础研究、应用研究等方面开展的工作及其与国内外科技界的交流情况。专利代表技术发明活动的产出，借助专利指标和数据能够分析国家的发明活动、技术发展水平、技术变革的速度和方向以及科技竞争力。总体上，科技论文和专利指标能够反映出全球各国绝大部分科技活动的重要成果，不仅易于进行统计和计量分析，而且方便进行国际比较研究。

2014 年，国家林业局、国家发展和改革委员会、财政部联合印发了《全国优势特色经济林发展布局规划(2013—2020 年)》(以下简称《规划》)。《规划》按照“突出特色、统筹规划、科学引导、分步实施、重点扶持”的发展思路，重点选择木本油料、木本粮食、特色鲜果、木本药材、木本调料五大类 30 个优势特色经济林树种，进行科学布局，重点引导发展。其中，优势经济林包括油茶、核桃、板栗、枣、仁用杏 5 个树种，特色经济林包括油橄榄、长柄扁桃、油用牡丹、油桐、山桐子、柿、银杏、榛子、香榧、果用红松、澳洲坚果、杏、杨梅、猕猴桃、蓝莓、樱桃、山楂、石榴、花椒、八角、杜仲、厚朴、枸杞、金银花、沙棘 25 个树种。本书以《规划》重点选择的 5 个优势经济林树种，包括油茶、核桃、板栗、枣、杏，进行国内外论文和专利分析，运用科学计量学方法和可视化技术，对发展趋势、国

家、机构、作者、技术类别、核心文献等内容进行分析和总结，通过论文和专利的综合分析初步对我国主要经济林产业发展的科学研究和技术创新态势进行梳理和评估，并提出发展建议。

本书共分六章：第一章，研究背景与方法；第二章，中国论文分析；第三章，世界论文分析；第四章，中国专利分析；第五章，世界专利分析；第六章，结论与建议。本书旨在通过我国主要优势经济林树种论文与专利分析，了解其科技创新现状，为相关政府部门、科研单位和企业的决策与技术创新提供参考。

本书资料系统、内容翔实，具有较强的科学性、可读性和实用性，可供林业行政管理部门和企事业单位的干部、科研和教学人员参考。

由于时间仓促，本书难免有疏漏之处，敬请批评指正。

著 者

2022 年 10 月

目录

前　言

第一章　研究背景与方法

一、研究背景

2014 年，国家林业局、国家发展和改革委员会、财政部联合印发了《全国优势特色经济林发展布局规划(2013—2020 年)》(以下简称《规划》)。《规划》按照“突出特色、统筹规划、科学引导、分步实施、重点扶持”的发展思路，重点选择木本油料、木本粮食、特色鲜果、木本药材、木本调料五大类 30 个优势特色经济林树种，进行科学布局，重点引导发展。其中优势经济林包括油茶、核桃、板栗、枣、仁用杏 5 个树种，特色经济林包括油橄榄、长柄扁桃、油用牡丹、油桐、山桐子、柿、银杏、榛子、香榧、果用红松、澳洲坚果、杏、杨梅、猕猴桃、蓝莓、樱桃、山楂、石榴、花椒、八角、杜仲、厚朴、枸杞、金银花、沙棘 25 个树种。《规划》主要任务：一是培育推广优良品种，二是建设优质高产示范基地，三是推行标准化生产，四是提升产业化水平，五是强化科技支撑。

本书选择《规划》重点选择的 5 个优势经济林，包括油茶、核桃、板栗、枣、杏，进行国内外论文和专利分析，旨在全面掌握他们的科学和技术发展现状，发掘核心技术和关键技术点，为相关政府部门、科研单位和企业的决策和技术创新提供参考。

1. 油茶

油茶是山茶科山茶属常绿灌木或中乔木，为中国特有木本油料树种，与油橄榄、油棕、椰子并称为世界四大木本油料植物。我国油茶资源极为丰富，主要分布在长江流域及以南的中亚热带地区和部分热带及北亚热带地区，大面积栽培的有 20 多种，主要包括普通油茶、小果油茶、越南油茶、浙江红花油茶、腾冲红花油茶、攸县油茶等。自 2006 年国家林业局出台《关于发展油茶产业的意见》以来，油茶种植业迅速发展。2020 年《中国林业和草原统计年鉴》数据显示，中国油茶种植面积已达 445. 1130 万公顷，油茶定点苗圃 636 个，油茶定点苗圃面积 6529 公顷，油茶苗木产量 120308 万株，油茶籽产量 314. 1620 万吨，茶油产量 71. 9987 万吨。《全国油茶产业发展规划(2009—2020 年)》对全国油茶产区进行了种植区规划，分为最适宜栽培区、适宜栽培区和较适宜栽培区 3 个栽培区。其中，最适宜栽培区包括湖南、江西、广西、浙江、福建、广东、湖北、安徽 8 省(自治区)的 292 个县(市、区)的丘陵山区；适宜栽培区包括湖南、广西、浙江、福建、湖北、贵州、重庆、四川8省(自治区、直辖市)的157个县(市、区)的低山丘陵区；较适宜栽培区包括广西、福建、广东、湖北、安徽、云南、河南、四川、陕西9省(自治区)的183个县(市、区)的部分地区。

油茶是我国特有的木本油料树种，已有2300多年的栽培和利用历史。油茶籽可以加工优质食用油，还可广泛用于日用化工、制染、造纸、化学纤维、纺织、农药等领域。茶油是我国南方地区传统植物食用油。茶油脂肪酸结构合理，不饱和脂肪酸含量高达90%以上，油酸含量80%以上，亚油酸含量达到7%~13%，不仅有利于身体健康，而且适合中国传统高温烹饪，社会认可度高。目前，我国的高产油茶园每亩可产茶油40千克以上，综合利用效益可以达到数千元。在我国食用植物油自给严重不足的情况下，利用南方适宜地区的丘陵山地资源发展油茶产业，通过改造提升老油茶园，高标准建设新油茶园，是提升山地综合效益、解决林农就业和增收、保障粮油安全、推进生态建设、巩固脱贫成果、促进乡村振兴的当务之急、重中之重。

油茶是中国特有的木本油料树种，在国家大力发展木本油料产业，确保粮油安全的战略部署下，经过10多年的快速发展，油茶产业现已进入关键转型期。针对中国油茶产业转型期油茶精深加工和综合开发利用低，产业经营投资大，回收周期长，茶油价格昂贵，产业转型升级过程中的科研、服务、技术储备不足等问题，为确保中国油茶产业稳定可持续健康发展，油茶产业发展可以重点结合国家的生态建设、供给侧改革、精准扶贫精准脱贫等政策优势，整合利用好各方力量和资源，积极引导社会资本进入，在创新、协调、绿色、开放、共享五大发展理念的指引下，打破和消除原有生产、工艺等不利的方式和因素，进一步加快油茶产业生产专业化、规划布局区域化、经营一体化和管理企业化，用产业链、创新链、人才链、资金链、政策链等统筹协调发展，推动创新、人才、资金、政策的相互支持、相互融合、相互促进，强化形成叠加规模效应，全面合力推动油茶产业的转型升级发展，拓展油茶产业链和价值链，激活林农及各类经营主体的积极性，变资源优势为产业优势、经济优势、可持续发展优势。

2. 核桃

核桃是胡桃科核桃属落叶乔木，与扁桃、腰果、榛子一并称为世界“四大干果”，在世界上颇受喜爱，是最受欢迎的经济林果实之一。近年来，随着我国经济发展水平日益提高，核桃产业也在十分迅猛地发展。核桃作为中国重要的木本油料树种之一，在发挥生态保护、环境优化方面具有重要功能，同时，在促进贫困地区经济发展、实现我国乡村振兴战略方面也发挥着重要作用。该产业的健康、有序、快速发展对缓解中国粮油供给及促进西南地区经济发展具有重要的现实意义。中国核桃主要种植区域分布在西南、大西北、东部沿海和华中区域，核桃产量主要集中在云南、新疆、四川、陕西等地区。近年来，中国核桃产业发展迅速，种植面积、产量均居世界第一，已经成为名副其实的核桃生产大国。2020年《中国林业和草原统计年鉴》数据显示，中国核桃种植面积已达782.2198万公顷，核桃苗圃2039个，核桃苗圃面积25073公顷，核桃苗木产量132014万株，核桃产量(干重)479.5939万吨，核桃油产量33080吨。

自2017年起，中国核桃产业“供大于求”的格局逐渐显现，尤其是生产良种化率低、市场中品牌长尾效应较明显、深加工领域薄弱等问题较为突出。我国核桃加工主要分为初加工与深加工，初加工如核桃的干制；深加工包括核桃油的压榨，核桃蛋白粉的制备，以核桃仁为原料生产休闲食品，以核桃青皮、壳等为原料生产加工日化产品等。在贸易流通方面，以电商平台为代表的新兴渠道快速增长，为以核桃为首的坚果品类提供更广泛的终端消费者触达。我国核桃产业将逐渐完成从“量”向“质”的转变，种植面积稳中有降，亩产效率不断提升。价格持续波动将进一步倒逼加工业向深加工转型，同时拥有更稳定终端价格的核桃乳、核桃油等精细加工产品占有比例将会持续提升。未来行业“供大于求”的现状将得到改善，进出口量占比仍会保持在较低水平。随着行业发展质量的提升，拥有较高附加值的核桃产品如优质的核桃坚果，精深加工的产品等占总出口额的比例将不断提升，行业出口局面将从低价向更有竞争力的产品输出转变。

3. 板栗

板栗又称栗子、毛栗等，属壳斗科栗属植物，世界上对栗属植物进行经济栽培的主要有中国板栗、欧洲栗和日本栗。板栗原产自中国，乃中国驯化利用最早的果树之一。板栗在富含蛋白质、淀粉、脂肪的同时，还含有丰富的 B 族维生素、维生素 C、胡萝卜素等，板栗美味可口，营养价值高，经常食用具有益气健脾、补肾强筋等保健作用，素有“铁杆庄稼”“木本粮食”之美誉。发展板栗产业既有利于绿化荒山、开发山区资源、促进农村经济发展，又丰富了果品种类，满足了市场与人民生活需要。中国乃至世界各国人民的餐桌上都少不了板栗产品，板栗产业具有广阔的市场前景。

中国一直是世界上板栗第一生产大国，中国板栗以优良的品质和高度的抗逆性享誉世界。2020 年《中国林业和草原统计年鉴》数据显示，中国板栗产量 225. 2578 万吨。自 2015 年以来我国板栗产量较为稳定的增长，中国板栗的生产情况直接影响着世界板栗产业的发展，但中国板栗单位面积产量仍有很大的发展空间，此外中国是板栗出口量最多的国家，但出口单价偏低，在国际市场中价格竞争力较弱。

中国作为板栗的原产地，近年来板栗产业得到很大的发展，但依然存在种植品种杂乱、管理粗放、机械化水平低、经济效益不高等问题，这导致了中国板栗在国际市场上竞争力的降低。中国板栗产业应向着规模化、机械化、信息化、可循环化和国际化的方向发展，开拓板栗的发展前景，提升板栗的国际市场竞争力。

4. 枣

枣为鼠李科枣属植物，是枣属 170 多个种中栽培面积最大、经济效益和生态效益最高的种。枣树原产于我国黄河中下游地区，是我国最古老的栽培果树之一，与桃、杏、李、板栗并称古代五果，世界上分布和栽培枣树的国家和地区都是从中国直接或间接引进的。早在 2000 年前，枣树就沿古丝绸之路进入中亚和欧洲，继而传播到五大洲至少 47 个国家。但除韩国、伊朗等少数国家形成了规模化商品栽培外，大多仍停留在庭院栽培或本地销售状态，或仅作为种质资源保存，全世界近 99%的枣产量和近 100%的枣产品国际贸易集中在我国。2020 年《中国林业和草原统计年鉴》数据显示，中国枣（干重）产量 516. 9741 万吨。枣树具有适应性广抗逆性强的特点，还具有抗盐耐碱，耐瘠薄，早果丰产，管理简单容易，且富含人体所需的营养保健成分，在我国果树栽培中已经取得显著的经济价值、社会效益和生态效益。近年来，枣产业在新疆、甘肃等西部省份得到迅猛发

展，在我国果树和生态经济林发展中发挥了突出作用，种植规模和产量在全国占有重要地位，深深影响了我国果树业的发展。

新中国成立以来，我国枣科研突飞猛进实现了历史性跨越，已从最初的总结生产经验为主发展到育种、栽培、植保、贮运、加工全产业链创新引领研究；从表观研究为主发展到细胞、生理生化、分子和组学等多层次综合研究；从个别单位少数人的自发研究发展到全国性和国际性的大合作研究。然而，我国枣树的种质资源创新和品种选育进程相对滞后，优良品种的更新更为缓慢，迄今为止枣品种的选育方式仍以传统选育方法为主现代育种为辅，如地方品种优选(优中选优)、实生和芽变育种、杂交育种为传统育种；现代育种主要指分子育种和杂交育种。当前，我国枣产业正处于转型升级关键期，正在迈向高质量和国际化发展新时代。今后的枣研究应更加实时精准的应答产业、市场和政府需求并积极创造和引领需求；深入开展基于组学的基础研究，为技术升级提供基础支撑；建立快速育种技术体系，推动品种结构优化升级；建立省力、安全、优质、高效的新一代栽培技术体系，推动栽培管理模式换代升级；建立新一代采后处理与加工技术体系，推动产业和市场结构优化升级。

5. 杏

杏为蔷薇科李属植物，原产于中国，5000~6000 年前已经被古代人们采食和利用。杏在中国至少有 3000~4000 年的栽培历史。杏果实成熟早，具有独特的香气，在世界各地广泛栽培。杏通过丝绸之路从中国北方和新疆地区传播到伊朗、土库曼斯坦、高加索等中亚地区，再传播至亚美尼亚、阿塞拜疆、土耳其等地；而后，罗马人征战亚美尼亚时又将其带到意大利、希腊等南欧和环地中海地区；然后传至中欧、东欧各国以及美国。杏的抗性强、果实的食用品质特点突出、品种和类型丰富、加工产品多样、增值利用潜力巨大。我国杏栽培面积和产量均居世界首位，杏树栽培在我国农业种植结构调整和生态防护林体系建设中发挥着重要的作用。

杏作为特色果树，特点和优势突出，但与苹果、梨、柑橘、葡萄等耐贮运、供应期长的大宗果树相比弱点也很明显，杏的贮运性能差，供应期和货架期短；由于花期早，杏花经常遭受晚霜危害，导致减产甚至绝收；生产上栽培的品种品质参差不齐；市场上供应的杏果由于采收过早，品质极差，加之在我国关于杏的说法“桃饱杏伤人”等流传广泛，使消费者对于杏的偏见加深，这对杏产业的发展尤为不利。这些都是杏产业发展面临的难题和挑战，也是长期制约发展的瓶颈。

由此，在杏种质资源保存利用、种质创新、新品种尤其是抗(避)晚霜、成熟期大幅度延后或提前的突破性优良品种的培育等产业链上游方面加强研发，在优质高效栽培、安全生产、采后处理、包装及优质商品提升、冷链供应技术等产业链中游等方面进行技术突破、集成和应用，使生产和市场有效地衔接，大幅度地提高商品品质，为消费者供应更多优质的杏果，转变消费者的认识误区，同时进一步开发杏的新型加工品、加强正面宣传、正确引导消费，为杏及其产品销售创造良好的商品市场氛围，将是弥补杏产业发展的劣势、促进行业效益整体提升的关键所在，是使杏产业长期发展缓慢的面貌得以改善并突出重围的根本出路。

二、研究方法

科技创新是科学创新与技术创新的总称，科学创新是对自然界客观规律的探索和新知识的发现，技术创新是改造世界的方法、手段和过程，表现为科学知识基础上的技术发明和持续升级，两者有机融合、相互促进，共同决定了科技创新的质量、效益和走向。随着科技成果的重要载体——科技文献的迅速积累，科学计量方法成为定量分析科学-技术关联的主要方法。在诸多科技文献中，科学论文(以下简称论文)是科学研究的成果，承载了人类的科学基础知识，主要解决是什么、为什么的问题，专利文献(以下简称专利)是技术创新的成果，蕴含了大量的先进技术，主要是解决怎么做、如何做的问题。论文和专利数据资源丰富，具有易获取的特点，现已广泛应用于学科或技术领域热点及前沿识别、学科交叉与技术融合预测等方面。因此，无论是从理论上还是实践上，将论文和专利分别作为测度科学研究和技术创新活动的指标均具有合理性。

科技文献是科学技术研究直接产出的重要形式，也是全球科技共同体确定和评价科技贡献的重要依据。科技论文可以从不同层面反映我国在基础研究、应用研究等方面开展的工作及其与国内外科技界的交流情况。公开发表科技论文有利于科学技术知识的传播，有利于科学与技术的融合以及交叉科学的出现和发展。同时，对科技论文优先权的承认也是科学研究的前沿性和创新性的重要保证。

专利代表技术发明活动的产出，借助专利指标和数据能够分析国家的发明活动、技术发展水平、技术变革的速度和方向以及科技竞争力。最重要的是，将专利产出与研发投入联系起来，可以大体揭示出研发投入在技术发明成果上的产出效率。专利包括实用新型、外观设计和发明专利三种类型，其中，发明专利的科技含量最高，是新产品和新工艺的核心，能够在很大程度上反映国家的技术开发能力和核心竞争力，从而成为衡量科技产出和进行国际比较的重要指标。

总体上，科技论文和专利指标能够反映出全球各国绝大部分科技活动的重要成果，不仅易于进行统计和计量分析，而且方便进行国际比较研究。

本书运用科学计量学方法，以油茶、核桃、板栗、枣、杏 5 个树种研究的文献为研究对象，运用科学计量学方法和可视化技术，对发展趋势、国家、机构、作者、技术类别、核心文献等内容进行分析和总结，通过论文和专利的综合分析初步对油茶、核桃、板栗、枣、杏 5 个树种的科学研究和技术创新态势的进行梳理和评估。

本书运用科学计量学方法的具体步骤如下。

(1) 确定数据来源

中国论文采用中国科学引文数据库(CSCD)作为数据来源，世界论文采用 Web of Science 数据库的科学引文索引(SCIE)，中国专利和国外专利均采用智慧芽全球专利数据库(patsnap)的授权发明专利数据。由于本书需要对论文和专利进行综合分析，因此论文和专利的数据来源选择需要具有一定可比性。而 CSCD 和 Web of Science 是国内外高质量论文的代表性数据库，论文发表均经过同行评议，因此国内外专利数据仅选择经过实质审查的具有较高质量的授权发明专利。

中国科学引文数据库(CSCD)创建于 1989 年，收录我国数学、物理、化学、天文学、地学、生物学、农林科学、医药卫生、工程技术、环境科学和管理科学等领域出版的中英文科技核心期刊和优秀期刊千余种，目前已积累从1989年到现在的论文记录5904965条，引文记录90145895条。中国科学引文数据库内容丰富、结构科学、数据准确。系统除具备一般的检索功能外，还提供新型的索引关系——引文索引，使用该功能，用户可迅速从数百万条引文中查询到某篇科技文献被引用的详细情况，还可以从一篇早期的重要文献或著者姓名入手，检索到一批近期发表的相关文献，对交叉学科和新学科的发展研究具有十分重要的参考价值。

Web of Science是获取全球学术信息的重要数据库，它收录了全球13000多种权威的、高影响力的学术期刊，内容涵盖自然科学、工程技术、生物医学、社会科学、艺术与人文等领域。Web of Science收录了论文中所引用的参考文献，通过独特的引文索引，用户可以用一篇文章、一个专利号、一篇会议文献、一本期刊或者一本书作为检索词，检索它们的被引用情况，轻松回溯某一研究文献的起源与历史，或者追踪其最新进展。Web of Science中的Science Citation Index-Expanded，即科学引文索引，是一个涵盖了自然科学领域的多学科综合数据库，共收录9000多种自然科学领域的世界权威期刊，数据最早回溯至1900年，覆盖了177个学科领域。

智慧芽全球专利数据库(PatSnap)深度整合了从1790年至今的全球126个国家地区的1.6亿多条专利数据，每周更新，提供全球专利中文翻译、引用数据、同族信息，可以轻松获悉国内外技术及全球布局情况。

(2)数据检索和清洗

通过阅读相关专利文献和理论文献，并结合专家建议，确定了与中国主要经济林树种油茶、核桃、板栗、枣、杏5个树种的中英文检索词，通过多次预检，确定了最终检索式，如下。

①中文检索式：标题=(油茶 OR 核桃 OR 板栗 OR 枣 OR 杏) NOT 标题=(山核桃 OR 杏鲍菇 OR 酸枣 OR 银杏 OR 杏仁核 OR 沙枣 OR 拐枣)

②英文检索式：标题=(“Camellia oleifera” or “Juglans regia” or walnut or “Castanea mollissima” or “Chinese chestnut” or “Ziziphus jujuba” or jujube or “date tree” or Armeniaca or apricot)

数据检索日期为2021年9月。

数据初检后，再通过人工排查，将与主题不相关的论文和专利剔除，然后对机构等字段进行整理，主要包括：对重点机构的不同别名、译名、母公司和子公司名称进行规范和统一。经过数据清洗和整理，数据字段更完善，数据质量更高。

论文检索结果表明，油茶、核桃、板栗、枣、杏的中国CSCD论文分别为1490件、1609件、1018件、2855件、1522件，世界SCI论文分别为561件、7231件、531件、1231件、2415件。

专利检索结果表明，油茶、核桃、板栗、枣、杏的中国授权发明分别为558件、778件、351件、1097件、334件，世界授权发明专利分别为558件、1272件、351件、1313件、868件。

(3)选择分析工具

论文数据的分析工具采用文本挖掘软件Derwent Data Analyzer(DDA)、文献计量软件

VOSviewer 和微软办公软件 EXCEL。

专利数据的分析工具采用智慧芽专利分析系统和微软办公软件 EXCEL。

DDA 是一个具有强大分析功能的文本挖掘软件，可以对文本数据进行多角度的数据挖掘和可视化的全景分析。DDA 由科睿唯安和乔治亚理工学院共同研发，其中，部分分析算法与模型由乔治亚理工学院技术政策与评估中心研制，被全球诸多学术与政府机构和高科技企业所应用。DDA 能够帮助研究人员从大量的科技文献或专利文献中发现竞争情报和技术情报，为清理海量数据、洞察科学技术的发展趋势、发现新兴技术、寻找合作伙伴、确定研究战略和发展方向提供有价值的依据。

VOSviewer 是一个用于构建和可视化文献计量网络的软件工具，可用来针对期刊、研究者、研究机构、国家、关键词和术语等，进行合作网络分析、共现分析、引证分析、文献耦合分析、共被引分析。VOSviewer 是荷兰莱顿大学科技研究中心的 Van Eck 和 Waltman 于 2009 年开发的一款基于 JAVA 的免费软件，主要面向文献数据，适应于一模无向网络的分析，侧重科学知识的可视化。与其他文献计量软件相比，VOSviewer 最大的优势就是图形展示能力强，适合大规模数据，且通用性强，适配于各种数据库的各种格式的来源数据。

智慧芽专利分析系统可以基于智慧芽全球专利数据库进行多维度、可视化的数据分析，简单快捷。智慧芽专利分析系统基于机器学习对海量数据进行分析，包括趋势分析、引用分析、地域分析、技术分析、诉讼风险、价值分析、文本聚类分析等，可以快速掌握一个企业/行业的竞争者、技术分布、重要专利、关键诉讼等信息。智慧芽(PatSnap)是一家科技创新情报 SaaS 服务商，聚焦科技创新情报和知识产权信息化服务两大板块。通过机器学习、计算机视觉、自然语言处理(NLP)等人工智能技术，智慧芽为全球领先的科技公司、高校和科研机构、金融机构等提供大数据情报服务。

第二章　中国论文分析

一、油茶

1. 年度分析

截至 2021 年 9 月，油茶中国论文共 1490 篇。从图 2-1-1 油茶中国论文年度分布图可知，油茶论文数量在过去 30 多年总体呈波动上升趋势，油茶的研究发展脉络主要分三个时期：1990—2006 年是第一个增长期，在此期间论文数量一直增长非常缓慢；2007—2012 年则是快速增长期，尤其是 2009 年以后论文数量激增，2012 年达到峰值 147 篇；2013 年以来发文量增速放缓较前一阶段略微呈下降趋势，但总体维持在较高水平，年度平均发文量为 110 篇。为了促进油茶产业又好又快发展，2006 年国家林业局发布《国家林业局关于发展油茶产业的意见》，因此 2007 年以来中国油茶论文数量的快速增长可能与国家政策相关。

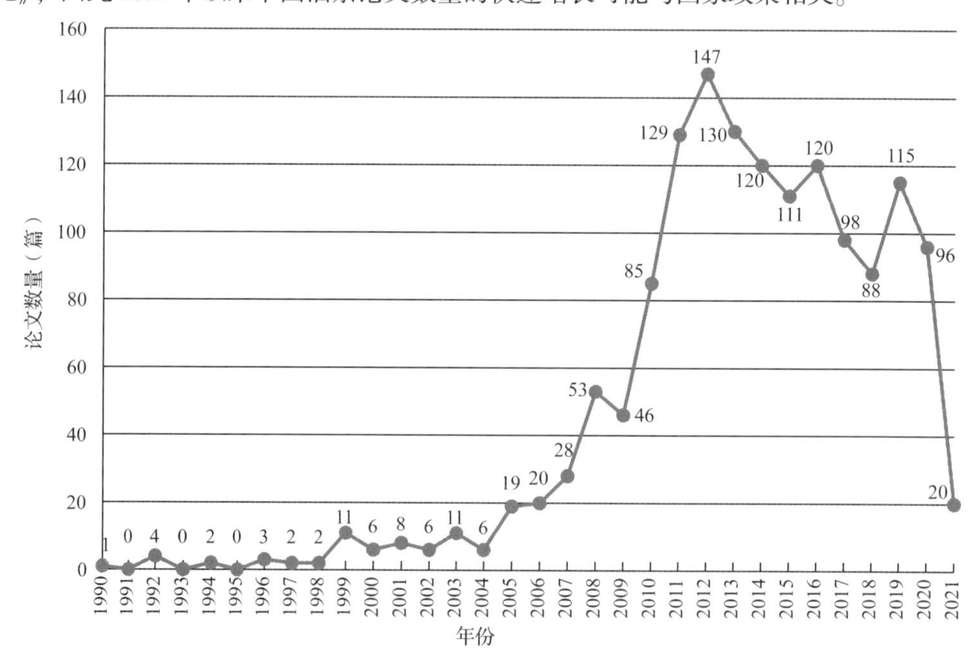

图 2-1-1　油茶中国论文年度分布（1990—2021 年）

2. 来源期刊分析

通过对1490篇油茶中国论文的来源期刊进行统计分析，共得到189种来源期刊，其中载文10篇以下的共154个，约占期刊总数的81.48%。载文量排名前10的期刊如图2-1-2所示，47.11%的论文(702篇)发表在排名前10的期刊上。发表论文最多的期刊是《中国油脂》，共发表169篇，占总量的11.34%，其次是《中南林业科技大学学报》(151篇，10.13%)、《中国粮油学报》(83篇，5.57%)、《林业科学研究》(58篇，3.89%)、《江西农业大学学报》(49篇，3.29%)。此外，《林业科学》《食品工业科技》《广东农业科学》《食品科学》《中国农学通报》5本期刊的油茶载文量均在35篇以上。

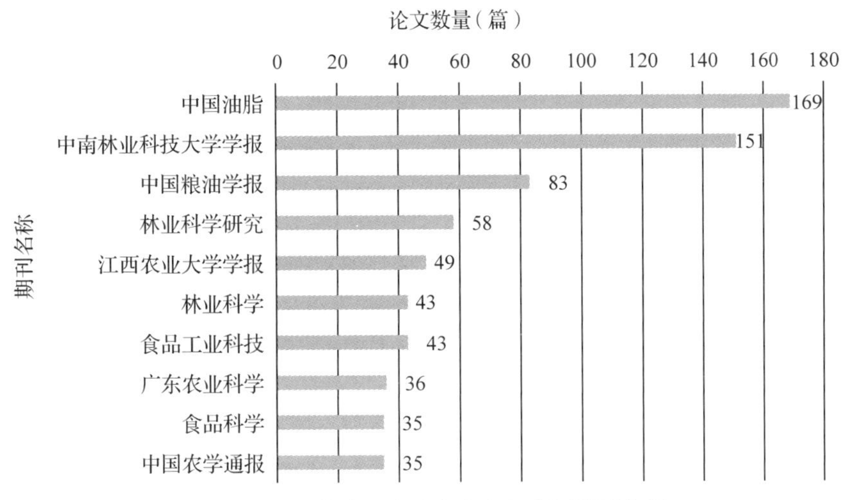

图2-1-2　油茶中国论文发表主要来源期刊分析

从排名前10位来源期刊的论文年度分布来看，近年来，《中国油脂》《中南林业科技大学学报》《中国粮油学报》和《林业科学研究》对油茶论文的录用比较多(图2-1-3)。

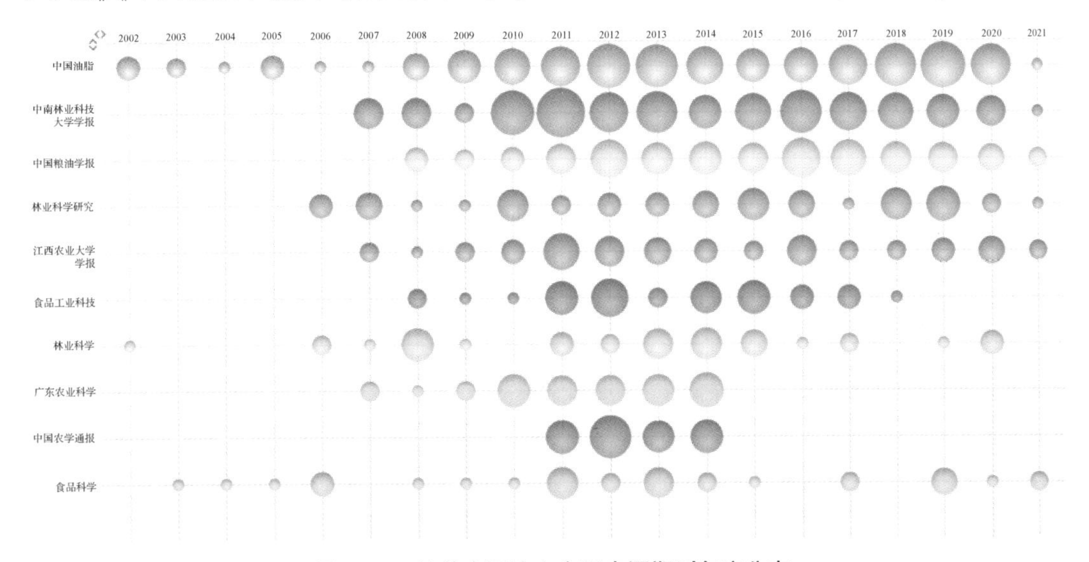

图2-1-3　油茶中国论文主要来源期刊年度分布

3. 作者分析

经过统计分析，1490 篇油茶中国论文由 3454 位不同作者合作完成，发文量排名前 10 的作者如表 2-1-1，其中，来自中国林业科学研究院亚热带林业研究所的姚小华发文量最多，发文数量为 110 篇。根据普赖斯定律确定核心作者发文量的统计方法，核心作者的发文数量最少应为 $N=0.749\sqrt{110}$，即 7.86 篇，发文量达到 8 的作者为核心作者，满足此条件的核心作者只有 119 位(占比 3.4%)，其余 3335 位均为边缘作者。核心作者较少，加之发文要求较高，表明中国油茶研究核心作者队伍已初步形成，核心作者的相关研究奠定了油茶领域的研究基础。

油茶的作者分析表明，排名第一的是姚小华，其次是谭晓风、陈永忠、王开良、彭邵锋、王湘南，油茶发文数量都在 50 篇以上。排名第一的是姚小华，男，1962 年 1 月出生，中国林业科学研究院亚热带林业研究经济林研究室主任，研究员，长期从事经济林培育与利用技术研究，主要研究油茶等木本油料树种培育与利用技术。排名第二的是谭晓风，男，1956 年 12 月出生，中南林业科技大学教授，经济林育种与栽培国家林业和草原局重点实验室主任，从事森林培育、经济林育种与栽培的研究与教学工作，主要开展了油茶等经济林树种的种质创新、优质丰产栽培技术和应用基础方面的研究工作。排名第三的是陈永忠，男，1965 年 8 月出生，湖南省林业科学院党委委员、经济林果研究所所长、油茶研究所所长，研究员、博士生导师，从事油茶育种与栽培技术研究。

表 2-1-1 油茶中国论文主要作者

排名	作者	论文数量	机构
1	姚小华	110	中国林业科学研究院亚热带林业研究所
2	谭晓风	92	中南林业科技大学
3	陈永忠	76	湖南省林业科学院
4	王开良	69	中国林业科学研究院亚热带林业研究所
5	彭邵锋	58	湖南省林业科学院
6	王湘南	53	湖南省林业科学院
7	陈隆升	50	湖南省林业科学院
8	钟海雁	47	中南林业科技大学
9	费学谦	45	中国林业科学研究院亚热带林业研究所
9	周国英	45	中南林业科技大学

利用 VOSviewer 中作者合作网络分析（Co-author)功能对 119 位核心作者进行聚类分析，如图 2-1-4 分析结果显示，119 位作者被分成 24 个聚类，每个聚类的作者有共同关注的研究主题及合作关系，核心作者之间形成了以姚小华、谭晓风、陈永忠、费学谦、周国英等为代表的研究团队。由图可以得出，油茶发文量前 10 的作者中，姚小华和王开良为同一团队，陈永忠、王湘南、彭邵锋和陈隆升为同一团队，费学谦和钟海雁为同一团队。其中几个较大的聚类作者(研究团队)之间也存在密切的合作关系。另外，受制于地域、学缘关系等原因，几个小的聚类作者与其他作者合作很少。

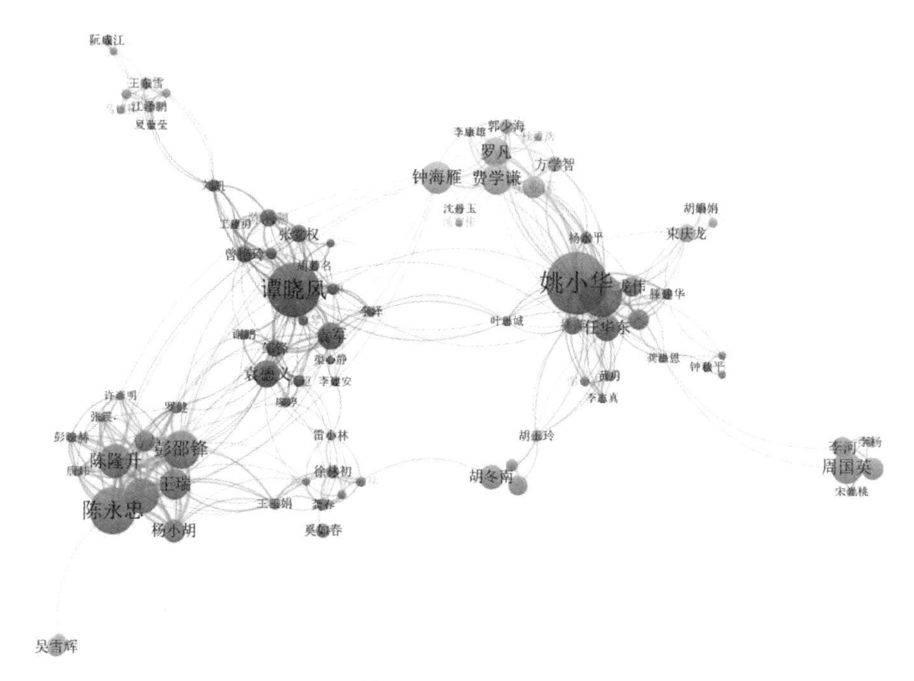

图 2-1-4　油茶中国论文核心作者合作关系图

作者的论文年度分布分析表明，中国林业科学研究院亚热带林业研究所的姚小华团队和湖南省林业科学院的陈永忠团队近年来的油茶论文发表十分活跃(图 2-1-5)。

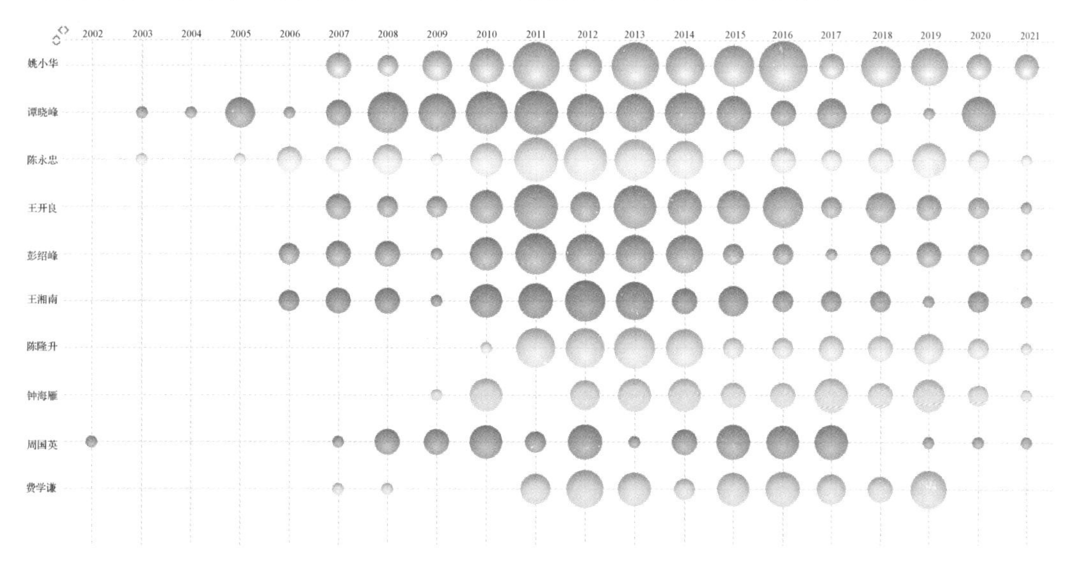

图 2-1-5　油茶中国论文主要作者年度分布

4. 关键词分析

关键词概括了文章的主要内容，可以表达一篇文章的主题与研究点。因此，关键词出现的频次越多，该词在当前研究领域中的关注程度越高。利用 VOSviewer 中的关键词共现图对文章中出现的高频词进行分析，探索该领域的研究热点。关键词共现图将关键词通过圆圈和标签进行标记，灰度代表关键词的类别，而圆圈的大小代表关键词重要性的高低，不同关键词之间的连线表明关键词之间联系，线条的粗细反映了主题内容的亲疏关系。油茶中国论文关键词共现分析如图 2-1-6。

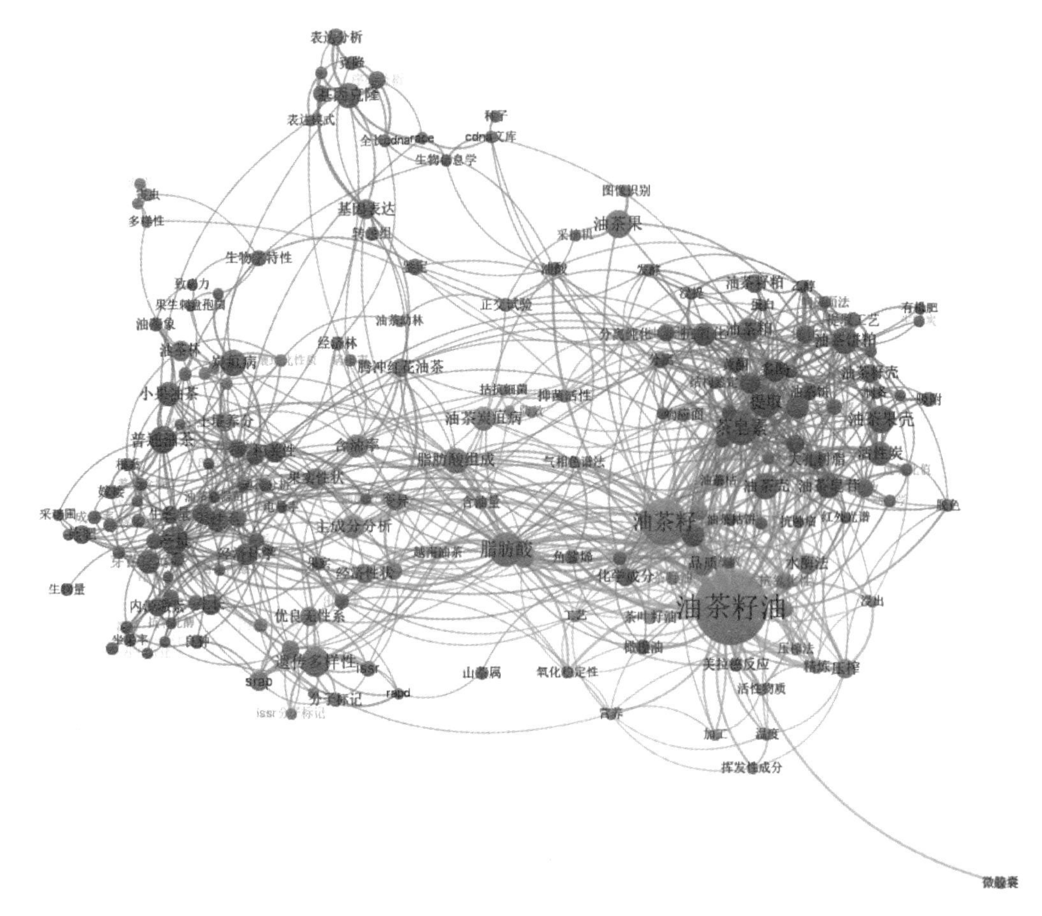

图 2-1-6 油茶中国论文关键词共现分析

对油茶关键词出现的频次进行统计，词频排名前 10 的油茶关键词如表 2-1-2。可见油茶中国论文的研究主题主要包括：油茶籽油、油茶籽、脂肪酸、茶皂素、遗传多样性、产量、普通油茶、油茶果、油茶果壳、油茶饼粕。可总结为：①油茶产品研究，如油茶籽油、从油茶籽提取的茶皂素；②油茶产量的提升研究；③油茶种质资源的遗传多样性研究等。

表 2-1-2 油茶中国论文主要关键词

排名	关键词	频次	排名	关键词	频次
1	油茶籽油	182	6	产量	27
2	油茶籽	73	7	普通油茶	26
3	脂肪酸	40	8	油茶果	25
3	茶皂素	40	8	油茶果壳	25
5	遗传多样性	30	10	油茶饼粕	24

5. 机构分析

经统计，油茶中国论文发表机构中产出量最多的是中南林业科技大学，322 篇，其次是中国林业科学研究院(209 篇)、湖南省林业科学院(91 篇)、华南农业大学(70 篇)、江西农业大学(60 篇)、安徽农业大学(54 篇)，排名前 10 位的发文机构见表 2-1-3。其中，中国林业科学研究院中论文产出量最大的是中国林业科学研究院亚热带林业研究所(155 篇)。

表 2-1-3　油茶中国论文发表主要机构

排名	机构名称	论文篇数
1	中南林业科技大学	322
2	中国林业科学研究院	209
3	湖南省林业科学院	91
4	华南农业大学	70
5	江西农业大学	60
6	安徽农业大学	54
7	广西壮族自治区林业科学研究院	49
8	福建农林大学	44
9	江西省林业科学院	32
10	南京林业大学	31

油茶中国论文排名前 10 机构的年度发文量分析表明(图 2-1-7)，排名前 3 位的中南林业科技大学、中国林业科学研究院和湖南省林业科学院的论文发表主要集中在 2010—2020 年，且这期间年发文量均维持在较高水平。华南农业大学、江西农业大学近十年来油茶论文年产出均衡。

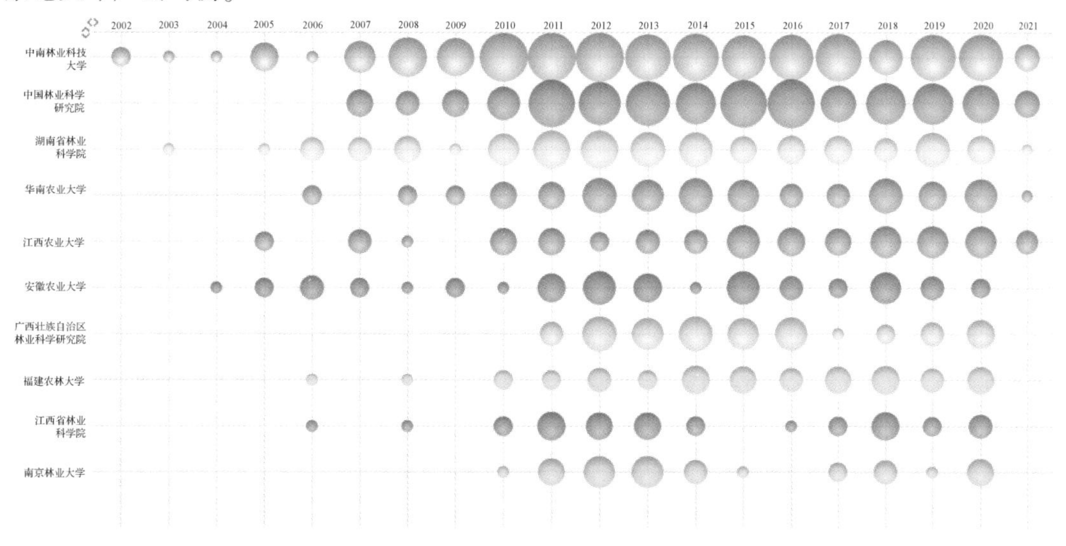

图 2-1-7　油茶中国论文发表主要机构年度发文量分析

6. 高被引论文分析

被引频次高的文献一般标志着该科研成果具有较高的学术影响力。油茶中国论文被引次数排名前 3 的高被引论文详情见表 2-1-4。其次，被引次数排名前 10 的其余高被引论文详情见表 2-1-5。

表 2-1-4 油茶高被引中国论文

1. 油茶籽油与橄榄油营养价值的比较	
作者	柏云爱；宋大海；张富强；肖学军；王群学
机构	国家粮食储备局西安油脂科学研究设计院；赤峰北疆粮油购销有限责任公司；郑州新力德粮油科技有限公司
年份	2008
期刊	中国油脂
基金	无
关键词	油茶籽油；橄榄油；营养价值；比较
摘要	油茶籽油是我国特有的一种高级食用油，享有“油中珍品”的美称。它富含单不饱和脂肪酸，其脂肪酸组成与橄榄油相似，有“东方橄榄油”之称；油茶籽油中含有橄榄油所没有的生理活性物质，能预防各种心脑血管疾病；老年人可因食用油茶籽油而得益，所以油茶籽油被称为“长寿油”。
被引数量	55
2. 油茶栽培分布与立地分类的研究	
作者	何方；何柏
机构	中南林学院
年份	2002
期刊	林业科学
基金	无
关键词	油茶；栽培分布；生态习性；立地分类；立地类型
摘要	油茶立地分类即是在其栽培分布区各类生境对油茶适生程度的分类，是因地制宜规划发展油茶生产，进行宏观调控的科学依据。立地类型划分是油茶宜林地选择的技术方法。本项研究是在 1981 年开始，历时 20 年的相关研究基础上进行的。研究证明油茶栽培分布主要在北纬 23°30′~31°00′，东经 104°30′~121°25′。属中亚热带东段湿润季风区，包括湖南等 11 省(自治区、直辖市)的全部或部分。在分布区内共划分出 32 个立地区，今后我国发展油茶应限制在立地区内。并根据地貌、坡度、土层厚度进一步划分出 36 个不同的立地类型。
被引数量	47
3. 油茶籽油和橄榄油中主要化学成分分析	
作者	汤富彬；沈丹玉；刘毅华；钟冬莲；吴亚君；滕莹
机构	中国林业科学研究院亚热带林业研究所；中国检验检疫科学研究院
年份	2013
期刊	中国粮油学报
基金	林业公益性行业科研专项；质检公益性行业科研专项
关键词	油茶籽油；橄榄油；脂肪酸；角鲨烯；β-谷甾醇

（续）

摘要	采用气相色谱法，研究比较了油茶籽油和橄榄油中脂肪酸组成、角鲨烯和β-谷甾醇含量的差异。结果表明，油茶籽油和橄榄油样品中均分离并鉴定出8种脂肪酸组分，主要含有棕榈酸、棕榈烯酸、硬脂酸、油酸、亚油酸、亚麻酸、花生酸和顺-11-二十碳烯酸。油茶杆油和橄榄油中脂肪酸组成接近，但各脂肪酸含量略有差别。油茶籽油和橄榄油中角鲨烯含量差异较大，油茶籽油样品角鲨烯含量最高为0.156g/kg，最低的只含有0.077g/kg，平均值为0.117g/kg。而橄榄油样品角鲨烯含量最低的有4.511g/kg，而最高的达到8.401g/kg，平均值为5.78g/kg，橄榄油中角鲨烯含量为油茶籽油中的近50倍。油茶籽油和橄榄油中β-谷甾醇含量差异不大，油茶籽油中β-谷甾醇含量高于橄榄油。油茶料油中仅有1个样品含量最低，为1.08g/kg，其他样品含量都在2.0~3.5g/kg，平均值为2.422g/kg，而橄榄油样品中β-谷甾醇含量较高的2个样品分别有2.05g/kg和2.09g/kg，其余样品含量均在1.0~2.0g/kg，平均值为1.534g/kg。油茶籽油样品中β-谷甾醇含量为橄榄油样品的1.58倍。
被引数量	44

表 2-1-5 油茶主要高被引中国论文

排名	题名	作者	期刊	年份	被引频次
4	油茶种子含油率和脂肪酸组成研究	王湘南；陈永忠；伍利奇；刘汝宽；杨小胡；王瑞；喻科武	中南林业科技大学学报	2008	39
4	油茶果实生长特性和油脂含量变化的研究	陈永忠；肖志红；彭邵锋；杨小胡；李党训；王湘南；段玮	林业科学研究	2006	39
6	油茶种子 EST 文库构建及主要表达基因的分析	谭晓风；胡芳名；谢禄山；石明旺；张党权；乌云塔娜	林业科学	2006	38
7	不同配方施肥对幼龄油茶的影响	胡冬南；游美红；袁生贵；雷俊；郭晓敏	西北林学院学报	2005	36
8	不同制油方法对油茶籽油品质的影响	方学智；姚小华；王开良；王亚萍	中国油脂	2009	34
9	油茶病虫害防治现状及应对措施	周国英；宋光桃；李河	中南林业科技大学学报	2007	32
9	油茶种子 cDNA 文库的构建	胡芳名；谭晓风；石明旺；乌云塔娜	中南林学院学报	2004	32

7. 基金分析

一般认为，基金资助的论文具有更高的先进性、创新性、学术性，因此基金论文比(即有基金赞助的占所有论文的百分比)是衡量期刊论文质量的一个重要指标。在1490篇油茶中国论文中，共有1329篇获得基金资助，基金论文比为89%。赞助最多的10个基金如表2-1-6所示，可见由国家级基金资助的论文居多，其中，国家自然科学基金、国家科技支撑计划和国家林业公益性行业科研专项是资助我国油茶相关研究力度最大的基金；其次为省部级基金资助，主要省份集中在湖南省、江西省、广东省和浙江省。

表 2-1-6 油茶中国论文主要基金支持

排名	基金名称	论文篇数
1	国家自然科学基金	255
2	国家科技支撑计划	161
3	国家林业公益性行业科研专项	87

（续）

排名	基金名称	论文篇数
4	湖南省自然科学基金	40
5	江西省自然科学基金	24
6	中南林业科技大学研究生科技创新基金	22
6	国家重点研发计划	22
8	湖南省科技重大专项	21
9	广东省林业科技创新项目	19
10	浙江省科技计划项目	18

二、核桃

1. 年度分析

截至2021年9月，核桃中国论文共1609篇。从图2-2-1核桃中国论文的年度分布图可知，核桃论文数量在过去30多年总体呈波动上升趋势，核桃的研究发展脉络主要分三个时期：1990—1999年是第一个增长期，在此期间论文数量一直增长非常缓慢；2000—2014年则是快速增长期，尤其是2009年以后论文数量激增，2014年达到峰值132篇；2015年以来发文量增速放缓，但总体维持在较高水平，年度平均发文量为107篇。2014年《全国优势特色经济林发展布局规划（2013—2020年）》的出台，进一步引导和推动了新时期经济林产业持续健康发展，给予核桃以扶持，促进了其科研成果产出稳定在较高水平。

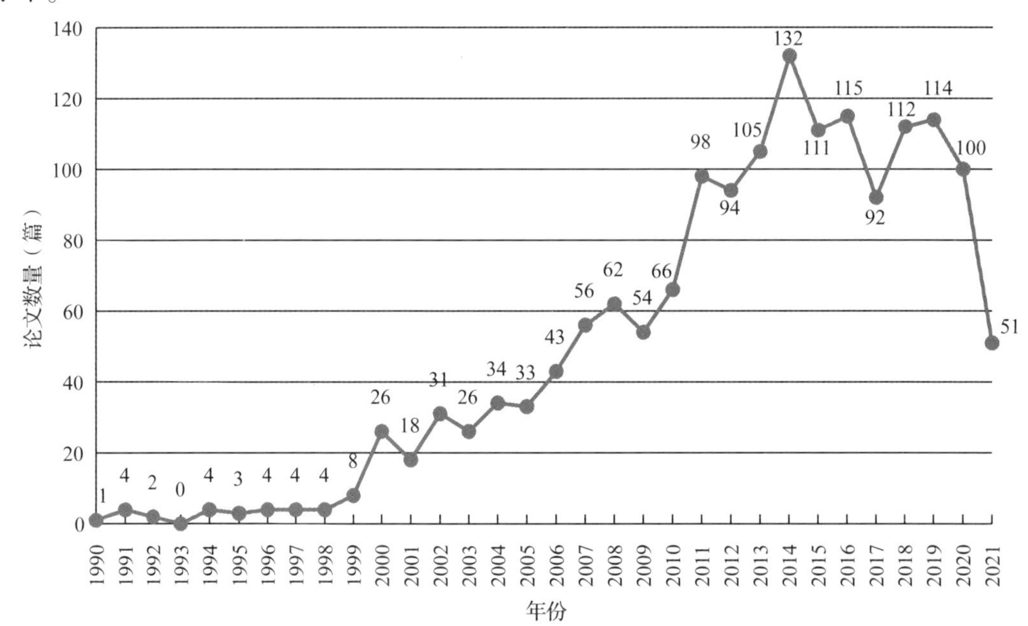

图2-2-1 核桃中国论文年度分布（1990—2021年）

2. 来源期刊分析

通过对1609篇核桃中国论文的来源期刊进行统计分析，共得到212种来源期刊，其中载文10篇以下的共180个，约占期刊总数的84.91%，载文量排名前10的期刊如图2-2-2所示，45.56%的论文(733篇)发表在排名前10的期刊上。发表论文最多的期刊是《食品工业科技》，共发表97篇，占总量的6.03%，其次是《中国油脂》(93篇，5.78%)、《食品科学》(88篇，5.47%)、《西北林学院学报》(87篇，5.41%)、《园艺学报》(82篇，5.1%)。此外，《新疆农业科学》《果树学报》《食品与发酵工业》《林业科学》《中国粮油学报》5本期刊的核桃载文量均在35篇以上。

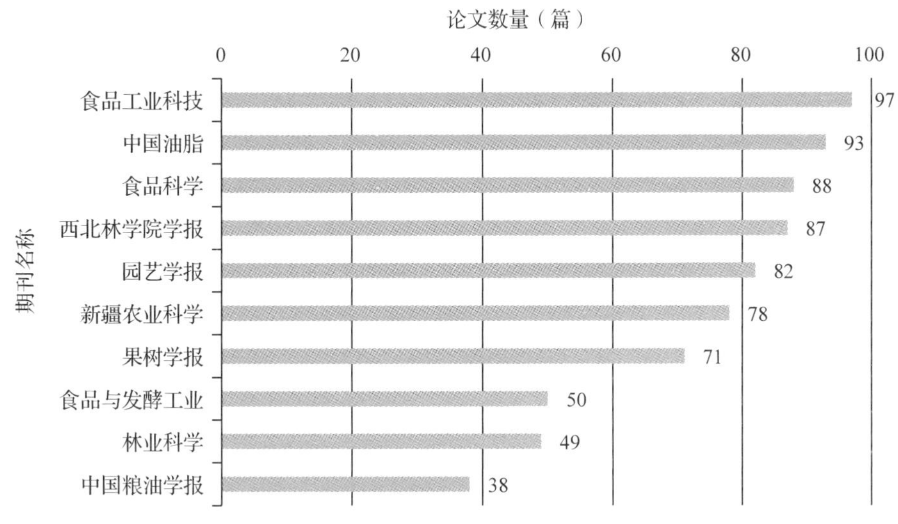

图2-2-2　核桃中国论文主要来源期刊分析

从排名前10位来源期刊的论文年度分布来看，近年来，《中国油脂》《食品科学》《西北林学院学报》和《果树学报》对核桃论文的录用比较多(图2-2-3)。

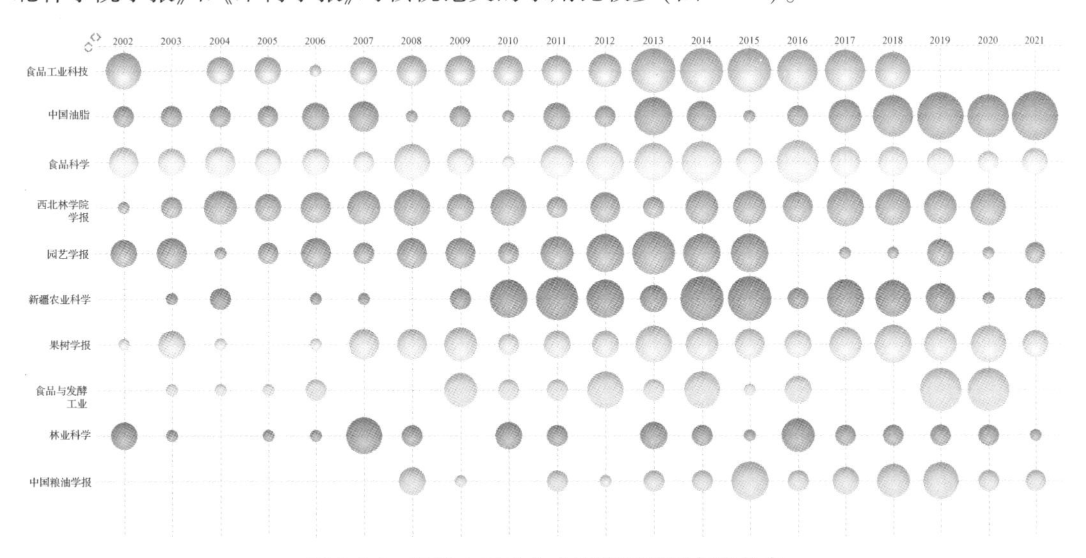

图2-2-3　核桃中国论文主要来源期刊年度分布

3. 作者分析

经过统计分析，1609 篇核桃中国论文由 4113 位不同作者合作完成，发文量排名前 10 的作者如下表 2-2-1，其中，来自中国林业科学研究院林业所的裴东发文量最多，发文数量为 54 篇。根据普赖斯定律确定核心作者发文量的统计方法，核心作者的发文数量最少应为 $N=0.749\sqrt{54}$，即 5.5 篇，发文量达到 6 的作者为核心作者，满足此条件的核心作者只有 171 位(占 4.16%)，其余 3942 位均为边缘作者。核心作者较少，加之发文要求较高，表明中国核桃研究核心作者队伍已初步形成，核心作者的相关研究奠定了核桃领域的研究基础。

核桃的作者分析表明，排名第一的是裴东，其次是翟梅枝、李保国、宁德鲁、张志华、齐国辉，核桃发文数量都在 35 篇以上。排名第一的是裴东，女，1964 年 6 月出生，中国林业科学研究院林业研究所经济林室副主任，研究员，一直从事核桃属植物育种学和栽培学的应用研究，以及其中重要科学问题的应用基础研究。排名第二的是翟梅枝，女，1963 年 12 月出生，西北农林科技大学核桃研究所所长，林学院林产化学加工工程教研室主任，教授，从事林木遗传改良、植物资源化学的研究与教学工作，一直致力于核桃良种选育、丰产栽培、示范推广等工作。排名第三的是李保国，男，1958 年 2 月出生，河北农业大学教授，从事山区开发治理和经济林栽培技术研究。

表 2-2-1　核桃中国论文主要作者

排名	作者	论文数量	机构
1	裴东	54	中国林业科学研究院林业所
2	翟梅枝	52	西北农林科技大学
3	李保国	38	河北农业大学
4	宁德鲁	37	云南省林业和草原科学院
4	张志华	37	河北农业大学
6	齐国辉	36	河北农业大学
7	王红霞	30	河北农业大学
8	陈朝银	28	昆明理工大学
9	肖良俊	24	云南省林业和草原科学院
9	郝艳宾	24	北京市农林科学院林业果树研究所
9	潘学军	24	贵州大学

利用 VOSviewer 中作者合作网络分析（Co-author）功能对 171 位核心作者进行聚类分析，如图 2-2-4 分析结果显示，171 位作者被分成 34 个聚类，每个聚类的作者有共同关注的研究主题及合作关系，核心作者形成了以裴东、翟梅枝、李保国、宁德鲁、张志华等为代表的研究团队。由图可以得出，核桃发文量前 10 的作者中，李保国与齐国辉、张志华与王红霞、宁德鲁与肖良俊分别有相似的研究主题。同时，几个较大的聚类作者为核桃领域较为活跃的研究人员，他们之间也存在密切的合作关系，以发文量最多的裴东为例，与其他六个较大的聚类作者均有合作。另外受制于地域、学缘关系等原因，几个小的聚类作者与其他作者合作很少。

作者的论文年度分布分析表明(图 2-2-5)，中国林业科学研究院林业所的裴东团队、云南省林业和草原科学院的宁德鲁团队近年来的核桃论文发表十分活跃。

图 2-2-4　核桃中国论文核心作者合作关系图

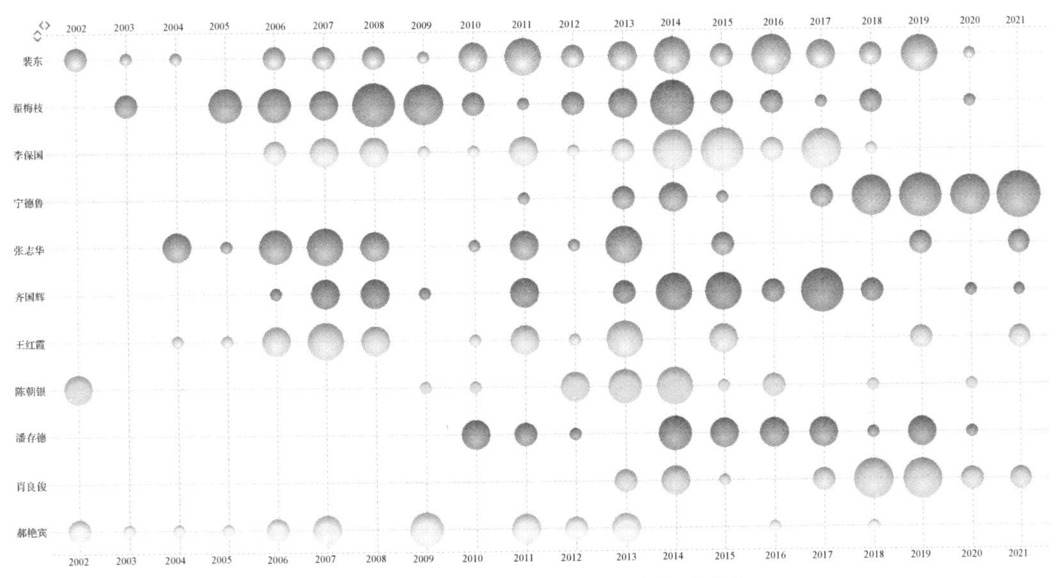

图 2-2-5　核桃中国论文主要作者年度分布

4. 关键词分析

关键词概括了文章的主要内容，可以表达一篇文章的主题与研究点。因此，关键词出现的频次越多，该词在当前研究领域中的关注程度越高。利用 VOSviewer 中的关键词共现图对文章中出现的高频词进行分析，探索该领域的研究热点。关键词共现图将关键词通过圆圈和标签进行标记，灰度代表关键词的类别，而圆圈的大小代表关键词重要性的高低，不同关键词之间的连线表明关键词之间联系，线条的粗细反映了主题内容的亲疏关系。核桃中国论文关键词共现分析如图 2-2-6。

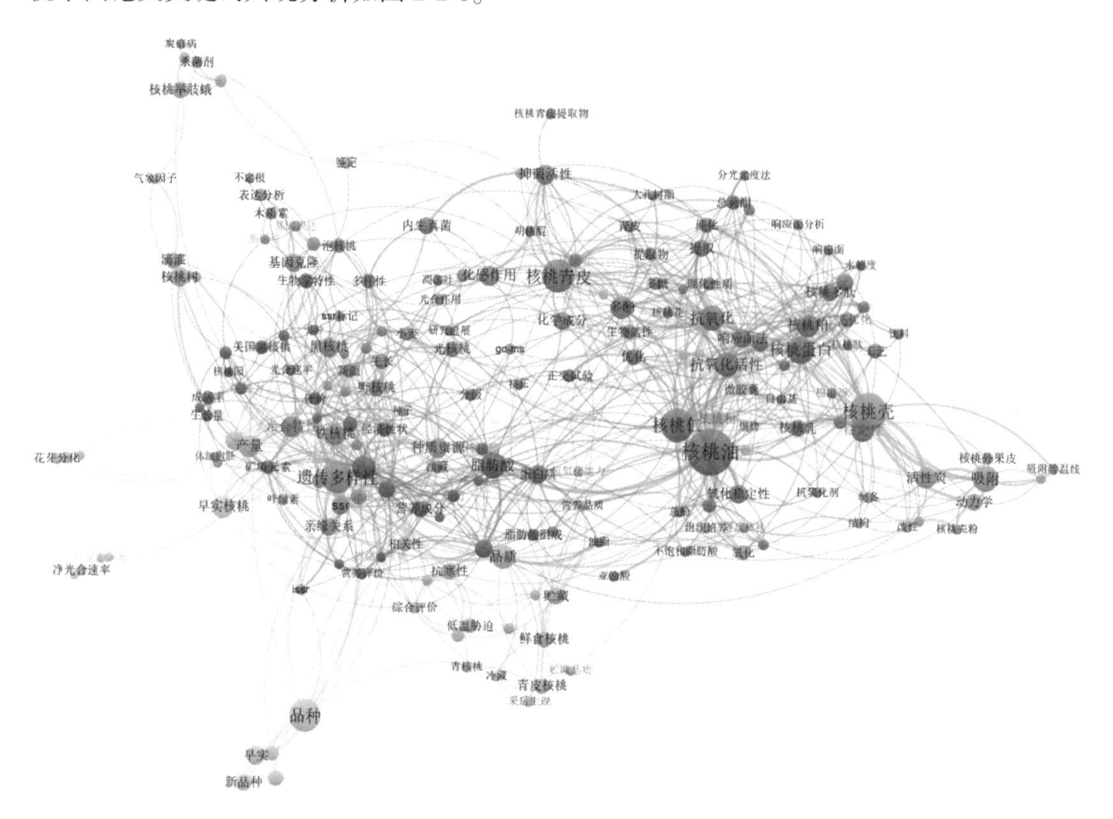

图 2-2-6 核桃中国论文关键词共现分析

对核桃关键词出现的频次进行统计，词频排名前 10 的核桃关键词如表 2-2-2。可见核桃中国论文的研究主题主要包括：核桃油、核桃壳、核桃仁、品种、核桃青皮、遗传多样性、核桃蛋白、吸附、脂肪酸、抗氧化等。可总结为：①从核桃仁提取核桃油，核桃油的功效研究；②核桃壳、核桃青皮的有效利用研究；③核桃种质资源的遗传多样性研究等。

表 2-2-2 核桃中国论文主要关键词

排名	关键词	频次	排名	关键词	频次
1	核桃油	99	6	遗传多样性	48
2	核桃壳	64	7	核桃蛋白	36
3	核桃仁	51	8	吸附	32

（续）

排名	关键词	频次	排名	关键词	频次
4	品种	50	9	脂肪酸	31
5	核桃青皮	49	10	抗氧化	29

5. 机构分析

经统计，核桃中国论文发表机构中产出量最多的是西北农林科技大学，162 篇，其次是河北农业大学(105 篇)、新疆农业大学(101 篇)、中国林业科学研究院(87 篇)、四川农业大学(61 篇)、云南省林业和草原科学院(57 篇)，排名前 10 位的发文机构见表 2-2-3。其中，中国林业科学研究院中论文产出最大的是中国林业科学研究院林业研究所(70 篇)。

表 2-2-3　核桃中国论文发表主要机构

排名	机构名称	论文篇数
1	西北农林科技大学	162
2	河北农业大学	105
3	新疆农业大学	101
4	中国林业科学研究院	87
5	四川农业大学	61
6	云南省林业和草原科学院	57
7	新疆林业科学院	48
8	贵州大学	46
9	北京林业大学	40
10	石河子大学	38

核桃中国论文排名前 10 机构的年度发文量分析表明(图 2-2-7)，排名前两位的西北农林科技大学、河北农业大学的论文发表量在近 20 年均维持在较高水平。新疆农业大学、中国林业科学研究院、四川农业大学和云南省林业和草原研究院在 2011—2021 年核桃论文年产出较多。

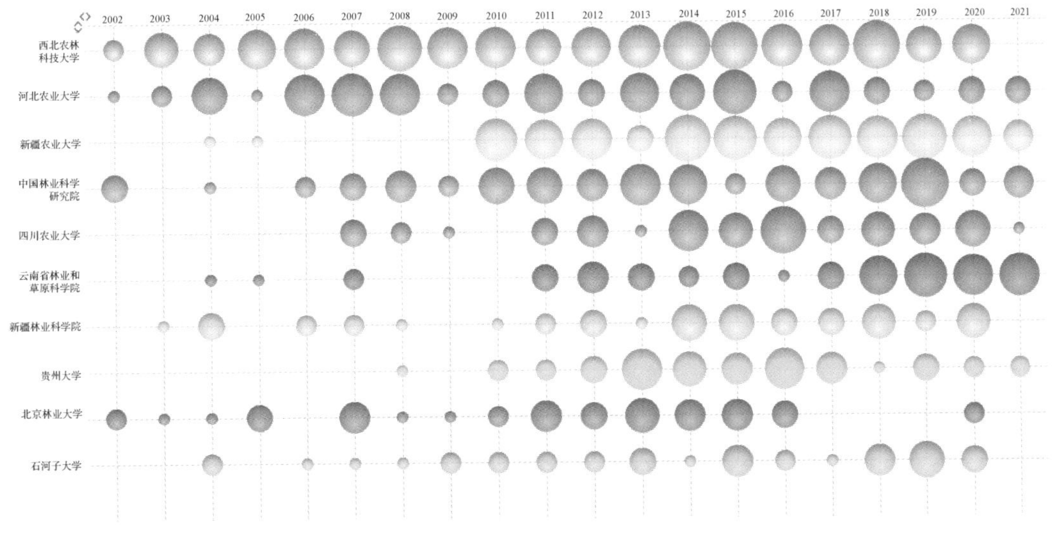

图 2-2-7　核桃中国论文发表主要机构年度发文量分析

6. 高被引论文分析

被引频次高的论文一般标志着该科研成果具有较高的学术影响力。核桃中国论文被引次数排名前3位的高被引论文详情见表2-2-4。被引次数排名前10位的其余高被引论文详情见表2-2-5。

表2-2-4 核桃高被引中国论文

1. 核桃青皮生物炭对重金属铅、铜的吸附特性研究	
作者	谢超然；王兆炜；朱俊民；高俊红；张涵瑜；谢晓芸；金诚
机构	兰州大学资源环境学院
年份	2016
期刊	环境科学学报
基金	国家自然科学基金；兰州大学中央高校基本科研业务费专项资金
关键词	生物炭；核桃青皮；吸附；铅；铜
摘要	采用500℃限氧裂解法将农林废弃物核桃青皮制成核桃青皮生物炭，进行了核桃青皮生物炭对铅、铜的批量吸附实验。同时，利用扫描电镜、FTIR红外等方法探讨了核桃青皮炭吸附Pb^{2+}、Cu^{2+}的特性，探究了吸附时间、溶液初始浓度、吸附温度、吸附剂投加量、溶液初始pH等因素对核桃青皮生物炭吸附Pb^{2+}、Cu^{2+}作用的影响，讨论了吸附动力学特性及吸附等温特性。结果表明：温度298.15 K、pH为3~6条件下，核桃青皮生物炭吸附Pb^{2+}和Cu^{2+}在20min内即可达到吸附平衡，核桃青皮炭最佳投加量分别为0.8、1.5g/L，最大吸附量分别为476.190、153.846 mg/g；吸附过程符合准二级动力学方程，等温吸附曲线符合Langmuir方程，说明其吸附过程主要是近似单分子层的化学吸附。
被引数量	57
2. 不同核桃品种耐寒特性综合评价	
作者	相昆；张美勇；徐颖；王晓芳；岳林旭
机构	山东省果树研究所；山东省轻工农副原料研究所
年份	2011
期刊	应用生态学报
基金	“十一五”国家科技支撑计划项目；山东省良种工程项目
关键词	核桃；组织含水量；膜脂过氧化；保护酶；渗透调节物
摘要	为加速核桃抗寒育种进程，提高栽培效率，进一步扩大核桃种植区域，以鲁果8号、N13-1、鲁果12号、N17-24、泰勒和香玲6个核桃品种(系)为试验材料，在-15℃、-20℃、-25℃、-30℃和-35℃下，分别测定其组织含水量、质膜相对透性、膜脂过氧化、保护酶活性、渗透调节物质等指标，分析其耐寒能力。结果表明：不同核桃品种(系)枝条的自由水/束缚水比值差异较大。低温处理后枝条的相对电导率和丙二醛含量增加；超氧化物歧化酶(SOD)活性呈现“升-降-升-降”的趋势，过氧化氢酶(CAT)活性先升高后降低；可溶性蛋白和脯氨酸含量增加，但不同品种(系)之间的变化幅度较大。低温处理后恢复生长，N17-24和鲁果12号的萌芽率显著高于其他品种(系)。运用隶属函数法进行抗寒性综合评判，得出6个核桃品种(系)的抗寒顺序为：N17-24>鲁果12号>N13-1>鲁果8号>泰勒>香玲。
被引数量	51
3. 运用RAPD对核桃属种间亲缘关系的研究	
作者	吴燕民；裴东；奚声珂；李嘉瑞
机构	中国林业科学院林业所；西北农业大学园艺系

（续）

年份	2000
期刊	园艺学报
基金	林木培育林业部重点开放实验室基金
关键词	核桃属；RAPD；亲缘关系
摘要	用随机扩增多态性 DNA（RAPD）技术对核桃属内 9 个种及近缘属的 2 个种进行基因组 DNA 多态性分析，共选用 20 个 10bp 随机引物扩增出 311 个 DNA 片段，其中铁核桃 *J. sigillata*、甘肃枫杨 *P. macroptera* 显示出自身特征性标记，利用这些片段进行种间遗传关系分析，根据 UPGMA 方法构建聚类树状图。研究结果表明：铁核桃为核桃属中一个独立种；核桃属内组间和种间亲缘关系与经典分类学的结果完全一致；RAPD 对核桃属与近缘属的分析结果有待进一步研究证实。
被引数量	38

表 2-2-5 核桃主要高被引中国论文

排名	题名	作者	期刊	年份	被引频次
4	中国核桃 8 个天然居群遗传多样性分析	王滑；郝俊民；王宝庆；裴东	林业科学	2007	31
5	核桃营养价值研究进展	李敏；刘媛；孙翠；孟亚楠；杨克强；侯立群；王钧毅	中国粮油学报	2009	30
6	核桃感官和营养品质的主成分及聚类分析	潘学军；张文娥；李琴琴；王建明；张政	食品科学	2013	29
6	华北石质山区核桃-绿豆复合系统氘同位素变化及其水分利用	孙守家；孟平；张劲松；黄辉；万贤崇	生态学报	2010	29
8	‘薄壳香’核桃组培中的褐化及防止措施研究	刘兰英	园艺学报	2002	28
8	酶的选择对水酶法提取核桃油的影响	易建华；朱振宝；赵芳	中国油脂	2007	28
10	核桃品种中脂肪酸的组成与含量分析	王晓燕；张志华；李月秋；赵花荣；赵悦平	营养学报	2004	26
10	早实核桃不同品种抗寒性综合评价	刘杜玲；张博勇；孙红梅；彭少兵；朱海兰	园艺学报	2015	26

7. 基金分析

一般认为，基金资助的论文具有更高的先进性、创新性、学术性，因此基金论文比(即有基金赞助的占所有论文的百分比)是衡量期刊论文质量的一个重要指标。在1609 篇核桃中国论文中，共有 1356 篇获得基金资助，基金论文比为 84.28%。赞助最多的10 个基金如表 2-2-6 所示，可见由国家级基金资助的论文居多，其中，国家自然科学基金、国家科技支撑计划和国家林业公益性行业科研专项是资助我国核桃相关研究力度最大的基金；其次为省部级基金资助，主要省份集中在山东省、河北省、云南省、新疆维吾尔自治区和陕西省。

表 2-2-6　核桃中国论文主要基金支持

排名	基金名称	论文篇数
1	国家自然科学基金	307
2	国家科技支撑计划	123
3	国家林业公益性行业科研专项	50
4	中央财政林业科技推广示范项目	31
5	山东省农业良种工程项目	29
6	河北省科技支撑计划项目	22
7	河北省自然科学基金	21
7	云南省重大科技专项	21
7	新疆维吾尔自治区重大科技专项	21
10	陕西省自然科学基金	19

三、板栗

1. 年度分析

截至 2021 年 9 月，板栗中国论文共 1018 篇。从图 2-3-1 板栗中国论文的年度分布图可知，板栗论文数量在过去 30 年总体呈波动上升趋势，板栗的研究发展脉络主要分三个时期：1991—1998 年是稳步增长期；1999—2016 年是发文量增速放缓，但总体维持在较高水平，2010 年达到峰值 71 篇；2017 年以来发文量较前一个阶段减少，总体趋于平稳，年度平均发文量为 28 篇。

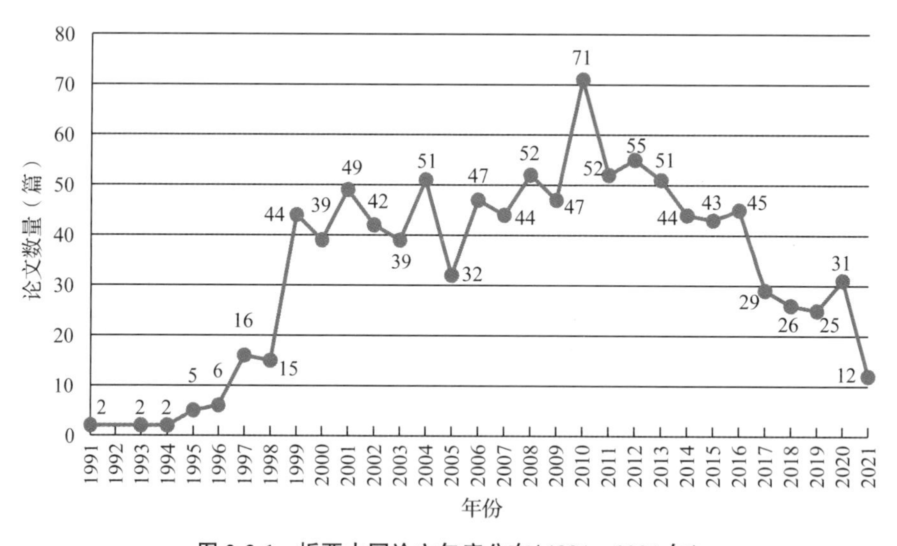

图 2-3-1　板栗中国论文年度分布(1991—2021 年)

2. 来源期刊分析

通过对 1018 篇板栗中国论文的来源期刊进行统计分析，共得到 174 种来源期刊，其中载文 10 篇以下的共 148 个，约占期刊总数的 85. 06%，载文量排名前 10 的期刊如图 2-3-2 所示，41. 55%的论文(423 篇)发表在排名前 10 的期刊上。发表论文最多的期刊是《食品工业科技》，共发表 71 篇，占总量的 6. 97%，其次是《果树学报》(56 篇，5. 5%)、《食品科学》(54 篇，5. 3%)、《园艺学报》(53 篇，5. 21%)、《浙江林业科技》(45 篇，4. 42%)。此外，《林业科学》《安徽农业科学》《食品与发酵工业》《中国粮油学报》《西北林学院学报》5 本期刊的板栗载文量均在 25 篇以上。

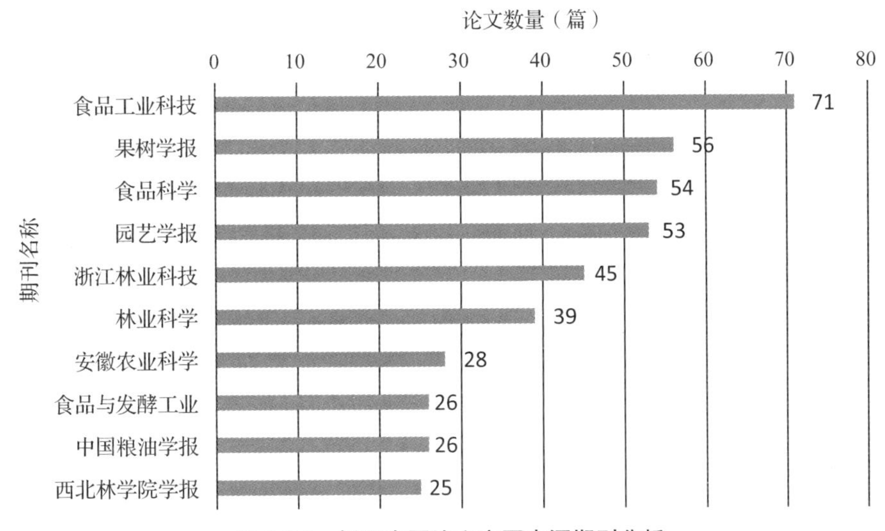

图 2-3-2　板栗中国论文主要来源期刊分析

从排名前 10 位来源期刊的论文年度分布来看，排名前 3 位的期刊对板栗论文的收录主要集中在 2002—2016 年。近五年来，排名前 10 位来源期刊对板栗论文的录用量总体较少，主要来源期刊包括《果树学报》《园艺学报》《中国粮油学报》和《食品与发酵工业》(图 2-3-3)。

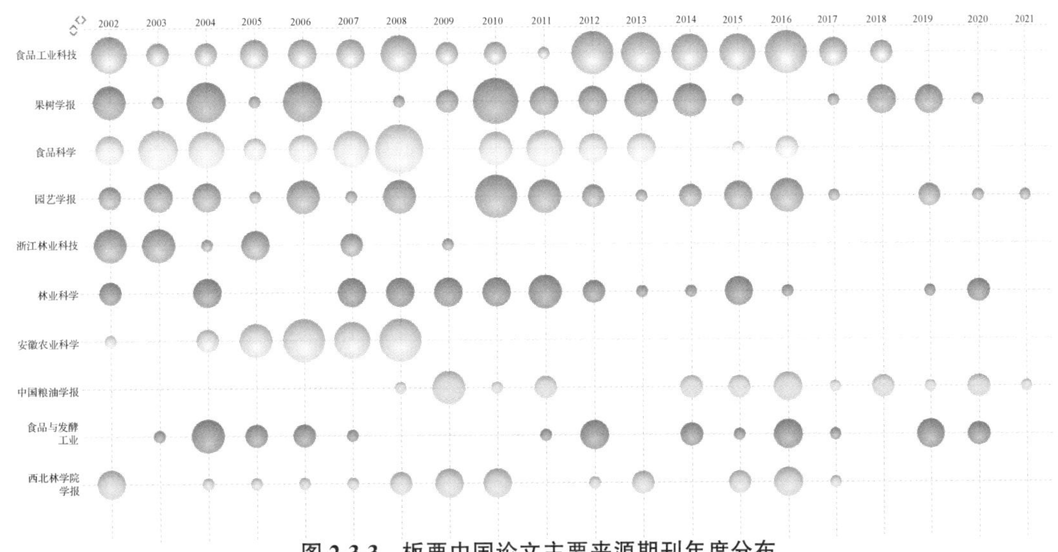

图 2-3-3　板栗中国论文主要来源期刊年度分布

3. 作者分析

经过统计分析，1018 篇板栗中国论文由 2394 位不同作者合作完成，发文量排名前 10 的作者如表 2-3-1 所示，其中，来自北京林业大学的郭素娟发文量最多，发文数量为 66 篇。根据普赖斯定律确定核心作者发文量的统计方法，核心作者的发文数量最少应为 $N=0.749\sqrt{66}$，即 6.1 篇，发文量达到 6 的作者为核心作者，满足此条件的核心作者只有 108 位(占 4.5%)，其余 2286 位均为边缘作者。核心作者较少，加之发文要求较高，表明中国板栗研究核心作者队伍已初步形成，核心作者的相关研究奠定了板栗领域的研究基础。

板栗的作者分析表明，排名第一的是郭素娟，其次是秦岭、兰彦平、王贵禧、王广鹏、梁丽松，板栗发文数量都在 20 篇以上。排名第一的是郭素娟，女，1965 年出生，北京林业大学教授，主要研究领域为森林培育理论与技术、林木种苗培育理论与技术、经济林培育理论与技术。排名第二的是秦岭，女，1964 年 4 月出生，北京农学院教授，研究方向为园艺种质资源创新与利用，重点开展板栗分子设计育种与花果发育研究等工作。排名第三的是兰彦平，女，北京市农林科学院研究员，主要从事经济树种种质资源方面的研究，具体从事板栗优良品种选育、资源评价与利用等方面研究。

表 2-3-1　板栗中国论文主要作者

排名	作者	论文数量	机构
1	郭素娟	66	北京林业大学
2	秦岭	27	北京农学院
3	兰彦平	24	北京市农林科学院
3	王贵禧	24	中国林业科学研究院林业研究所
5	王广鹏	23	河北省农林科学院昌黎果树研究所
5	梁丽松	23	中国林业科学研究院林业研究所
7	陈保善	19	广西大学
8	张树航	16	河北省农林科学院昌黎果树研究所
8	吕文君	16	北京林业大学
8	姜培坤	16	浙江农林大学
8	常学东	16	河北科技师范学院
8	鲁周民	16	西北农林科技大学

利用 VOSviewer 中作者合作网络分析（Co-author）功能对 108 位核心作者进行聚类分析，如图 2-3-4 分析结果显示，108 位作者被分成 31 个聚类，每个聚类的作者有共同关注的研究主题及合作关系，核心作者形成了以郭素娟、秦岭、兰彦平、王广鹏等为代表的研究团体，可见几个较大的聚类作者为板栗领域较为活跃的研究人员。由图可以得出，板栗发文量前 10 的作者中，郭素娟与吕文君、王广鹏与张树航、梁丽松与王贵禧分别有相似的研究主题。同时，四个较大的聚类作者之间也存在较密切的合作关系，以发文量最多的郭素娟为例，与其他两个较大的聚类作者均有合作。另外，受制于地域、学缘关系等原因，板栗的大多数聚类作者多为聚类内部的合作关系，聚类间的作者合作很少。

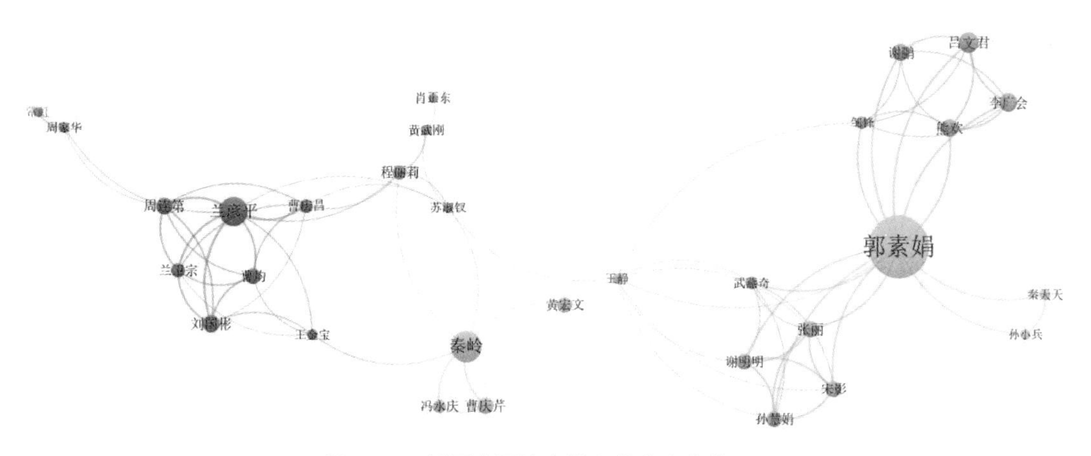

图 2-3-4　板栗中国论文核心作者合作关系图

作者的论文年度分布分析表明(图 2-3-5)，北京林业大学的郭素娟团队、河北省农林科学院的王广鹏团队近年来的板栗论文发表十分活跃。

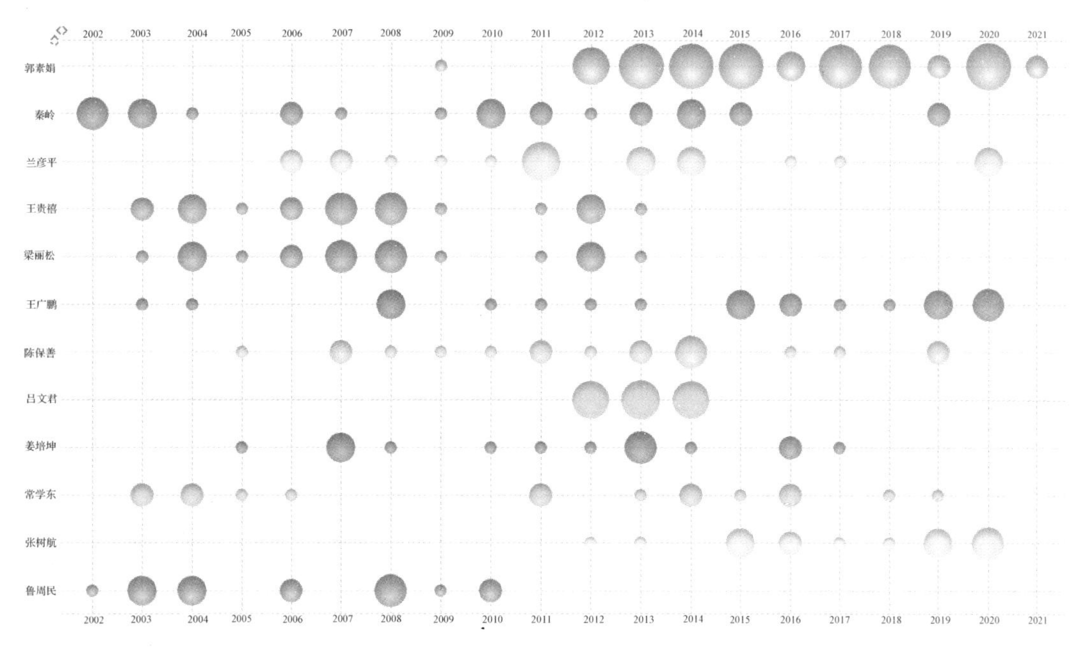

图 2-3-5　板栗中国论文主要作者年度分布

4. 关键词分析

关键词概括了文章的主要内容，可以表达一篇文章的主题与研究点。因此，关键词出现的频次越多，该词在当前研究领域中的关注程度越高。利用 VOSviewer 中的关键词共现图对文章中出现的高频词进行分析，探索该领域的研究热点。关键词共现图将关键词通过圆圈和标签进行标记，灰度代表关键词的类别，而圆圈的大小代表关键词重要性的高低，不同关键词之间的连线表明关键词之间联系，线条的粗细反映了主题内容的亲疏关系。板栗中国论文关键词共现分析如图 2-3-6 所示。

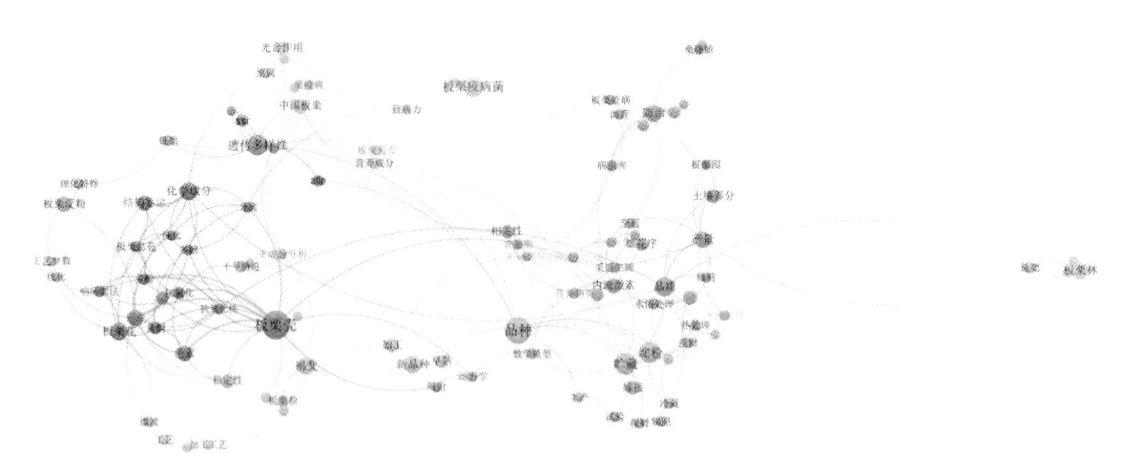

图 2-3-6　板栗中国论文关键词共现分析

对板栗关键词出现的频次进行统计，词频排名前 10 的板栗关键词如表 2-3-2 所示。可见板栗中国论文的研究主题主要包括：板栗壳、品种、贮藏、淀粉、遗传多样性、板栗疫病菌、品质、褐变、板栗林、板栗花、新品种、防治等。可总结为：①板栗壳的利用研究；②板栗品种的遗传多样性研究；③板栗的贮存保鲜研究；④板栗疫病菌等板栗疫病的防治研究等。

表 2-3-2　板栗中国论文主要关键词

排名	关键词	频次	排名	关键词	频次
1	板栗壳	41	7	品质	18
2	品种	35	8	褐变	16
3	贮藏	23	8	板栗林	16
4	淀粉	22	8	板栗花	16
5	遗传多样性	21	8	新品种	16
6	板栗疫病菌	20	8	防治	16

5. 机构分析

经统计，板栗中国论文中的产出量最多的是北京林业大学，105 篇，其次是中国林业科学研究院（48 篇）、西北农林科技大学（45 篇）、北京市农林科学院（42 篇）、北京农学院（41 篇）、华中农业大学（36 篇），排名前 10 位的发文机构见表 2-3-3。

表 2-3-3　板栗中国论文发表主要机构

排名	机构名称	论文篇数
1	北京林业大学	105
2	中国林业科学研究院	48
3	西北农林科技大学	45
4	北京市农林科学院	42

（续）

排名	机构名称	论文篇数
5	北京农学院	41
6	华中农业大学	36
7	浙江农林大学	34
8	安徽农业大学	29
9	河北省农林科学院	26
10	中国科学院	25

板栗中国论文排名前 10 机构的年度发文量分析表明(图 2-3-7)，排名第一位的北京林业大学的论文发表主要集中在 2009—2021 年，且这期间年发文量均维持在较高水平。排名第二位的中国林业科学研究院，近 20 年来板栗论文年产出分布比较均衡。其他发文机构的论文发表主要集中在 2017 年以前，近几年板栗论文产出很少。

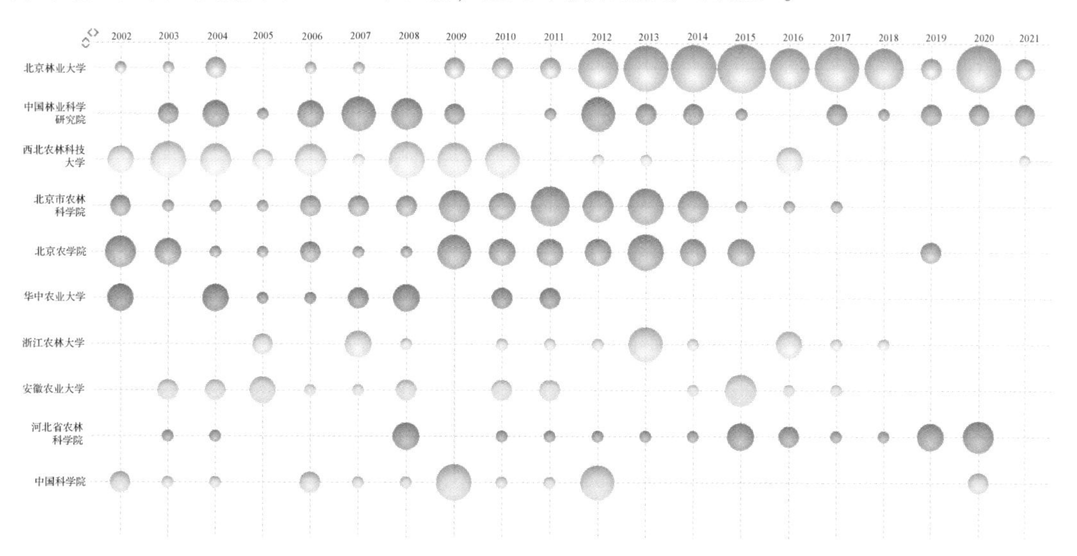

图 2-3-7　板栗中国论文发表主要机构年度发文量分析

6. 高被引论文分析

被引频次高的论文一般标志着该科研成果具有较高的学术影响力。板栗中国论文被引次数排名前 3 的高被引论文详情见表 2-3-4。被引次数排名前 10 的其余高被引论文详情见表 2-3-5。

表 2-3-4　板栗高被引中国论文

1. 栗属中国特有种居群的遗传多样性及地域差异	
作者	郎萍；黄宏文
机构	中国科学院武汉植物所
年份	1999

（续）

期刊	植物学报
基金	美洲栗基金会资助项目；中国科学院生物科学和技术研究特支费资助项目；国家自然科学基金
关键词	中国板栗；茅栗；锥栗；居群；等位酶；遗传多样性；遗传结构
摘要	采用超薄平板聚丙烯酰胺等电聚焦技术对栗属[*Castanea*(Tourn.)L.]3个中国特有种即中国板栗[*C. mollissima* BL.]、茅栗(*C. seguinii* Dode.)和锥栗[*C. henryi*(Skan)Rehd. et Wils.]的30个居群，12个酶系统的20个位点进行了遗传多样性与遗传结构分析。结果表明：中国板栗在种和居群水平都具有较茅栗、锥栗高的遗传多样性(P分别为90.0%和84.7%，He分别为0.311和0.295)，尤以长江流域居群表现显著，揭示了长江流域的神农架及周边地区为中国板栗的遗传多样性中心。Nei的遗传一致度测量结果显示中国板栗和茅栗的亲缘关系最近，并且地理距离和遗传距离有一定的相关性。中国板栗、茅栗和锥栗的遗传分化程度逐渐增大，Gst分别为7.5%、10.9%和22.1%；基因流(Nm)分别为3.20、2.05和0.88。研究结果为探明栗属起源、系统进化及制定保育策略提供了科学依据。
被引数量	53
2. 基于近红外光谱的板栗水分检测方法	
作者	刘洁；李小昱；李培武；王为；周炜；张军
机构	华中农业大学工程技术学院；中国农业科学院武汉油料作物研究所
年份	2010
期刊	农业工程学报
基金	高等学校博士学科点专项科研基金；华中农业大学科研项目
关键词	近红外光谱；水分；无损检测；板栗
摘要	含水率是影响板栗贮藏、加工的关键指标之一，该文应用近红外光谱技术对板栗含水率进行快速无损检测。试验对240个板栗样本的带壳光谱和栗仁板栗光谱采用SPXY算法进行样本集划分，利用偏最小二乘法建立含水率定量检测模型，并对微分、多元散射校正、变量标准化等多种预处理方法对建模结果的影响进行比较。结果表明：栗仁和带壳板栗的光谱经一阶微分预处理后所建模型性能最佳，其中栗仁的水分检测模型校正集和验证集的相关系数分别为0.9359和0.8473，校正均方根误差为1.44%，验证均方根误差为1.83%；带壳板栗光谱所建模型校正集和验证集的相关系数分别为0.8270和0.7655，校正均方根误差为2.27%，验证均方根误差为2.35%。受栗壳的影响，带壳板栗光谱模型对含水率的预测精度低于栗仁光谱模型的预测精度。研究表明，近红外光谱分析技术可用于板栗含水率的快速无损检测。
被引数量	38
3. 园地植被覆盖度的无人机遥感监测研究	
作者	刘峰；刘素红；向阳
机构	西安科技大学测绘科学与技术学院；北京师范大学地理学与遥感科学学院
年份	2014
期刊	农业机械学报
基金	国家自然科学基金资助项目
关键词	园地；植被覆盖度；无人直升机；遥感监测；板栗
摘要	设计构建了基于无人直升机平台的遥感系统，以北京地区园地的板栗为研究对象，对其主要生育期进行监测。基于植被、土壤自身光谱特征差异，提出了一种无人机遥感影像植被覆盖度快速计算方法，利用多时相无人机遥感影像实现了板栗植被覆盖度年变化监测。采用计算机模拟的方式构建模拟场景，对板栗植被覆盖度统计尺度特征进行分析，进一步验证了无人机遥感影像植被覆盖度计算结果的有效性。
被引数量	37

表 2-3-5　板栗主要高被引中国论文

排名	题名	作者	期刊	年份	被引频次
4	中国板栗地方品种重要农艺性状的表型多样性	江锡兵；龚榜初；刘庆忠；陈新；吴开云；邓全恩；汤丹	园艺学报	2014	32
4	板栗淀粉特性研究	李志西；张莉；李巨秀	西北农业大学学报	2000	32
6	板栗内皮对水溶液中镉的吸附研究	丁洋；靖德兵；周连碧；杨晓松；吴亚君	环境科学学报	2011	29
6	固相萃取-在线凝胶渗透色谱-气相色谱/质谱法测定板栗中 44 种有机磷农药残留	吴岩；康庆贺；高凯扬；李志斌	分析化学	2009	29
8	板栗淀粉糊化特性与淀粉粒粒径及直链淀粉含量的关系	梁丽松；徐娟；王贵禧；马惠铃	中国农业科学	2009	27
9	中国板栗 3 个野生居群部分表型性状的遗传多样性	马玉敏；陈学森；何天明；吴传金；王娜	园艺学报	2008	26
9	板栗嫩枝扦插生根解剖学特征研究	刘勇；肖德兴；黄长干；雷先高	园艺学报	1997	26

7. 基金分析

一般认为，基金资助的论文具有更高的先进性、创新性、学术性，因此基金论文比(即有基金赞助的占所有论文的百分比)是衡量期刊论文质量的一个重要指标。在 1018 篇中板栗中国论文中，共有 729 篇获得基金资助，基金论文比为 71. 61%。赞助最多的 10 个基金如表 2-3-6 所示，可见由国家级基金资助的论文居多，其中，国家自然科学基金、国家林业公益性行业科研专项和国家科技支撑计划是资助我国板栗相关研究力度最大的基金；其次为省部级基金资助，主要省份集中在湖北省、浙江省、广东省、广西壮族自治区和河北省。

表 2-3-6　板栗中国论文主要基金支持

排名	基金名称	论文篇数
1	国家自然科学基金	110
2	国家林业公益性行业科研专项	87
3	国家科技支撑计划	44
4	国家重点研发计划	16
5	湖北省自然科学基金	15
6	浙江省科技厅项目	13
7	广东省农业攻关项目	12
7	广西自然科学基金	12
7	河北省财政专项	12
7	浙江省自然科学基金	12

四、枣

1. 年度分析

截至2021年9月，枣中国论文共2855篇。从图2-4-1枣中国论文的年度分布图可知，枣论文数量在过去30多年总体呈波动上升趋势，枣的研究发展脉络主要分三个时期：1990—1998年是第一个增长期，在此期间论文数量一直增长非常缓慢；1999—2012年则是快速增长期，尤其是2009年以后论文数量增长速度最快；2013年以来论文数量增速放缓，但总体维持在较高水平，2014年达到峰值217篇，年度平均发文量为161篇。2014年《全国优势特色经济林发展布局规划(2013—2020年)》的出台，进一步引导和推动了新时期经济林产业持续健康发展，给予枣以扶持，促进了其科研成果产出稳定在较高水平。

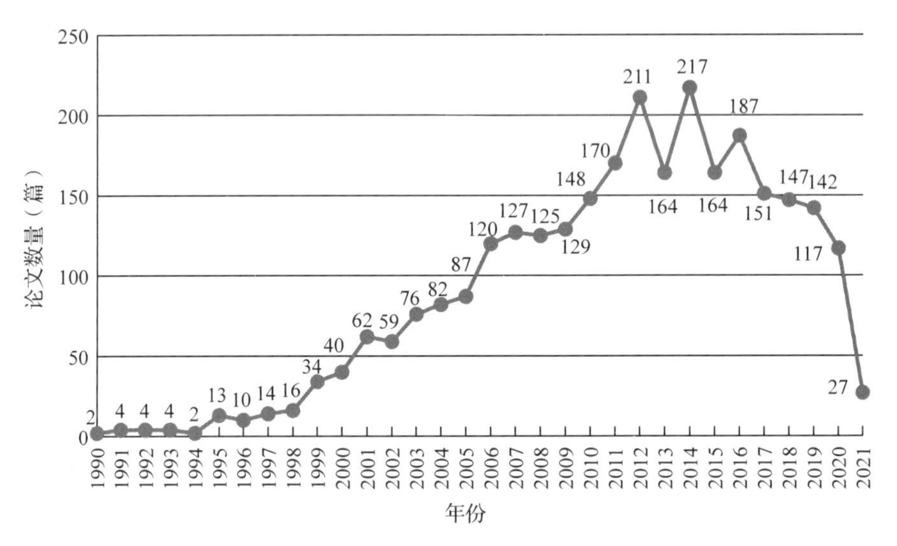

图2-4-1 枣中国论文年度分布(1990—2021年)

2. 来源期刊分析

通过对2855篇枣中国论文的来源期刊进行统计分析，共得到294种来源期刊，其中载文10篇以下的共231个，约占期刊总数的78.57%，载文量排名前10的期刊如图2-4-2所示，39.61%的论文(1131篇)发表在排名前10的期刊上。发表论文最多期刊是《新疆农业科学》，共发表193篇，占总量的6.76%，其次是《食品科学》(177篇，6.2%)、《食品工业科技》(169篇，5.92%)、《果树学报》(122篇，4.27%)、《园艺学报》(108篇，3.78%)。此外，《西北农业学报》《林业科学》《农业工程学报》《河北农业大学学报》《西北林学院学报》5本期刊的枣载文量均在65篇以上。

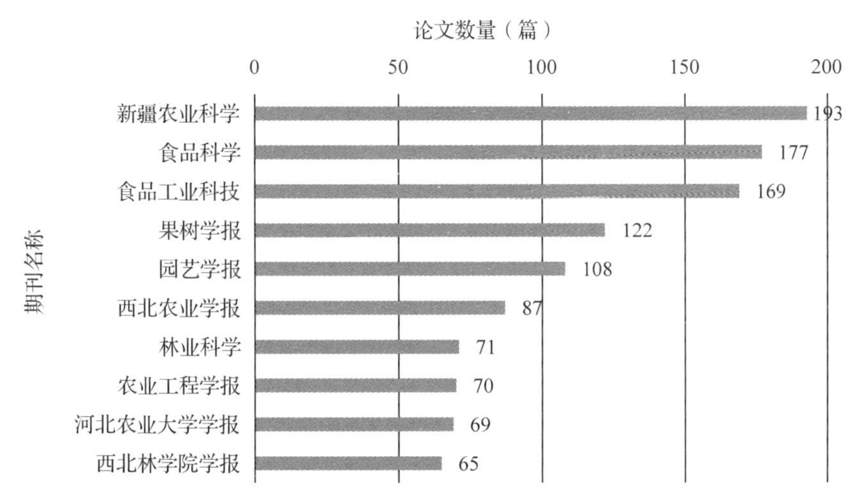

图 2-4-2　枣中国论文主要来源期刊分析

从排名前 10 位来源期刊的论文年度分布来看，排名第一位的《新疆农业科学》对枣论文的收录主要集中在 2009—2020 年。其余期刊每年对枣论文的录用量分布比较均匀，近 5 年来，《新疆农业科学》《食品科学》《果树学报》《西北农业学报》《农业工程学报》对枣论文的收录较多(图 2-4-3)。

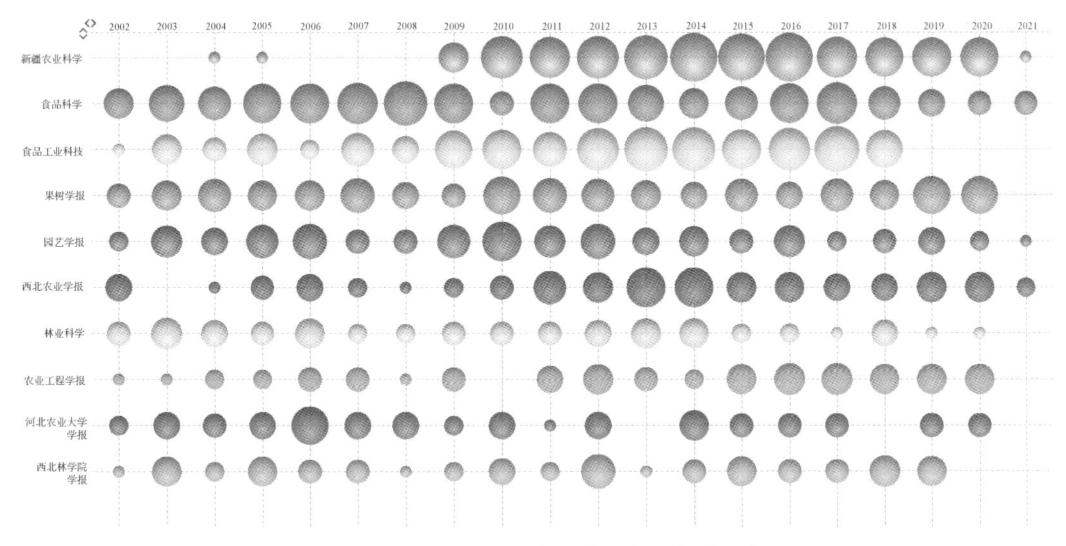

图 2-4-3　枣中国论文主要来源期刊年度分布

3. 作者分析

经过统计分析，2855 篇枣中国论文由 6708 位不同作者合作完成，发文量排名前 10 的作者如表 2-4-1 所示，其中，来自河北农业大学的刘孟军发文量最多，发文数量为 112 篇。根据普赖斯定律确定核心作者发文量的统计方法，核心作者的发文数量最少应为 $N=0.749\sqrt{112}$，即 7.9 篇，发文量达到 8 的作者为核心作者。满足此条件的核心作者只有 209 位(占 3.12%)，其余 6499 位均为边缘作者。核心作者较少，加之发文要求较高，表明中国枣研究核心作者队伍已初步形成，核心作者的相关研究奠定了枣领域的研究基础。

枣的作者分析表明，排名第一的是刘孟军，其次是汪有科、李新岗、李登科、史彦江、赵锦，枣发文数量都在40篇以上。排名第一的是刘孟军，男，1965年4月出生，河北农业大学园艺学院教授，院长，主要研究方向为枣组学、分子育种、现代栽培技术及果品营养与功能。排名第二的是汪有科，男，1956年2月出生，“九三学社”西北农林科技大学副主委，国家节水灌溉杨凌工程技术研究中心研究员，研究方向为水土保持、节水灌溉、山地经济生态林建设。排名第3的是李新岗，男，1963年12月出生，西北农林科技大学教授，国家林业和草原局枣工程技术研究中心主任，主要从事经济林培育和红枣产业技术研究。

表 2-4-1 枣中国论文主要作者

排名	作者	论文数量	机构
1	刘孟军	112	河北农业大学
2	汪有科	64	西北农林科技大学
3	李新岗	54	西北农林科技大学
4	李登科	48	山西省农业科学院
5	史彦江	47	新疆林业科学院
6	赵锦	42	河北农业大学
7	吴正保	35	新疆林业科学院
7	陈宗礼	35	延安大学
9	陈锦屏	34	陕西师范大学
10	宋锋惠	31	新疆林业科学院
10	刘平	31	河北农业大学

利用VOSviewer中作者合作网络分析（Co-author）功能对209位核心作者进行聚类分析，如图2-4-4分析结果显示，209位作者被分成41个聚类，每个聚类的作者有共同关注的研究主题及合作关系，核心作者形成以刘孟军、汪有科、李新岗等为代表的研究团体，可见几个较大的聚类作者为枣领域较为活跃的研究人员。由图可以得出，枣发文量前10的作者中，刘孟军、赵锦和刘平为一个研究团体、史彦江、吴正保和宋锋惠为一个研究团体。同时，多个较大的聚类作者之间也存在较密切的合作关系，以发文量最多的刘孟军为例，与其他2个较大的聚类作者均有合作。另外，受制于地域、学缘关系等原因，小部分聚类作者为聚类内部的合作关系，与其他聚类间的作者合作很少。

作者的论文年度分布分析表明（图2-4-5），河北农业大学的刘孟军团队近年来的枣论文发表十分活跃。发文量排名前3位的作者发文时间集中在2008—2019年。

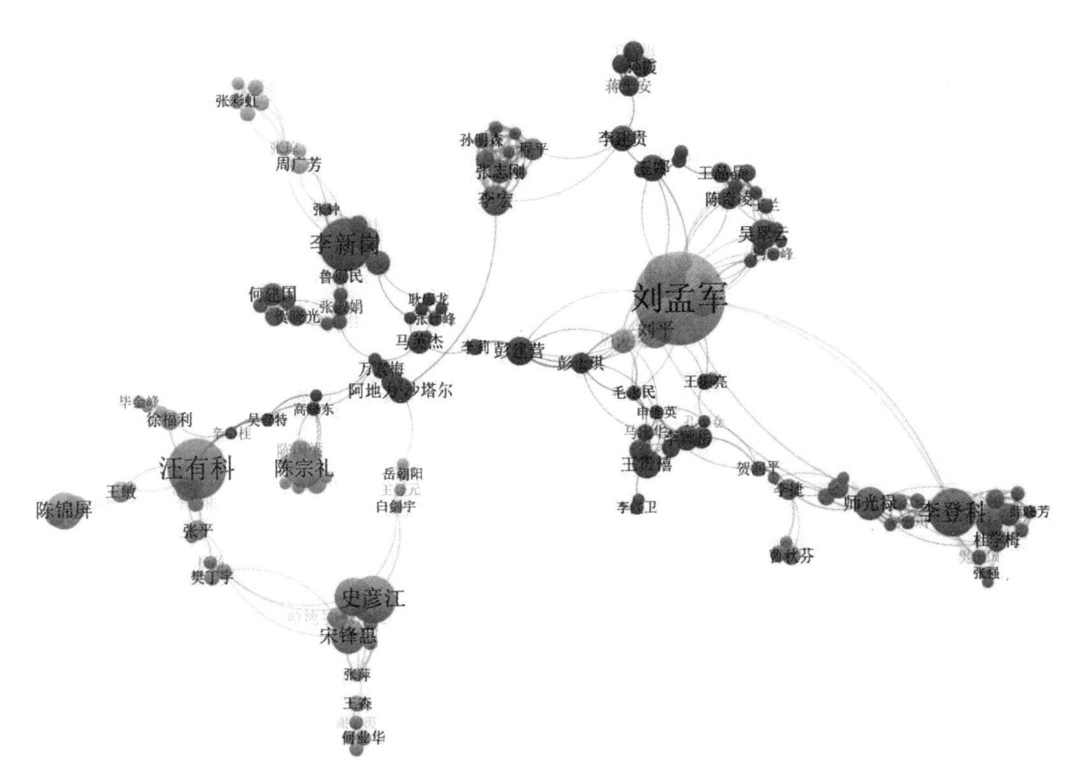

图 2-4-4　枣中国论文核心作者合作关系图

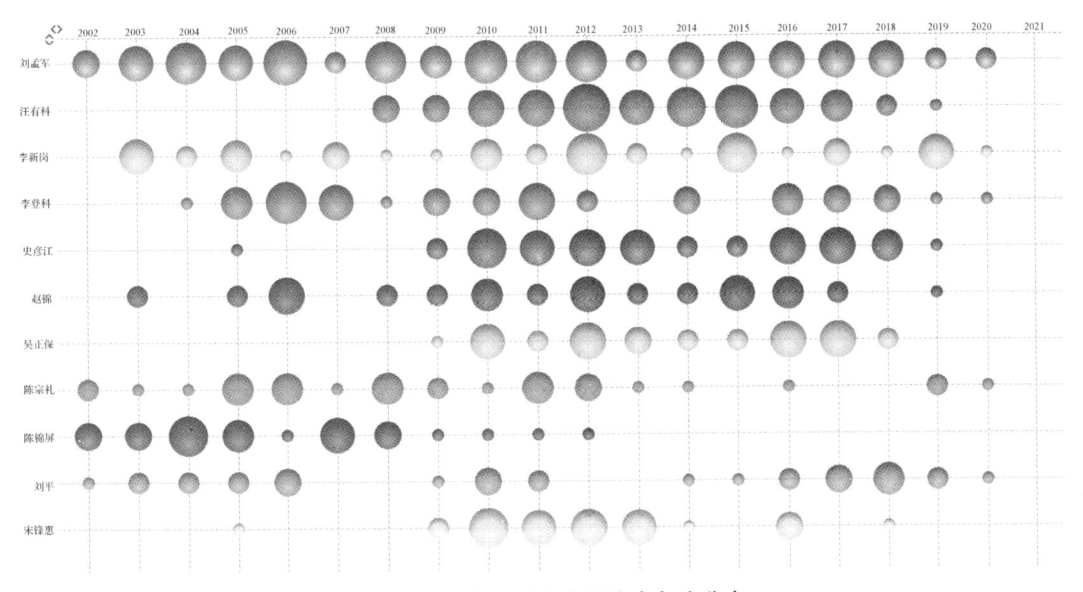

图 2-4-5　枣中国论文主要作者年度分布

4. 关键词分析

关键词概括了文章的主要内容，可以表达一篇文章的主题与研究点。因此，关键词出现的频次越多，该词在当前研究领域中的关注程度越高。利用 VOSviewer 中的关键词共现图对文章中出现的高频词进行分析，探索该领域的研究热点。关键词共现图将关键词通过圆圈和标签进行标记，灰度代表关键词的类别，而圆圈的大小代表关键词重要性的高低，不同关键词之间的连线表明关键词之间联系，线条的粗细反映了主题内容的亲疏关系。枣中国论文关键词共现分析如图 2-4-6。

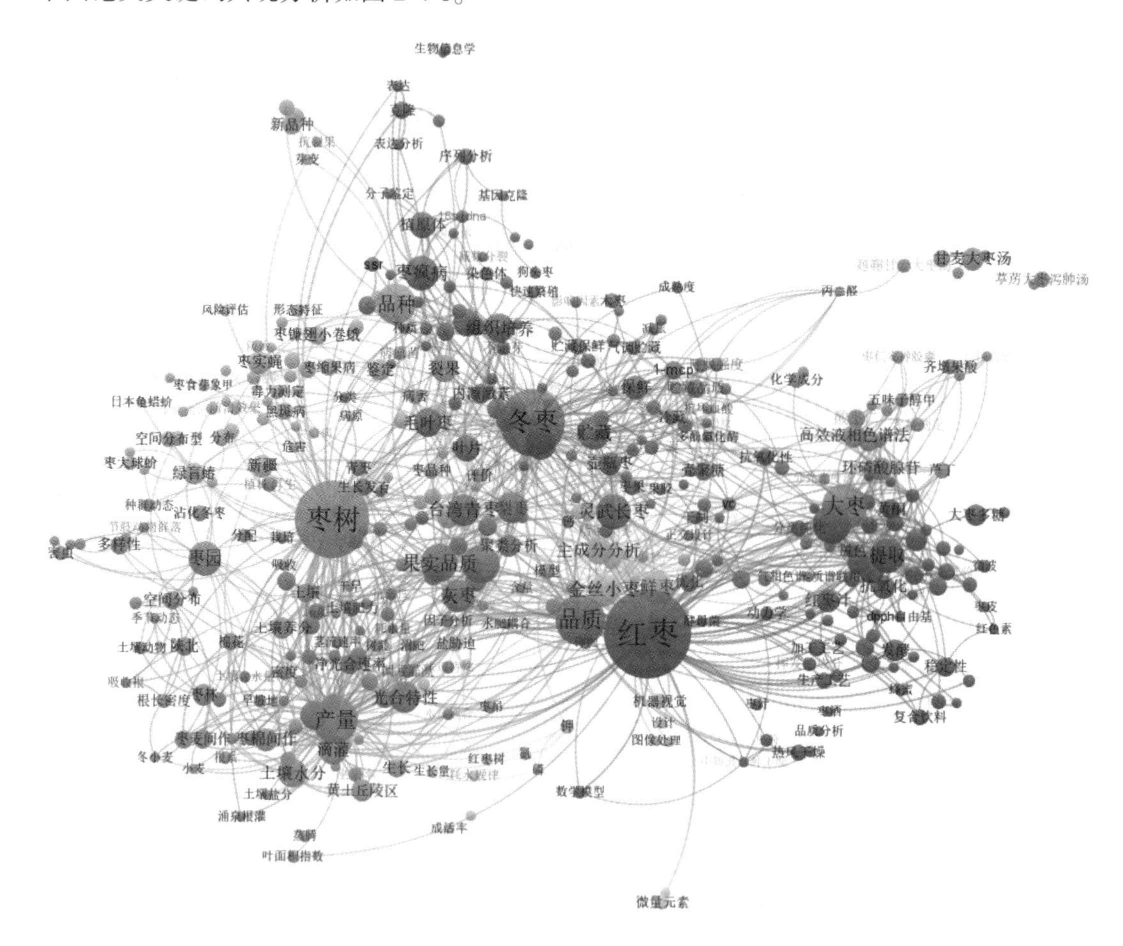

图 2-4-6 枣中国论文关键词共现分析

对枣关键词出现的频次进行统计，词频排名前 10 的枣关键词如表 2-4-2 所示。可见枣中国论文的研究主题主要包括：红枣、枣树、冬枣、品质、产量、大枣、品种、多糖、果实品质、骏枣等。可以总结为：①各种枣品种的研究；②枣的品质和产量的研究等。

表 2-4-2 枣中国论文主要关键词

排名	关键词	频次	排名	关键词	频次
1	红枣	304	6	大枣	84
2	枣树	227	7	品种	63
3	冬枣	174	8	多糖	60
4	品质	98	9	果实品质	58
5	产量	88	10	骏枣	57

5. 机构分析

经统计，枣中国论文发表机构中产出量最多的是西北农林科技大学，266 篇，其次是河北农业大学（228 篇）、新疆农业大学（212 篇）、塔里木大学（140 篇）、山西省农业科学院（108 篇）、中国科学院（107 篇），排名前 10 位的发文机构见表 2-4-3。

表 2-4-3　枣中国论文发表主要机构

排名	机构名称	论文篇数
1	西北农林科技大学	266
2	河北农业大学	228
3	新疆农业大学	212
4	塔里木大学	140
5	山西省农业科学院	108
6	中国科学院	107
7	宁夏大学	87
7	新疆林业科学院	87
9	北京林业大学	85
10	陕西师范大学	75

枣中国论文排名前 10 机构的年度发文量分析表明（图 2-4-7），排名前 2 位的西北农林科技大学和河北农业大学近 20 年间年发文量均维持在较高水平。其次，新疆农业大学、塔里木大学、宁夏大学在 2011—2021 年间枣论文年产出也较多。

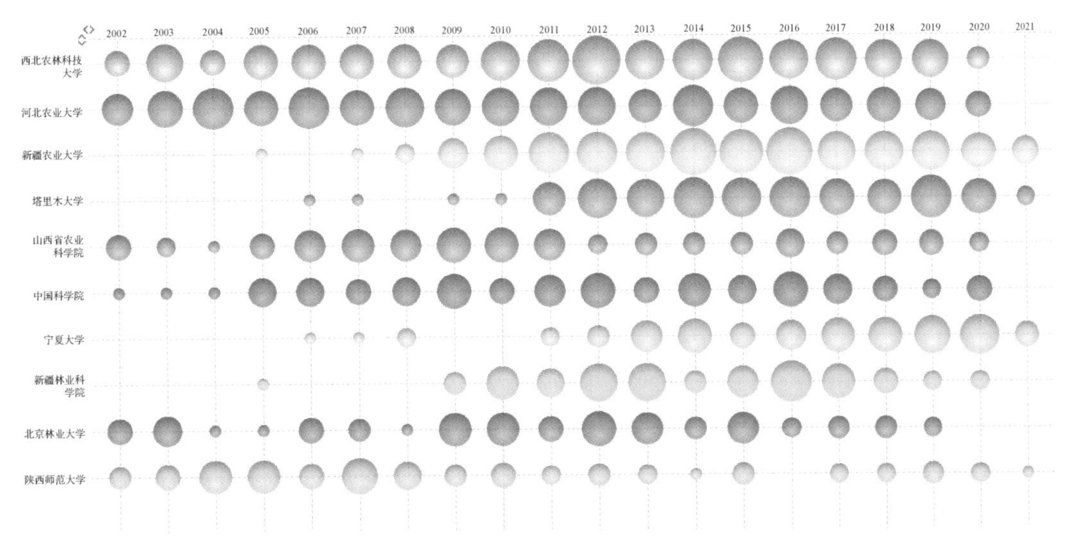

图 2-4-7　枣中国论文主要机构年度发文量分析

6. 高被引论文分析

被引频次高的论文一般标志着该科研成果具有较高的学术影响力。枣中国论文被引次数排名前 3 的高被引论文详情见表 2-4-4。被引次数排名前 10 的其余高被引论文详情见表 2-4-5。

表 2-4-4 枣高被引中国论文

1. 冬枣优良单株果实品质的因子分析与综合评价	
作者	马庆华；李永红；梁丽松；李琴；王海；许元峰；孙玉波；王贵禧
机构	中国林业科学研究院林业研究所；山东省滨州市林业局
年份	2010
期刊	中国农业科学
基金	国家“十一五”科技支撑计划项目；科技部农业科技成果转化资金项目；中国林业科学研究院林业研究所重点项目
关键词	冬枣；优良单株；果实品质；因子分析；综合评价
摘要	[目的]建立一套适合冬枣果实品质评价的方法，探求冬枣果实品质评价中的主要影响因子，并为选择品质优良的冬枣单株(或候选单株)提供依据。[方法]测定 20 项冬枣优良单株的果实品质指标，采用隶属函数法对各项指标数据进行转化，采用 SPSS13.0 软件进行因子分析，采用四次方最大旋转法获得因子载荷矩阵，以公因子贡献率为权重，计算样品前 6 个公因子分值与相应权重之积的累加和，得到综合分值，结合公因子的二维排序图进行优良单株的选择。[结果]转化后的数据经因子分析，提取出 6 个特征根>1 的公因子，累计方差贡献率为 80.571%，第一公因子为果实甜脆因子，方差贡献率为 26.257%，第二公因子为果重及其他内质因子，方差贡献率为 16.734%，第三公因子为果皮质地因子，方差贡献率为 14.503%，第四公因子为果实外观因子，方差贡献率为 9.091%，第五公因子和第六公因子统称为其他因子；二维排序图揭示了不同优良单株前 3 个公因子的分布情况，可以为冬枣选优提供参照；20 份冬枣优良单株及对照的综合排序为 16、22、14、15、18、5、12、17、4、21、1、19、8、10、13、6、2、7、3、CK 和 20 号。[结论]隶属函数法同时考虑到果实品质指标对评价体系的正、负影响，采用该法转化的数据适于进行因子分析；影响冬枣优良单株果实品质综合评价的关键因子依次是果实甜脆因子、果重及其他内质，因子、果皮质地因子、果实外观因子和其他因子；20 份优良单株及对照冬枣的综合评价结果为 16、22、15 和 18 号综合品质性状较优，可作为候选单株，结合其他性状进行下一步筛选，其他单株不宜选择。
被引数量	89
2. 枣园节肢动物群落优势功能集团的空间时序动态及其相关性	
作者	师光禄；曹挥；席银宝；夏乃斌；李镇宇
机构	山西农业大学农学院；北京林业大学
年份	2003
期刊	林业科学
基金	国家自然科学基金资助项目(30170759)；山西省归国留学人员基金资助项目
关键词	枣园生态系统；节肢动物群落；功能集团；相关性；时序动态
摘要	对太谷地区枣园不同生态系统中节肢动物群落优势功能集团的空间时序动态及其相关性进行了研究，结果表明，在五种生境类型的枣园中各功能集团在空间的分布有一定的规律性；枣园间作物(或杂草的有无)和用药与否对功能集团的空间分布结构影响不明显。在不同生态环境中，节肢动物群落各营养层在时间和空间上所占的比例是不同的；但在同一营养水平上分布是相关的，这种相关性揭示了中性昆虫在群落食物网中起着重要的作用，可见综合防治既要保护和利用天敌，又要保护和利用中性昆虫。
被引数量	48
3. 质构仪穿刺试验检测冬枣质地品质方法的建立	
作者	马庆华；王贵禧；梁丽松
机构	中国林业科学研究院林业研究所

（续）

年份	2011
期刊	中国农业科学
基金	国家“十一五”科技支撑计划项目；科技部农业科技成果转化资金项目；中国林业科学研究院林业研究所重点项目
关键词	冬枣；质地品质；穿刺试验；质构仪；检测方法
摘要	[目的]丰富鲜食枣果实品质评价的内容，为合理指导生产，建立标准化，统一化的鲜食枣果实质地评价方法提供理论依据和技术手段。[方法]采用质构仪质地整果穿刺法进行试验，通过对不同来源的冬枣进行质地检测，Macro 程序编辑和测得数据的方差分析，建立一套适合鲜食枣果实的质地检测方法。[结果]主要试验参数为：采用完整的冬枣为试验对象，每果取最大横径处阴阳面 2 个部位测定（取平均值），各样品随机取 20 个（以上）果实进行测定；采用 P/2n 针状探头（直径 2mm），测前速度 5mm/s，贯入速度 1mm/s，测后速度 5mm/s，最小感知力 5g，穿刺深度小于最小样品的果肉厚度（冬枣，5mm），感应力阈值 2g；通过设定的 Macro 程序，可在所得演示曲线中得到：果皮强度（g），果皮破裂深度（mm），果皮脆性（g/s），果皮韧性（g×s），果肉最大硬度（g），果肉平均硬度（g）和果肉匀质指数等参数。[结论]该方法能够检测出不同生产园，不同含水量和不同贮藏时间冬枣的质地差异，同样适用于其他鲜食枣品种以及其他带皮食用的小型水果的质地分析。
被引数量	46

表 2-4-5 枣主要高被引中国论文

排名	题名	作者	期刊	年份	被引频次
4	调亏灌溉对温室梨枣树水分利用效率与枣品质的影响	马福生；康绍忠；王密侠；庞秀明；王金凤；李志军	农业工程学报	2006	44
5	枣树数量性状的概率分级研究	刘孟军	园艺学报	1996	42
6	不同枣园生态系统中昆虫群落及其多样性	师光禄；曹挥；戈峰；夏乃斌；李镇宇	林业科学	2002	39
6	枣属植物分类学研究进展——文献综述	刘孟军	园艺学报	1999	39
8	36 份枣品种 SSR 指纹图谱的构建	麻丽颖；孔德仓；刘华波；王斯琪；李颖岳；庞晓明	园艺学报	2012	38
8	陕北山地红枣集雨微灌技术集成与示范	吴普特；汪有科；辛小桂；朱德兰	干旱地区农业研究	2008	38
10	不同氮磷钾配比滴灌对灰枣产量与品质的影响	柴仲平；王雪梅；孙霞；蒋平安；张谦	果树学报	2011	36
10	模拟干旱胁迫对枣树幼苗的抗氧化系统和渗透调节的影响	刘世鹏；刘济明；陈宗礼；曹娟云；白重炎	西北植物学报	2006	36

7. 基金分析

一般认为，基金资助的论文具有更高的先进性、创新性、学术性，因此基金论文比（即有基金赞助的占所有论文的百分比）是衡量期刊论文质量的一个重要指标。在 2855 篇枣中国论文中，共有 2351 篇获得基金资助，基金论文比为 82.35%。赞助最多的

10 个基金如表 2-4-6 所示，可见由国家级基金资助的论文居多，其中，国家自然科学基金、国家科技支撑计划和国家林业公益性行业科研专项是资助我国枣相关研究力度最大的基金；其次为省部级基金资助，主要省份集中在河北省、陕西省、山西省和新疆维吾尔自治区。

表 2-4-6 枣中国论文主要基金支持

排名	基金名称	论文篇数
1	国家自然科学基金	503
2	国家科技支撑计划	306
3	国家林业公益性行业科研专项	208
4	河北省自然科学基金	60
5	陕西省科技统筹创新工程项目	45
6	山西省自然科学基金	39
7	国家重点研发计划	36
8	山西省科技攻关项目	35
9	科技部农业科技成果转化资金项目	25
10	新疆维吾尔自治区科技计划项目	23

五、杏

1. 年度分析

截至 2021 年 9 月，杏中国论文共 1522 篇。从图 2-5-1 杏中国论文的年度分布图可知，杏论文数量在过去 30 多年总体呈波动上升趋势，杏的研究发展脉络主要分三个时期：1990—2002 年是第一个增长期，在此期间论文数量一直增长较缓慢；2003—2008 年则是快速增长期，2008 年达到峰值 108 篇；2009 年以来论文数量有下降趋势，但总体维持在较高水平，年度平均发文量为 78 篇。

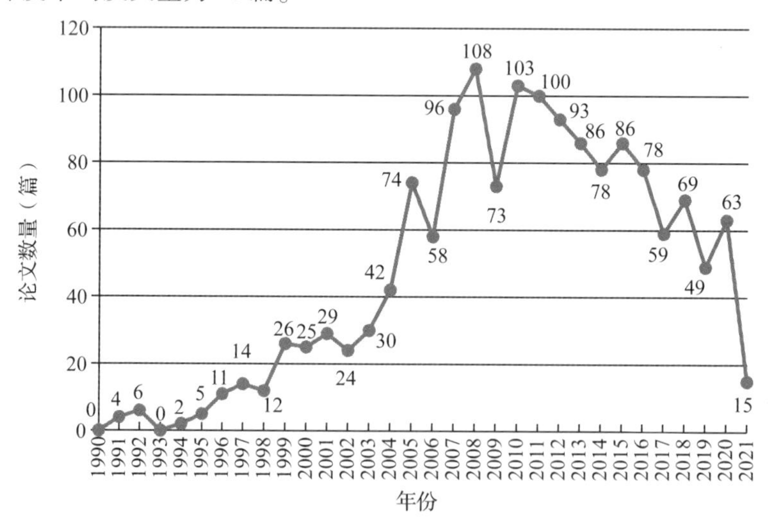

图 2-5-1 杏中国论文年度分布（1990—2021 年）

2. 来源期刊分析

通过对1522篇杏中国论文的来源期刊进行统计分析，共得到218种来源期刊，其中，载文10篇以下的共183个，约占期刊总数的83.94%，载文量排名前10的期刊如图2-5-2所示，42.9%的论文(653篇)发表在排名前10的期刊上，发表论文最多期刊是《新疆农业科学》，共发表115篇，占总量的7.56%，其次是《园艺学报》(97篇，6.37%)、《果树学报》(95篇，6.24%)、《食品工业科技》(86篇，5.65%)、《食品科学》(75篇，4.93%)。此外，《中成药》《西北林学院学报》《安徽农业科学》《西北植物学报》《西北农林科技大学学报(自然科学版)》5本期刊的杏载文量均在28篇以上。

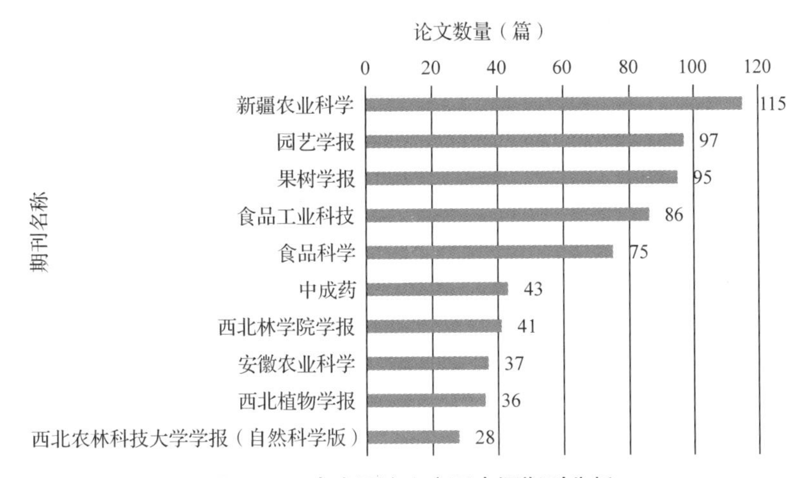

图 2-5-2 杏中国论文主要来源期刊分析

从排名前10位来源期刊的论文年度分布来看，排名前3位的《新疆农业科学》《园艺学报》《果树学报》对杏论文的收录主要集中在2005—2016年。近5年来，排名前10位来源期刊对杏论文的录用量总体较少，主要来源期刊包括《园艺学报》《果树学报》《食品工业科技》《食品科学》(图2-5-3)。

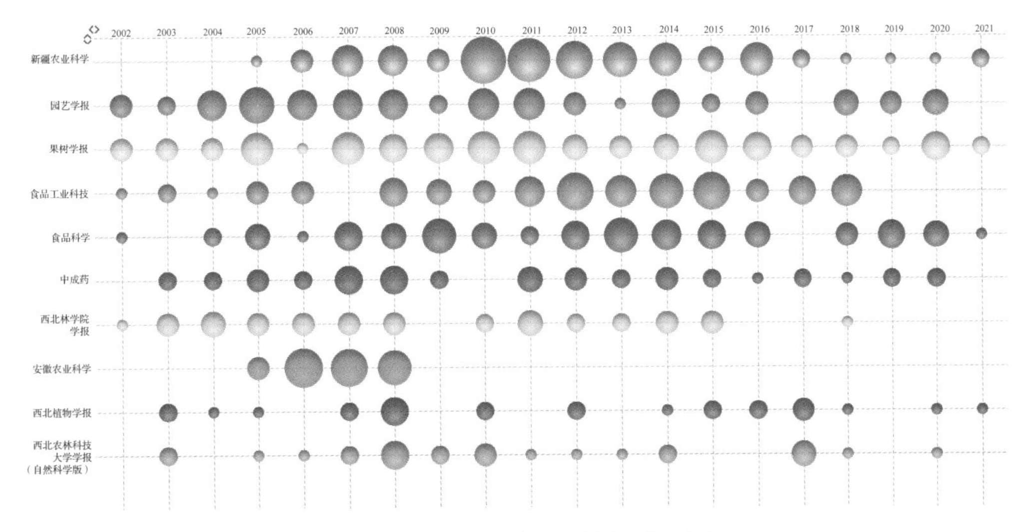

图 2-5-3 杏中国论文主要来源期刊年度分布

3. 作者分析

经过统计分析，1522 篇杏中国论文由 3913 位不同作者合作完成，发文量排名前 10 的作者如表 2-5-1 所示，其中，来自西北农林科技大学的赵忠发文量最多，发文数量为 45 篇。根据普赖斯定律确定核心作者发文量的统计方法，核心作者的发文数量最少应为 $N=0.749\sqrt{45}$，即 5 篇，发文量达到 5 的作者为核心作者，满足此条件的核心作者只有 236 位(占 6.03%)，其余 3677 位均为边缘作者。核心作者较多，加之发文要求较低，反映出中国杏研究领域尚未完全成熟，还处于发展之中，核心作者的相关研究奠定了杏领域的研究基础。

杏的作者分析表明，排名第一的是赵忠，其次是廖康、陈学森、刘威生、乌云塔娜、冯建荣、刘宁，杏发文数量都在 25 篇及以上。排名第一的是赵忠，男，1958 年 7 月出生，西北农林科技大学教授，主要从事森林培育学的教学和研究工作。排名第二的是廖康，男，1962 年 9 月出生，新疆农业大学教授，主要从事果树学的教学与科研工作，对杏、葡萄、库尔勒香梨等果树的栽培、育种及果树种质资源有较深入的研究。排名第三的是陈学森，男，1958 年 10 月出生，山东农业大学果树学教授，一直从事果树种质资源与遗传育种的研究工作，主要围绕新疆红肉苹果、库尔勒香梨、南疆杏及野生樱桃李等果树资源的评价挖掘与创新利用进行研究。

表 2-5-1 杏中国论文主要作者

排名	作者	论文数量	机构
1	赵忠	45	西北农林科技大学
2	廖康	44	新疆农业大学
3	陈学森	38	山东农业大学
4	刘威生	28	辽宁省果树科学研究所
5	乌云塔娜	26	国家林业和草原局泡桐研究开发中心
5	冯建荣	26	石河子大学
7	刘宁	25	辽宁省果树科学研究所
8	朱璇	23	新疆农业大学
9	王玉柱	22	北京市农林科学院
9	李嘉瑞	22	西北农林科技大学

利用 VOSviewer 中作者合作网络分析（Co-author)功能对 236 位核心作者进行聚类分析，如图 2-5-4 分析结果显示，236 位作者被分成 50 个聚类，每个聚类的作者有共同关注的研究主题及合作关系，核心作者形成了以赵忠、廖康、陈学森等为代表的研究团队，可见几个较大的聚类作者为杏领域较为活跃的研究人员。由图可以得出，杏发文量前 10 的作者中，刘威生和刘宁为同一团队。同时，多个较大的聚类作者之间也存在密切的合作关系，以发文量第二的廖康为例，与其他 4 个较大的聚类作者均有合作。另外，受制于地域、学缘关系等原因，零星分布的聚类作者较多，多为聚类内部的合作关系，与其他聚类间的作者合作很少。

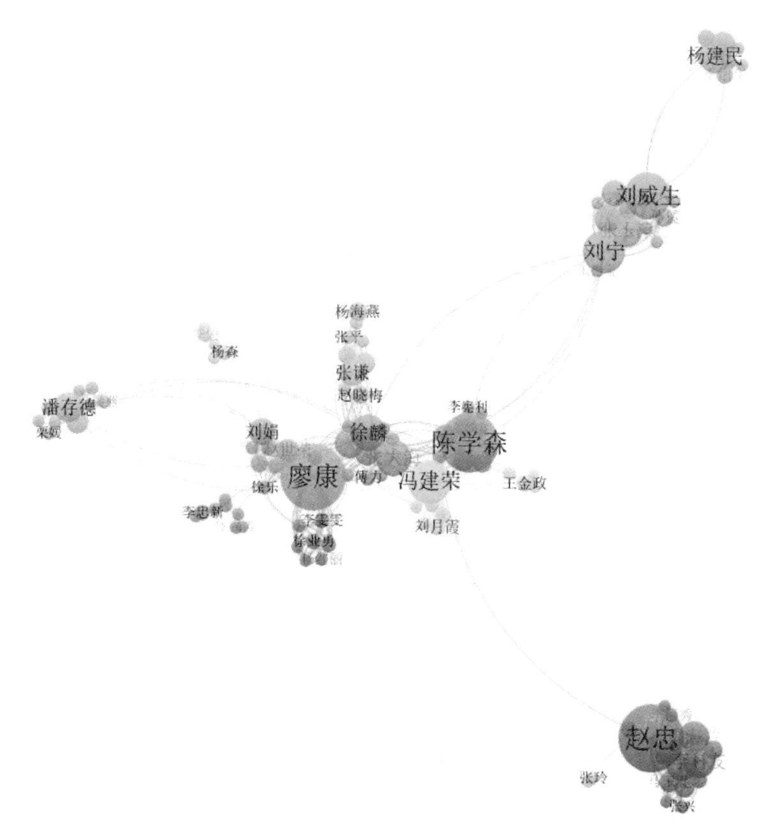

图 2-5-4　杏中国论文核心作者合作关系图

作者的论文年度分布分析表明（图 2-5-5），国家林业和草原局泡桐研究开发中心的乌云塔娜、新疆农业大学的朱璇及辽宁省果树科学研究所的刘威生团队近年来的杏论文发表较为活跃。发文量排名前 2 位的作者赵忠、廖康发文时间集中在 2007—2016 年，排名第三位的陈学森发文时间则集中在 2003—2009 年间。

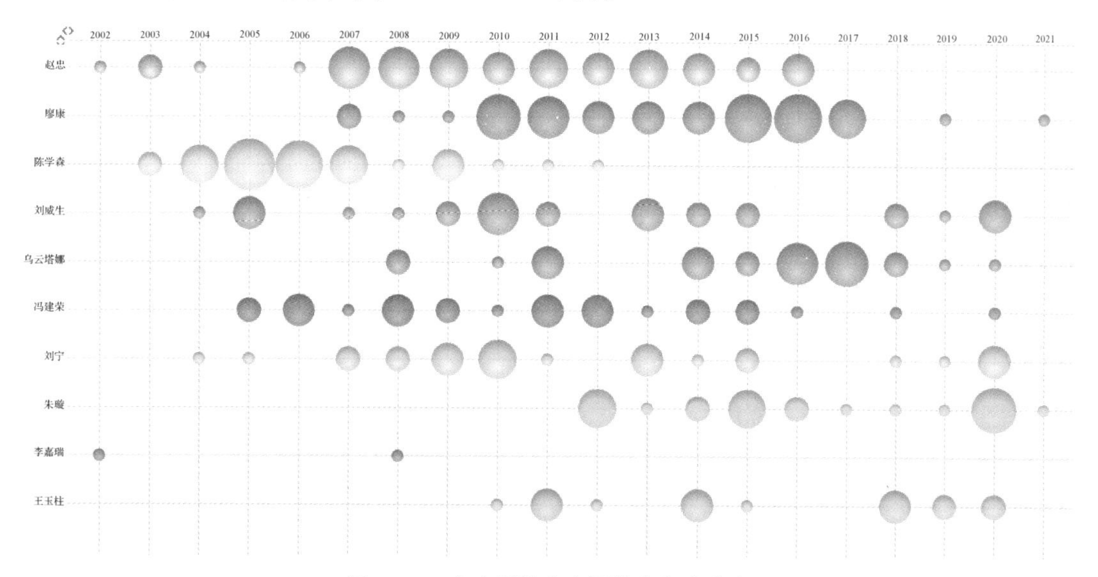

图 2-5-5　杏中国论文主要作者年度分布

4. 关键词分析

关键词概括了文章的主要内容，可以表达一篇文章的主题与研究点。因此，关键词出现的频次越多，该词在当前研究领域中的关注程度越高。利用 VOSviewer 中的关键词共现图对文章中出现的高频词进行分析，探索该领域的研究热点。关键词共现图将关键词通过圆圈和标签进行标记，灰度代表关键词的类别，而圆圈的大小代表关键词重要性的高低，不同关键词之间的连线表明关键词之间联系，线条的粗细反映了主题内容的亲疏关系。杏中国论文关键词共现分析如图 2-5-6。

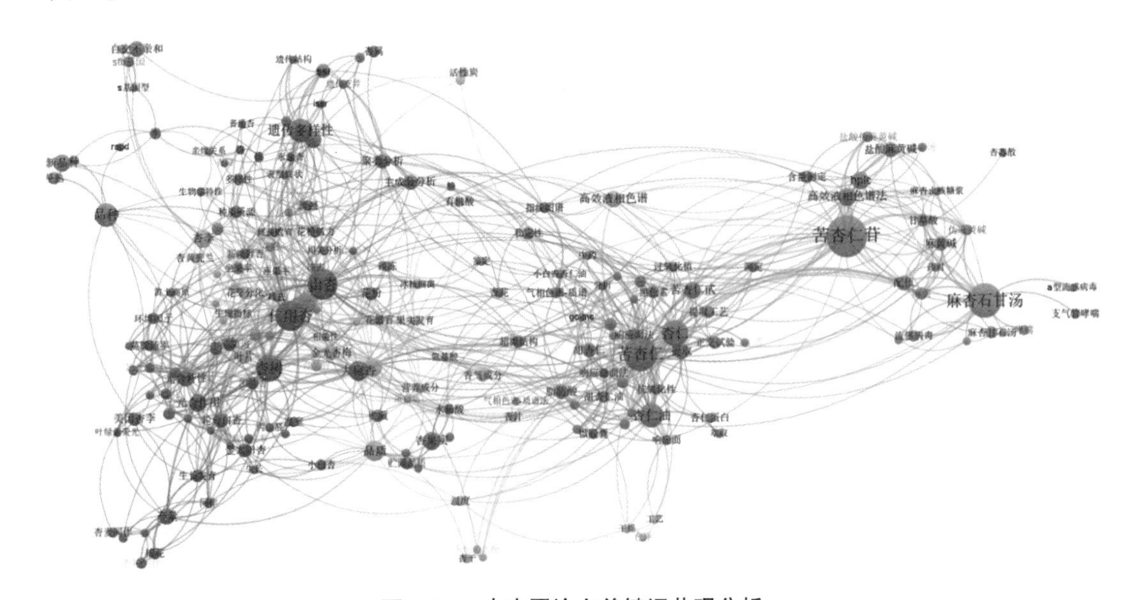

图 2-5-6　杏中国论文关键词共现分析

对杏关键词出现的频次进行统计，词频排名前 10 的杏关键词如表 2-5-2 所示。可见杏中国论文的研究主题主要包括：苦杏仁苷、苦杏仁、麻杏石甘汤、山杏、仁用杏、杏仁、杏树、杏仁油、品种、遗传多样性等。可总结为：①各种杏品种的研究；②杏仁的利用研究等。

表 2-5-2　杏中国论文主要关键词

排名	关键词	频次	排名	关键词	频次
1	苦杏仁苷	110	6	杏仁	46
2	苦杏仁	76	7	杏树	45
2	麻杏石甘汤	76	8	杏仁油	39
4	山杏	62	9	品种	36
5	仁用杏	57	10	遗传多样性	35

5. 机构分析

经统计，杏中国论文发表机构中产出量最多的是新疆农业大学，161 篇，其次是西北农林科技大学(140 篇)、新疆农业科学院(108 篇)、中国林业科学研究院(63 篇)、山东农业大学(62 篇)、北京林业大学(41 篇)，排名前 10 位的发文机构见表 2-5-3。

表 2-5-3　杏中国论文发表主要机构

排名	机构名称	论文篇数
1	新疆农业大学	161
2	西北农林科技大学	140
3	新疆农业科学院	108
4	中国林业科学研究院	63
5	山东农业大学	62
6	北京林业大学	41
6	陕西师范大学	41
8	中国农业大学	40
9	沈阳农业大学	37
9	中国农业科学院	37

杏中国论文排名前 10 机构的年度发文量分析表明(图 2-5-7)，排名前 3 位的新疆农业大学、西北农林科技大学和新疆农业科学院的论文发表主要集中在 2005—2021 年。

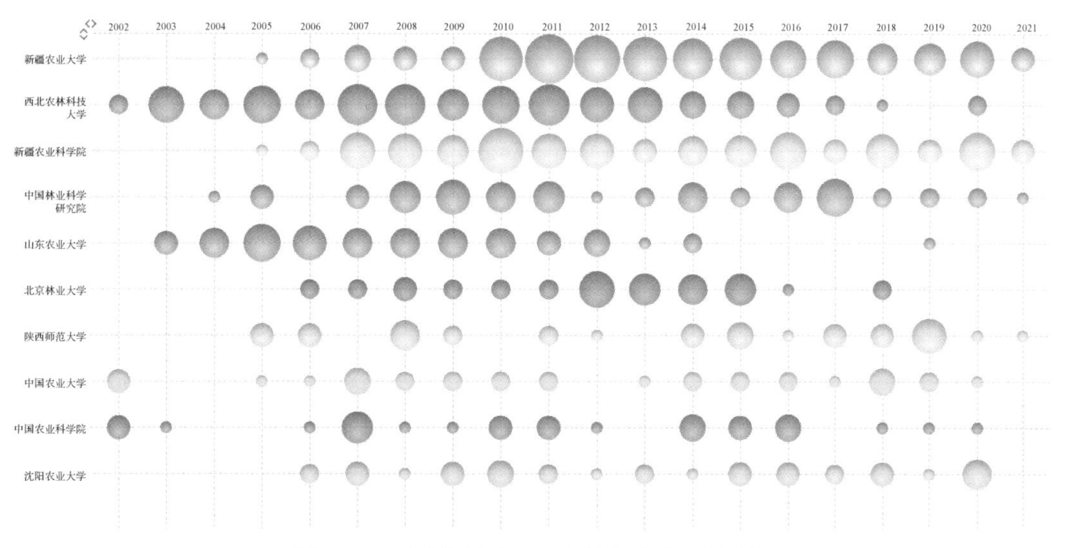

图 2-5-7　杏中国论文主要机构年度发文量分析

6. 高被引论文分析

被引频次高的论文一般标志着该科研成果具有较高的学术影响力。杏中国论文被引次数排名前 3 的高被引论文详情见表 2-5-4。被引次数排名前 10 的其余高被引论文详情见表 2-5-5。

表 2-5-4　杏高被引中国论文

1. 不同土壤水分下山杏光合作用光响应过程及其模拟	
作者	郎莹；张光灿；张征坤；刘顺生；刘德虎；胡小兰
机构	山东农业大学林学院；国家林业局泰山森林生态站
年份	2011

（续）

期刊	生态学报
基金	国家自然科学基金资助项目；国家“十一五”科技支撑专题项目
关键词	植物光合生理；山杏；土壤水分；光响应模型；光合作用模拟
摘要	利用CIRAS-2型便携式光合作用测定系统，在黄土高原丘陵沟壑区，测定了山杏(*Prunus sibirical* L.)在8个土壤水分梯度下光合作用的光响应过程，并采用直角双曲线模型、非直角双曲线模型和直角双曲线修正模型对其进行拟合分析。结果表明：土壤相对含水量(RSWC)在56.3%~80.9%范围内，山杏在强光下能维持较高的光合作用水平，受到的光抑制不明显。在此土壤水分范围内，3个模型均能较好地拟合光合作用的光响应过程及其表观量子效率(Φ)、光补偿点(LCP)和暗呼吸速率(Rd)，对Φ、LCP和Rd的拟合精度以非直角双曲线模型>直角双曲线修正模型>直角双曲线模型。但超出此范围(即RSWC<56.3%或RSWC>80.9%)时，山杏的光合作用在强光下会发生明显的光抑制，表现为光合速率随光强增加而明显降低，量子效率和光饱和点明显减小，此时只有直角双曲线修正模型能较好地拟合山杏光响应过程及其特征参数。结论：山杏光合作用正常的土壤水分范围在RSWC为56.3%~80.9%；直角双曲线修正模型能较好地拟合各种土壤水分下山杏的光响应过程及其特征参数；直角和非直角双曲线模型适用于正常水分下山杏光响应过程及其特征参数的模拟，但不能用于拟合胁迫水分(或光抑制)下的光响应过程。
被引数量	57

2. 杏果实不同发育阶段的香味组分及其变化

作者	陈美霞；陈学森；周杰；刘扬岷；慈志娟；吴燕
机构	山东农业大学果树生物学实验室；山东农业大学化学与材料学院；江南大学分析测试中心
年份	2005
期刊	中国农业科学
基金	国家自然科学基金资助项目；国家农业科技成果转化基金资助项目；山东省学科带头人专项基金资助项目；山东省农业良种产业化工程资助项目
关键词	杏；果实；发育期；香味组分
摘要	采用同时蒸馏萃取和气相色谱-质谱(GC-MS)技术，对绿熟期、商熟期及完熟期等3个不同发育时期的新世纪杏果实香味组分进行了鉴定。结果表明，新世纪杏的香味共68种，主要成分为醇类、醛类、酮类、内酯类、酯类和酸类，但在果实成熟过程中，香味组分及含量差异很大。绿熟期检出香味成分35种，含量较多的有(E)-2-己烯醛、芳樟醇、α-萜品醇、(E)-2-己烯-1-醇、己醛、1-己醇；商熟期共检出香味成分45种，主要有(E)-2-己烯醛、芳樟醇、α-萜品醇、己醛、罗勒烯醇、香叶醇；完熟期共检出香味成分44种，主要包括芳樟醇、(Z，Z，Z)-9，12，15-三烯十八酸甲酯、α-萜品醇、γ-癸内酯、(E)-2-己烯醛、γ-十二内酯、乙酸丁酯、乙酸己酯。C6醛类和醇类的含量在绿熟期最高，随着果实成熟逐渐下降；而大多数萜烯醇类在商熟期含量达最高；内酯类和酮类直到商熟期才检测出；还检测出大量的酯类化合物，如乙酸丁酯、乙酸-3-己烯酯、乙酸己酯、乙酸-2-己烯酯等。除丁酸-2-己烯酯和己酸-2-己烯酯外，其他酯类的含量随着果实成熟而逐渐增多。
被引数量	46

3. 杏子的气体射流冲击干燥特性

作者	肖红伟；张世湘；白竣文；方小明；张泽俊；高振江
机构	中国农业大学工学院；中国农业大学食品科学与营养工程学院；中国农业科学院蜜蜂研究所
年份	2010
期刊	农业工程学报
基金	国家“863”项目
关键词	干燥；活化能；水分；气体射流冲击干燥；杏子

（续）

摘要	为了提高杏子干制的品质、缩短干制时间，该文将气体射流冲击干燥技术应用于杏子干燥，研究了杏子在不同干燥温度(50℃、55℃、60℃和65℃)和风速(3m/s、6m/s、9m/s和12m/s)下的干燥曲线、水分有效扩散系数以及干燥活化能。试验结果表明：干燥温度和风速对杏子的干燥速率均有显著影响，但干燥温度对其的影响比风速更为突出；杏子的整个干燥过程属于降速干燥，通过费克第二定律求出了干燥过程中杏子的有效水分扩散系数，其值在 $8.346 \sim 13.846 \times 10^{-10} m^2/s$ 的范围内随着干燥温度和风速的升高而增大；通过阿伦尼乌斯公式计算出了杏子干燥活化能为30.62kJ/mol，表明利用气体射流冲击干燥技术从杏子中除去1kg水需要消耗大约1701kJ的能量。该研究为气体射流冲击干燥技术应用于杏子的干燥提供了技术依据。
被引数量	43

表 2-5-5　杏主要高被引中国论文

排名	题名	作者	期刊	年份	被引频次
4	山杏叶片光合生理参数对土壤水分和光照强度的阈值效应	夏江宝；张光灿；孙景宽；刘霞	植物生态学报	2011	42
5	杏果实糖酸组成及其不同发育阶段的变化	陈美霞；史作安；慈志娟；陈学森	园艺学报	2006	40
6	主成分分析法在仁用杏品种主要经济性状选种上的应用研究	郭宝林；杨俊霞；李永慈；于树胜	林业科学	2000	37
6	杏种质资源评价及遗传育种研究进展	陈学森；李宪利；张艳敏；吴树敬；沈洪波；束怀瑞	果树学报	2001	37
8	低温胁迫对杏花SOD活性和膜脂过氧化的影响	王华；王飞；陈登文；丁勤	果树科学	2000	31
9	干旱胁迫对金太阳杏叶绿素荧光动力学参数的影响	蒲光兰；周兰英；胡学华；邓家林；刘永红；肖千文	干旱地区农业研究	2005	30
10	高效液相色谱法同时分离测定仁用杏花芽中8种植物激素	杨途熙；魏安智；郑元；杨恒；杨向娜；张睿	分析化学	2007	29
10	杏ISSR反应体系的优化和指纹图谱的构建	刘威生；冯晨静；杨建民；刘冬成；张爱民；李绍华	果树学报	2005	29
10	杏树抗寒生理研究初报	黄永红；沈洪波；陈学森	山东农业大学学报(自然科学版)	2005	29
10	两个杏品种果实香气成分的气相色谱-质谱分析	陈美霞；陈学森；冯宝春	园艺学报	2004	29

7. 基金分析

一般认为，基金资助的论文具有更高的先进性、创新性、学术性，因此基金论文比(即有基金赞助的占所有论文的百分比)是衡量期刊论文质量的一个重要指标。在1522篇杏中国论文中，共有1175篇获得基金资助，基金论文比为77.2%。赞助最多的10个基金如表2-5-6所示，可见由国家级基金资助的论文居多，其中，国家自然科学基金、国家科技支撑计划和公益性行业(农业)科研专项是资助我国杏相关研究力度最大的基

金；其次为省部级基金资助，主要省份集中在新疆维吾尔自治区和陕西省。

表 2-5-6 杏中国论文主要基金支持

排名	基金名称	论文篇数
1	国家自然科学基金	272
2	国家科技支撑计划	87
3	公益性行业(农业)科研专项	40
4	国家林业公益性行业科研专项	38
5	新疆维吾尔自治区科技计划项目	31
6	新疆维吾尔自治区果树重点学科基金	23
7	陕西省自然科学基金	20
8	新疆维吾尔自治区高校科研计划项目	17
9	中央高校基本科研业务费专项	16
10	国家林业和草原局 948 项目	15

六、小结

通过本书选取的 5 个我国主要优势经济林树种中国论文分析来看(图 2-6-1、图 2-6-2)，枣和核桃的中国论文数量较多，杏居中，油茶和板栗的中国论文数量偏少；从 5 个主要经济林树种中国论文年度分析来看，发展历程较为相似，均从 1990 年左右开始发表中国论文并缓慢增长，2000 年开始迅速增加，2012 年开始进入平稳发展期。

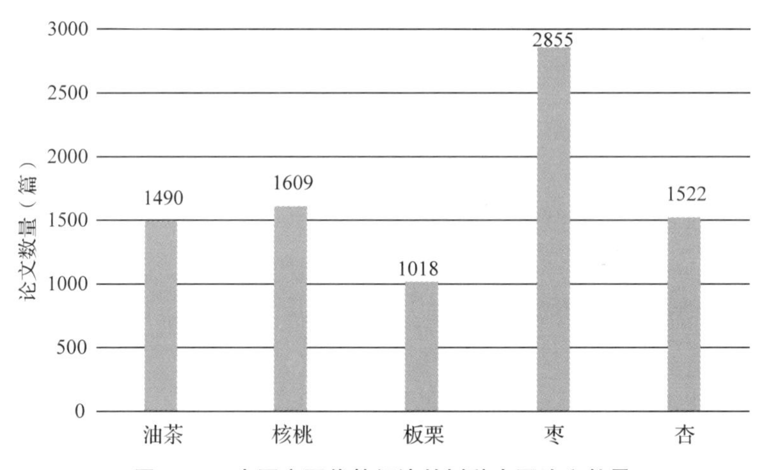

图 2-6-1 中国主要优势经济林树种中国论文数量

油茶中国论文主要来源于《中国油脂》《中南林业科技大学学报》《中国粮油学报》《林业科学研究》和《江西农业大学学报》等期刊，论文主要涉及油茶籽油生产和加工、茶皂素的提取、油茶产量的提升和油茶种质资源的遗传多样性研究等，油茶研发实力较强的机构包括中南林业科技大学、中国林业科学研究院、湖南省林业科学院、华南农业大学、江西农业大学。

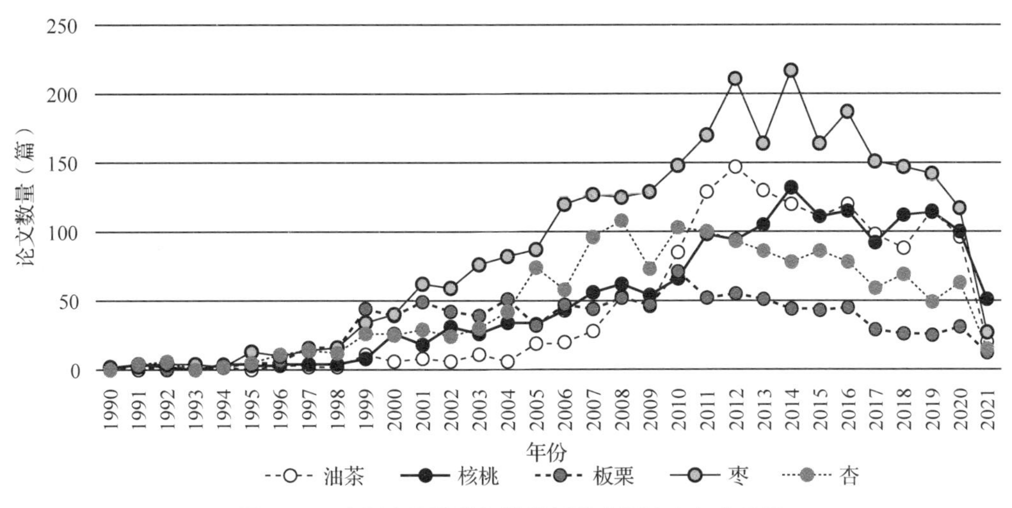

图 2-6-2 中国主要优势经济林树种中国论文年度分析

核桃中国论文主要来源于《食品工业科技》《中国油脂》《食品科学》《西北林学院学报》《园艺学报》等期刊，论文主要涉及核桃油的提取和功效研究、核桃壳和核桃青皮的利用、核桃种质资源的遗传多样性研究，核桃研发实力较强的机构包括西北农林科技大学、河北农业大学、新疆农业大学、中国林业科学研究院、四川农业大学。

板栗中国论文主要来源于《食品工业科技》《果树学报》《食品科学》《园艺学报》《浙江林业科技》等期刊，论文主要涉及板栗壳的利用、板栗品种的遗传多样性研究、板栗的贮存保鲜和板栗疫病的防治，板栗研发实力较强的机构包括北京林业大学、中国林业科学研究院、西北农林科技大学、北京市农林科学院、北京农学院。

枣中国论文主要来源于《新疆农业科学》《食品科学》《食品工业科技》《果树学报》《园艺学报》等期刊，论文主要涉及各类枣品种的研究、枣的品质和产量的提升、枣类提取物的利用，枣研发实力较强的机构包括西北农林科技大学、河北农业大学、新疆农业大学、塔里木大学、山西省农业科学院。

杏中国论文主要来源于《新疆农业科学》《园艺学报》《果树学报》《食品工业科技》《食品科学》等期刊，论文主要涉及各类杏品种的遗传多样性研究、杏仁的利用研究、杏提取物用于药物制剂，杏研发实力较强的机构包括新疆农业大学、西北农林科技大学、新疆农业科学院、中国林业科学研究院、山东农业大学。

第三章　世界论文分析

一、油茶

1. 年度分析

截至 2021 年 9 月，油茶世界论文共 561 篇(筛选文献类型为 Article 和 Review)，其中中国发表 503 篇(占比 89.66%)，国外发表 58 篇。从出版年度分布来看，2008 年以前国内外油茶论文研究均较少，2008—2020 年，国内外油茶论文量有所增加，但是中国油茶论文量增长十分迅猛，而国外很平稳总量也较少。总体来看，中国油茶论文研究的发展历程基本上可以代表世界油茶论文研究的发展历程，国外论文研究相对较少(图 3-1-1)。

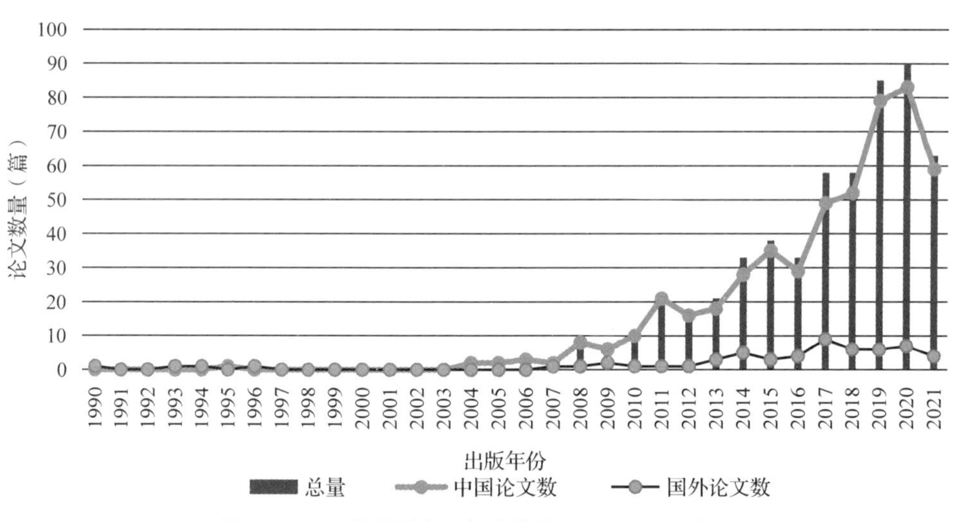

图 3-1-1　油茶世界论文年度分布(1990—2021 年)

2. 国家地区分析

以通讯作者所在的国家作为统计分析对象，若存在多个通讯作者不同国家，则取第一通讯作者对应的国家进行分析；若通讯作者为空，则以第一作者所在的国家进行统计。

从数量来看，中国遥遥领先，发表油茶相关论文 503 篇，占总量的 89.66%，其次是泰国(12 篇，2.14%)和美国(10 篇，1.78%)。此外，日本和韩国发表油茶相关论文量也均在 5 篇以上(图 3-1-2)。

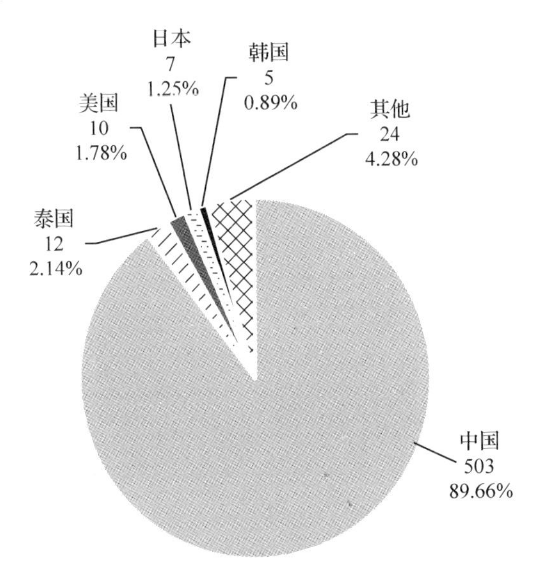

图 3-1-2　油茶世界论文国家分布

从排名前 5 位的国家近 20 年油茶相关论文发表数量分布来看，排名第一的中国自 2008 年以来论文发表量迅速增加，且数量遥遥领先。泰国、美国近些年油茶论文研究较活跃，但论文发表量相对中国而言较少(图 3-1-3)。

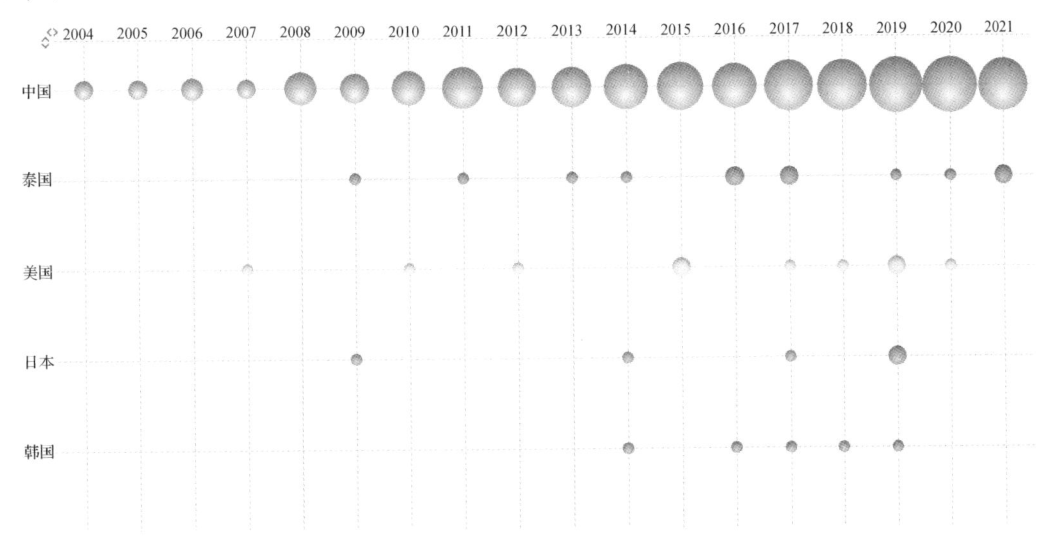

图 3-1-3　油茶世界论文主要国家年度分析

3. 学科分类分析

按照 Web of Science 标准化的学科分类进行归并分析表明，油茶世界论文中，食品科技(Food Science & Technology)论文量最多，共 115 篇，占总量的 20.50%，其次是植物科学(Plant Sciences)、化学应用(Chemistry Applied)，学科类别占比均在 10%以上。排名前 10 位的学科分类还包括生物化学与分子生物学、营养与营养学、化学医学、园艺、农学、能源与燃料、林业等，详情见表 3-1-1。

表 3-1-1 油茶世界论文的主要学科分类

排名	WoS 类别	数量(篇)	百分比(%)
1	食品科技	115	20.50
2	植物科学	81	14.44
3	化学应用	74	13.19
4	生物化学与分子生物学	52	9.27
5	化学多学科	39	6.95
6	营养与营养学	36	6.42
7	化学医学	33	5.88
8	园艺	31	5.53
9	农学	29	5.17
10	农业多学科	27	4.81
10	能源与燃料	27	4.81
10	林业	27	4.81

从学科分类的出版年度分布(近 20 年)来看(图 3-1-4)，近年来对油茶研究的各学科领域分布较平均，且发展相对平稳，但更侧重于油茶在食品科技、植物科学、农学等领域的研究。

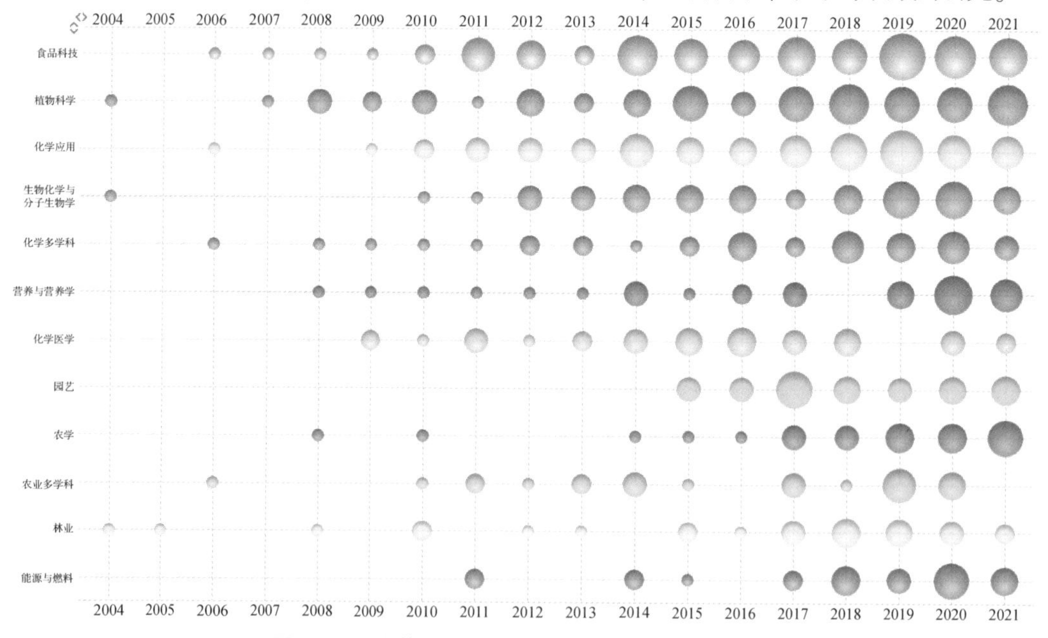

图 3-1-4 油茶世界论文的主要学科分类年度分布

4. 机构分析

油茶世界论文发表最多的机构是中南林业科技大学，90 篇，其次是中国科学院 40 篇(其中中国科学院动物研究所发表了 16 篇)和中国林业科学研究院 33 篇(其中亚热带林业研究所发表了 13 篇)，排名前 10 位的机构均为中国的高校和科研机构(表 3-1-2)。

表 3-1-2 油茶世界论文发表主要机构

排名	国家	机构	文献量(篇)
1	中国	中南林业科技大学	90
2	中国	中国科学院	40
3	中国	中国林业科学研究院	33
4	中国	安徽农业大学	25
5	中国	南昌大学	24
6	中国	华南理工大学	19
7	中国	国立中兴大学	18
8	中国	浙江大学	18
9	中国	北京林业大学	16
10	中国	华南农业大学	13

主要机构年度发文量分析表明(图 3-1-5)，排名第一位的中南林业科技大学近年来发文活动较活跃，其他研究机构发文量较少，但各个研究机构年度发文量均相对稳定。

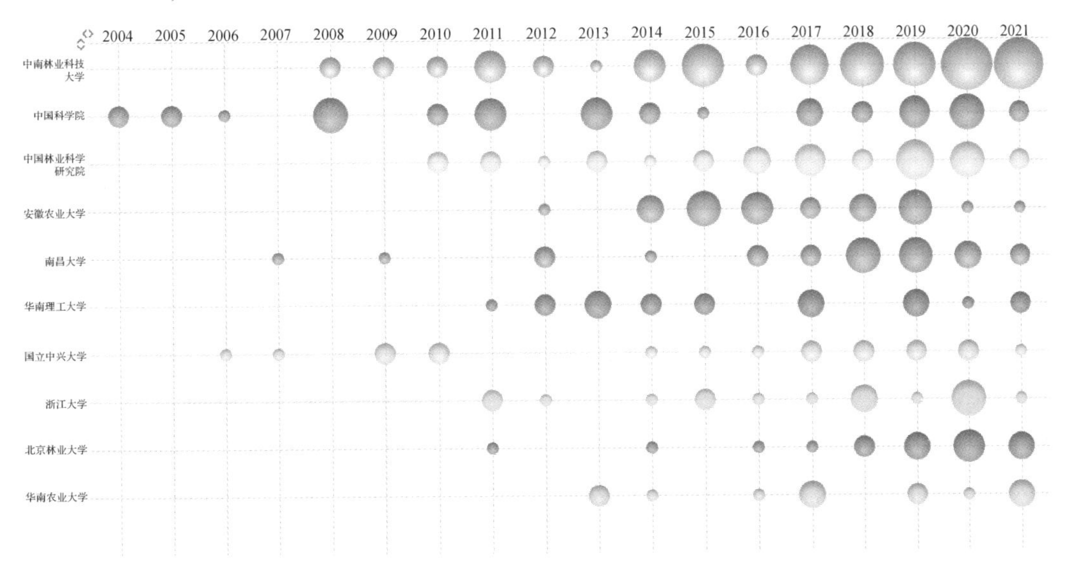

图 3-1-5 油茶世界论文主要机构年度发文量分析

主要机构的学科分布分析表明(图 3-1-6)，中南林业科技大学侧重于油茶在园艺和植物科学领域的研究，中国科学院侧重于油茶在林业、植物科学和食品科技领域的研究，中国林业科学研究院侧重于食品科技领域的研究。总体来看，中南林业科技大学在油茶的十大热门学科分类领域均有不同程度的相关研究。

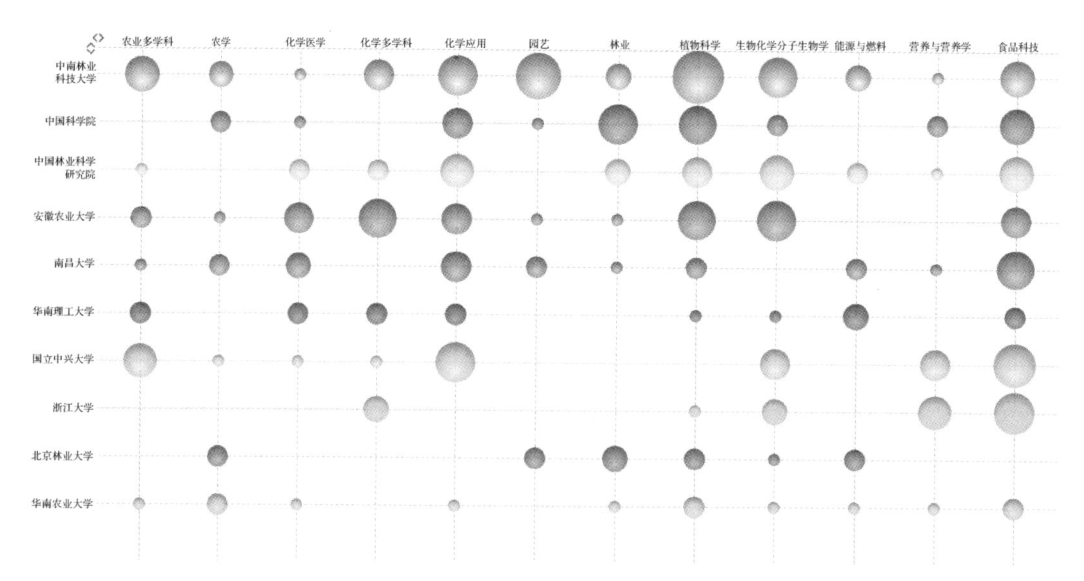

图 3-1-6 油茶世界论文主要机构学科分布

5. 作者分析

油茶世界论文的作者分析表明(表 3-1-3)，排名前 10 位的 14 位作者中，全部是中国作者，其中 Yen Gow-Chin 来自中国台湾国立中兴大学。排名第一的是谭晓风(16 篇)，男，中南林业科技大学森林培育(经济林学)教授，博士生导师，研究方向为经济林栽培育种(油茶、油桐、梨等)、林业生物技术等。其次是陈永忠，男，研究员，现任湖南省林业科学院党委委员、科学技术委员会常务副主任，国家油茶工程技术研究中心主任。排名第三的是袁德义，男，中南林业科技大学教授，博士生导师，主要从事经济林果育种与栽培研究，发文主要围绕油茶产业相关技术的研究。并列第三的叶勇，男，华南理工大学教授，研究方向为天然活性成分及其衍生物的抗菌、抗炎镇痛、抗神经退化和抗肿瘤作用及其机制，新型刺激响应性靶向制剂技术研究，发文主要围绕油茶或油茶某些分子的活性及其作用，比如，油茶壳中一种新型双黄酮类化合物的抗炎镇痛活性、油茶籽皂苷元锌纳米粒的神经保护作用等。

表 3-1-3 油茶世界论文主要作者

排名	国家	作者	论文发表量(篇)
1	中国	谭晓风	16
2	中国	陈永忠	15
3	中国	袁德义	13
3	中国	叶勇	13
5	中国	颜流水	11
6	中国	郭会琴	10
6	中国	李可心	10

（续）

排名	国家	作者	论文发表量(篇)
6	中国	王睿	10
6	中国	王湘南	10
10	中国	陈辉	9
10	中国	陈隆升	9
10	中国	姚小华	9
10	中国	Yen Gow-Chin	9
10	中国	袁军	9

作者的年度发文量分析表明(图 3-1-7)，从 2015 年开始，各个作者逐渐发表关于油茶的科研论文，并且发文量较稳定。另外，谭晓风、陈永忠和袁德义近年来的油茶研究活动十分活跃。

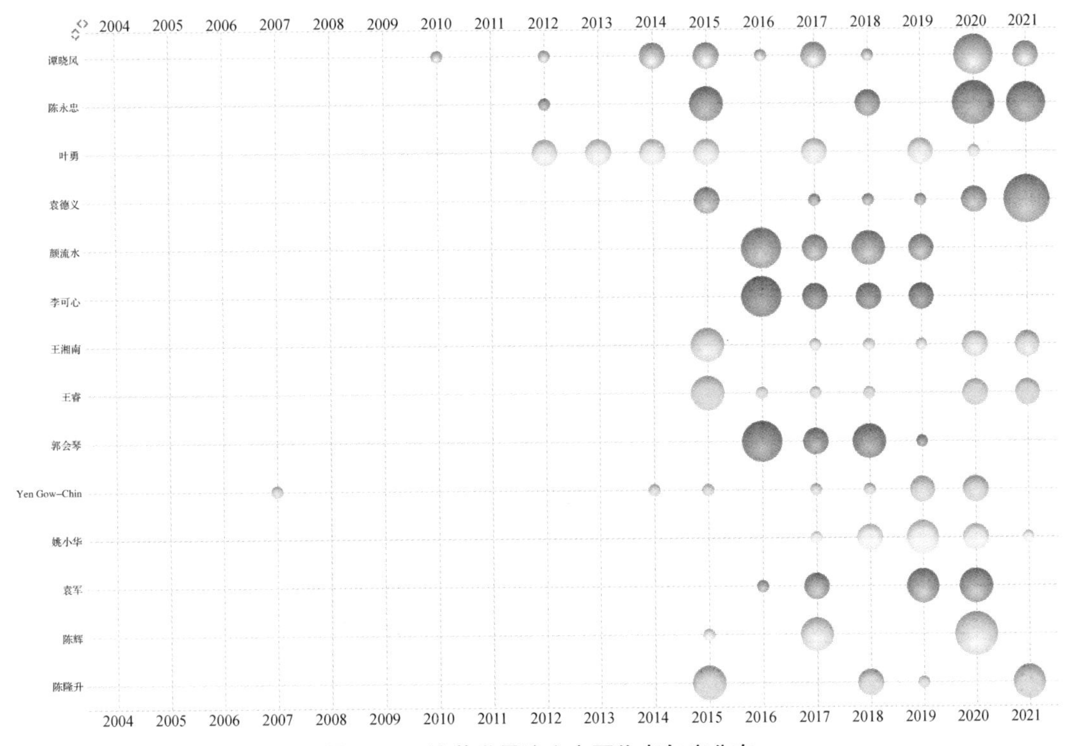

图 3-1-7 油茶世界论文主要作者年度分布

在国内外关于油茶发文的学者中，发文量最高的作者发文 16 篇，根据普赖斯定律 $0.749\sqrt{\eta_{max}}$，核心作者发文量为 3 篇以上，共有 194 位核心作者。利用 VOSviewer 绘制核心作者合作关联图(图 3-1-8)，表明以陈永忠、谭晓风和袁德义等为核心的团队近两年来关于油茶的论文发表活跃度较高，成果产出较多，且与其他作者的联系较密集。聚类结果表明，至少有 5 个科研团队(分别以袁德义、谭晓风、陈永忠、王湘南、袁军为核心)发表了大量关于油茶的文献，并且各个团队间的合作交流较强。

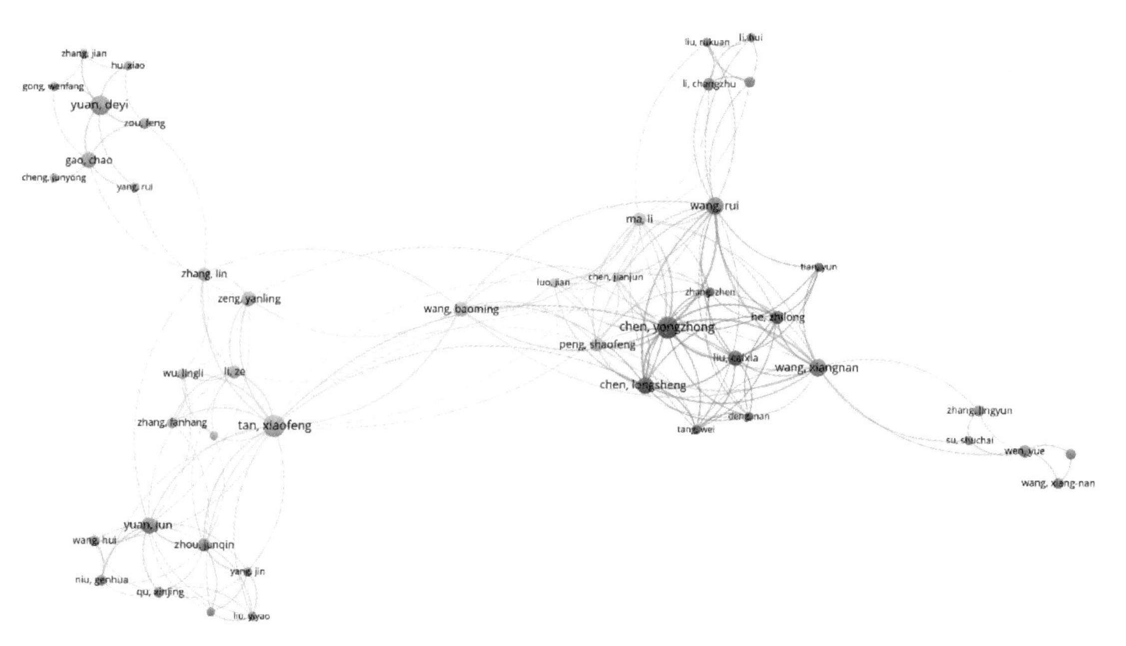

图 3-1-8 油茶世界论文主要作者合作关系图

6. 关键词分析

利用 DDA 文本挖掘工具，对关键词过滤掉 Camellia oleifera 等高频的单词或短语，然后进行文本聚类。通过文本聚类进行关键词分析表明，油茶世界论文的关键词主要包括山茶油、油茶壳、山茶籽油、响应面分析、皂苷等(图 3-1-9)。

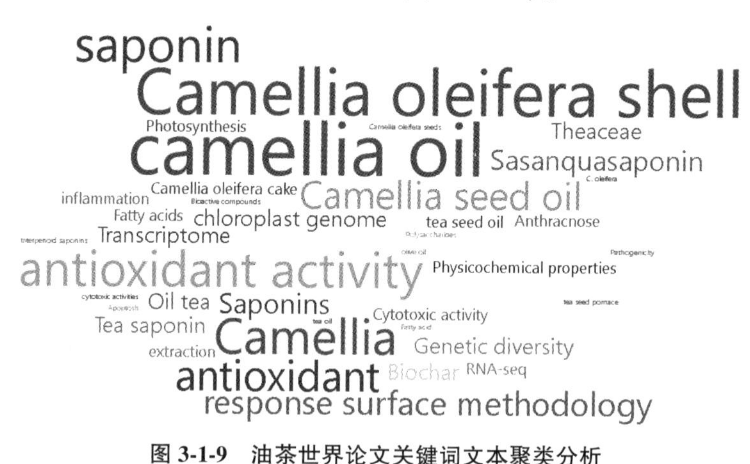

图 3-1-9 油茶世界论文关键词文本聚类分析

7. 来源期刊分析

经统计，油茶世界论文的来源期刊共有 297 个，其中，收录论文量最多的是 JOURNAL OF AGRICULTURAL AND FOOD CHEMISTRY，14 篇(占比 2.5%)，说明论文的来源期刊分布较平均，排名前 10 位的来源期刊见表 3-1-4。

表 3-1-4 油茶世界论文发表主要来源期刊

排名	期刊	文献量(篇)
1	JOURNAL OF AGRICULTURAL AND FOOD CHEMISTRY	14
2	MOLECULES	13
3	FOOD CHEMISTRY	12
3	PAKISTAN JOURNAL OF BOTANY	12
3	PLOS ONE	12
6	INDUSTRIAL CROPS AND PRODUCTS	9
7	EUROPEAN JOURNAL OF LIPID SCIENCE AND TECHNOLOGY	8
7	FORESTS	8
7	HORTSCIENCE	8
10	BIORESOURCE TECHNOLOGY	7
10	INTERNATIONAL JOURNAL OF BIOLOGICAL MACROMOLECULES	7
10	INTERNATIONAL JOURNAL OF MOLECULAR SCIENCES	7

来源期刊的年度发文量分析表明(图 3-1-10)，JOURNAL OF AGRICULTURAL AND FOOD CHEMISTRY、FOOD CHEMISTRY、PLOS ONE、INDUSTRIAL CROPS AND PRODUCTS 和 INTERNATIONAL JOURNAL OF MOLECULAR SCIENCES 五个期刊近年来收录关于油茶世界论文数量较多。

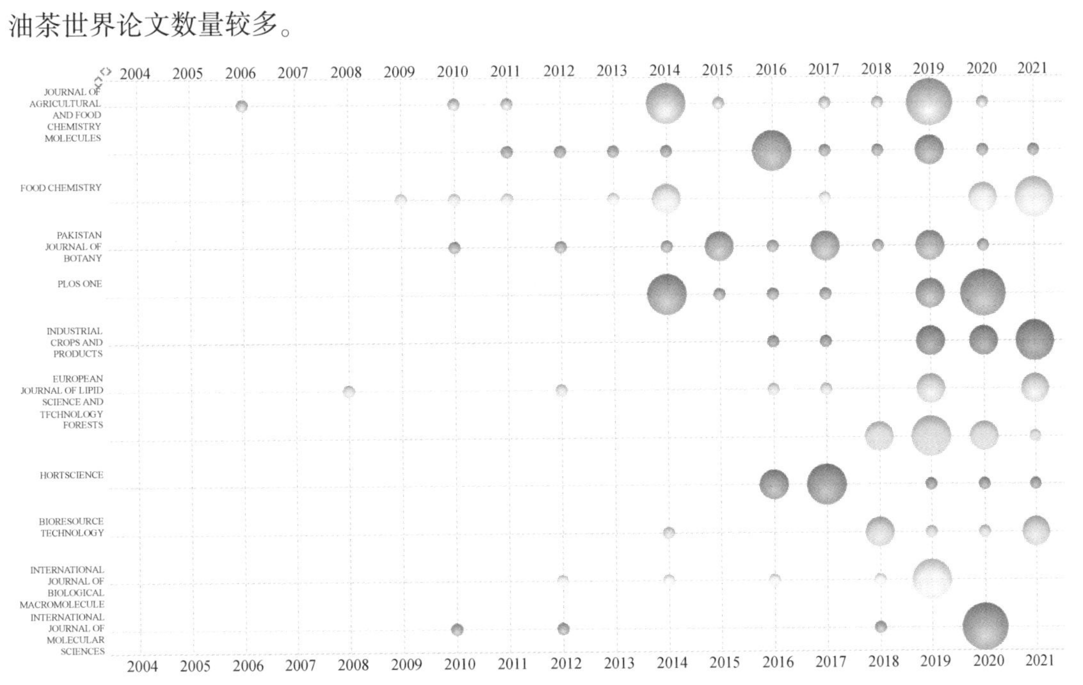

图 3-1-10 油茶世界论文主要来源期刊年度分布

8. 基金分析

油茶世界论文支持基金最多的是国家自然科学基金(NSFC)，205 篇(占比 36.54%)，排名前 10 位的支持基金见表 3-1-5。

表 3-1-5 油茶世界论文发表主要基金支持

排名	基金名称	文献量(篇)
1	国家自然科学基金	205
2	国家重点研发计划	38
3	湖南省自然科学基金	26
4	江西省自然科学基金	24
5	中央大学基础研究基金	19
6	湖南省科技重大专项	14
6	江苏省高等学校重点学科建设项目(PAPD)	14
6	中国科学院	14
9	国家留学基金管理委员会	10
10	台湾农业委员会	6

9. 高被引论文分析

高被引论文更具影响力并代表着某研究领域的核心创新技术。油茶世界论文被引次数排名前 3 的高被引论文详情见表 3-1-6。

表 3-1-6 油茶高被引世界论文

1. 用碱—酸分离法从油茶饼中提取皂苷	
原标题	Extraction of Saponin from Camelliaoleifera Abel Cake by a Combination Method of Alkali Solution and Acid Isolation
发表年	2016
发表期刊	JOURNAL OF CHEMISTRY
作者	Liu Yongjun; Li Zhifeng; Xu Hongbo; Han Yuanyuan
摘要	从榨取的油茶籽饼中提取的皂苷含量为 15%，相当于 20%，是一种天然的非离子表面活性剂，广泛应用于乳化、保湿、发泡、医药、农药等领域。本文采用碱溶酸析相结合的方法，对皂苷的提取工艺进行了研究。建立了用紫外分光光度计测定皂苷含量的方法。通过单因素试验和响应面法研究了提取因素的影响。结果表明，皂苷的最佳提取条件为：提取温度 68℃、碱溶液 pH9。酸分离 pH 为 4.1，液固比为 15.9 : 1。在最佳提取条件下，皂苷的提取率为 76.12%。
被引数量	273
2. 茶籽的抗氧化活性和膨胀性化合物油	
原标题	Antioxidant activity and bloactive compounds of tea seed (*Camellia oleifera* Abel.) oil
发表年	2006
发表期刊	JOURNAL OF AGRICULTURAL AND FOOD CHEMISTRY
作者	Lee CP; Yen GC

（续）

摘要	茶籽油(油茶)在中国被广泛用作食用油。本研究的目的是研究茶籽油及其活性化合物的抗氧化活性。在五种溶剂提取物中，茶籽油的甲醇提取物表现出最高的产率和最强的抗氧化活性，这是由DPPH清除活性和Trolox等效抗氧化能力(TEAC)确定的。通过HPLC从甲醇提取物中分离出的两个峰具有最显著的抗氧化活性。这两个峰经紫外吸收进一步鉴定为芝麻素和一个新化合物：2，5-双苯并[1，3]二氧醇-5-基四氢呋喃[3，4-d][1，3]二氧嘧啶(命名为化合物B)，并通过MS、IR、H-1 NMR和C-13 NMR技术进行了表征。芝麻素和化合物B降低了H_2O_2介导的红细胞(RBC)中活性氧的形成，抑制了AAPH诱导的红细胞溶血，并增加了人类低密度脂蛋白中共轭二烯形成的滞后时间。结果表明，从茶籽油中提取的两种化合物都具有显著的抗氧化活性。除了油茶的传统药理作用外，茶籽油还可以作为预防自由基相关疾病的药物。
被引数量	180
3. 茶籽油的肝保护作用可抗CCl4在鼠中诱导的氧化损伤	
原标题	Hepatoprotection of tea seed oil (*Camellia oleifera* Abel.) againstCCl4-induced oxidative damage in rats
发表年	2007
发表期刊	FOOD AND CHEMICAL TOXICOLOGY
作者	Lee Chia-Pu; Shih Ping-Hsiao; Hsu Chin-Lin; Yen Gow-Chin
摘要	茶籽油(油茶)在中国被广泛用于烹饪。本研究旨在评估茶籽油对CCl4诱导的大鼠急性肝毒性的影响。雄性SD大鼠(200+/-10g)用茶籽油(50g/kg、100g/kg和150g/kg饮食)预处理六周，然后用单剂量CCl4(50%CCl4，2mL/kg体重，腹腔注射)治疗，24小时后处死大鼠，采集血样以测定血清生化参数。切除肝脏以评估过氧化产物和抗氧化物质，以及抗氧化酶的活性。同时进行组织病理学检查。结果表明，茶籽油日粮显著($p<0.05$)降低血清肝酶标志物(丙氨酸氨基转移酶、天冬氨酸氨基转移酶和乳酸脱氢酶)水平，抑制脂肪变性，降低过氧化产物丙二醛含量，提高GSH含量。与CCl4处理组相比，茶籽油(150g/kg日粮)预处理组动物肝脏中谷胱甘肽过氧化物酶、谷胱甘肽还原酶和谷胱甘肽S转移酶的活性增加($p<0.05$)。因此，本研究结果表明，茶籽油饮食可以保护大鼠肝脏免受CCl4诱导的氧化损伤，其肝脏保护作用可能与其抗氧化和自由基清除作用有关。
被引数量	161

二、核桃

1. 年度分析

截至2021年9月，核桃世界论文共7231篇(筛选文献类型为Article和Review)，其中中国发表论文量共1176篇(占比16.26%)，国外发表论文量共6055篇。从出版年度分布来看，2012年以前国内关于核桃世界论文研究成果很少；2012—2020年，国内发表核桃世界论文量逐步稳定增加；2020—2021年国内核桃论文量小幅度下降，是由于数据库中2021年的数据没有收录完整。总体来看，国外论文研究的发展历程基本上可以代表世界核桃论文研究的发展历程，中国论文研究相对较少(图3-2-1)。

2. 国家地区分析

以通讯作者所在的国家作为统计分析对象，若存在多个通讯作者不同国家，则取第一通讯作者对应的国家进行分析；若通讯作者为空，则以第一作者所在的国家进行统计。从核桃世界论文发表数量来看，排名第1位和第2位的国家分别是美国(1790篇，

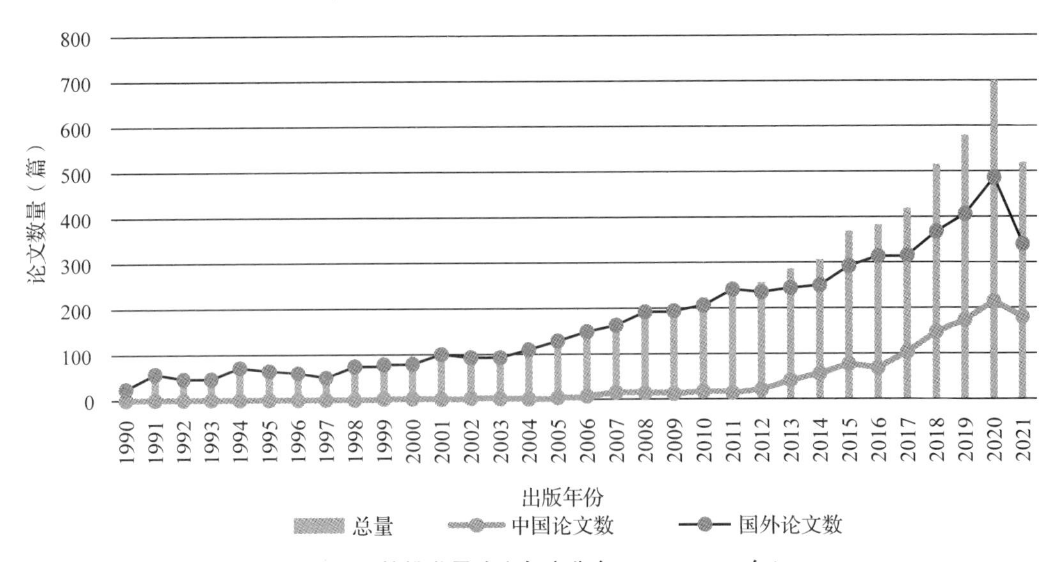

图 3-2-1　核桃世界论文年度分布(1990—2021 年)

24. 75%)和中国(1176 篇，16. 26%)，其次是伊朗、土耳其和西班牙。从扇形统计图可以看出，核桃世界论文所属国家分布较分散(图 3-2-2)。

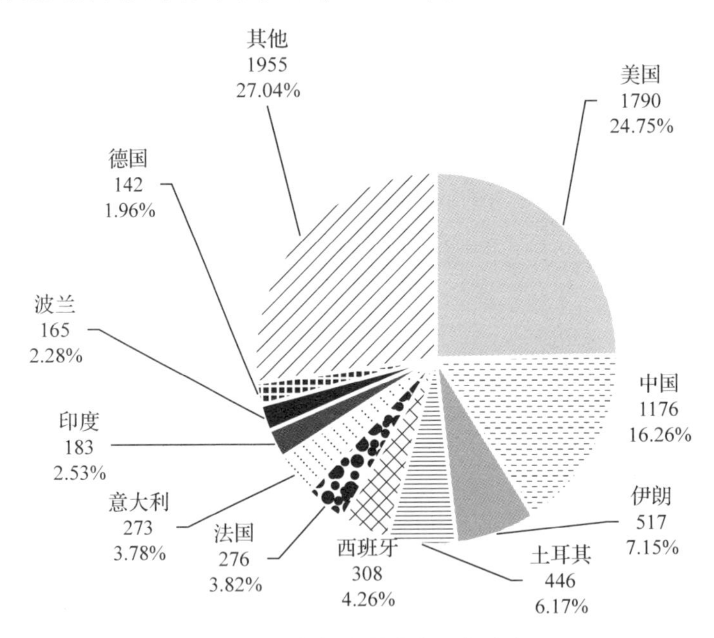

图 3-2-2　核桃世界论文国家分布

从排名前 10 位的国家近 20 年论文发表数量分布来看，排名第一的美国自 2002 年以来论文量持续保持稳定领先状态，排名第二的中国自 2013 年以来发表论文量和美国相当，近五年甚至略高于美国；近些年各个国家核桃世界论文研究均较活跃且稳定，其中美国和中国最为活跃(图 3-2-3)。

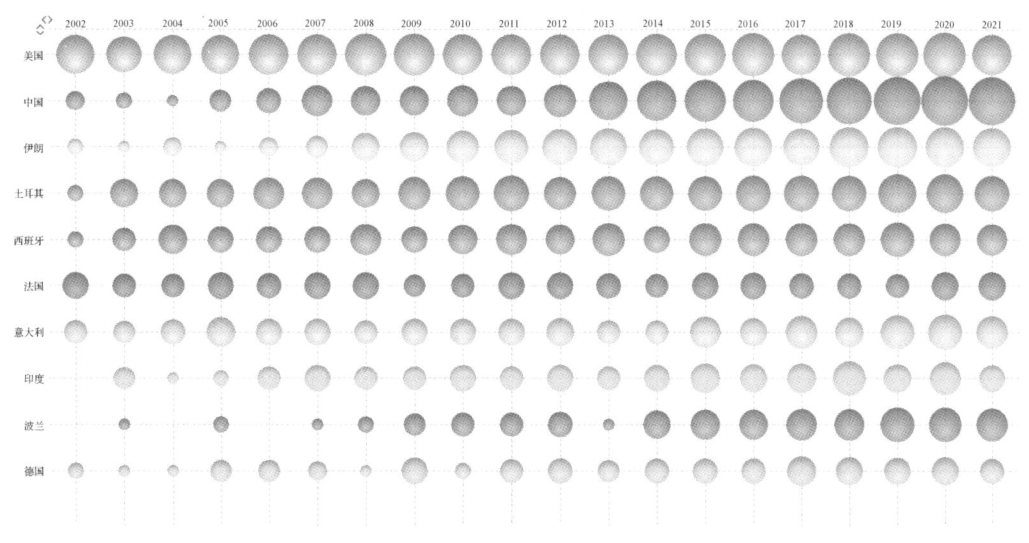

图 3-2-3　核桃世界论文主要国家年度分析

3. 学科分类分析

按照 Web of science 标准化的学科分类进行归并分析表明，核桃世界论文中，食品科技(Food Science & Technology)领域论文量最多，共 1069 篇，占总量的 14.78%，其次是植物科学(Plant Sciences)、环境科学(Environmental Sciences)。排名前 10 位的学科分类还包括林业、营养与营养学、园艺、农学、昆虫学等，详情见表 3-2-1。

表 3-2-1　核桃世界论文的主要学科分类

排名	WoS 类别	数量	百分比(%)
1	食品科技	1069	14.78
2	植物科学	830	11.48
3	环境科学	537	7.43
4	林业	506	7.00
5	营养与营养学	500	6.91
6	园艺	426	5.89
7	化学应用	424	5.86
8	农学	412	5.70
9	昆虫学	365	5.05
10	工程化学	352	4.87

从学科分类的出版年度分布(近 20 年)来看(图 3-2-4)，近年来对核桃研究的各学科领域分布较平均，且发展相对平稳。

4. 机构分析

核桃世界论文中发表最多的机构是美国农业部，559 篇，其次是加利福尼亚大学，

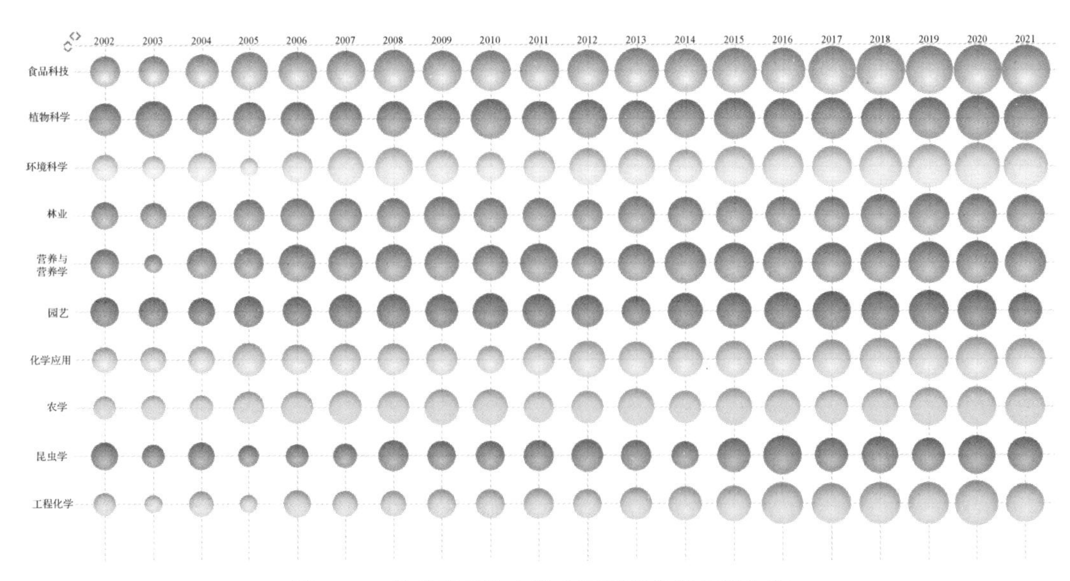

图 3-2-4 核桃世界论文的主要学科分类年度分布

460 篇，排名前 10 位的机构中，有 3 个美国研究机构，法国和中国各 2 个，伊朗和西班牙各 1 个，详情见表 3-2-2。

表 3-2-2 核桃世界论文发表主要机构

排名	国家\地区	机构	文献量
1	美国	美国农业部(USDA)	559
2	美国	加利福尼亚大学	460
3	法国	法国国家农业食品与环境研究院(INRAE)	184
4	欧洲	欧洲研究型大学联盟(LERU)	154
5	美国	普渡大学	153
6	中国	中国科学院	149
7	伊朗	德黑兰大学	124
8	法国	法国国家科学研究中心(CNRS)	103
8	中国	西北农林科技大学	103
10	西班牙	西班牙高等科学研究理事会(CSIC)	90

主要机构年度发文量分析表明(图 3-2-5)，近些年各个科研机构关于核桃发文活动均较活跃且保持稳定，其中美国农业部、加利福尼亚大学、欧洲研究型大学联盟和中国科学院核桃发文量较高。

主要机构的学科分布分析表明(图 3-2-6)，美国农业部、加利福尼亚大学、中国科学院、德黑兰大学和西北农林科技大学在核桃的十大热门学科分类领域均有不同程度的相关研究；各个科研机构对核桃在化学应用、林业、植物科学、环境科学、营养与营养学和食品科技 6 个研究领域均有相关研究。

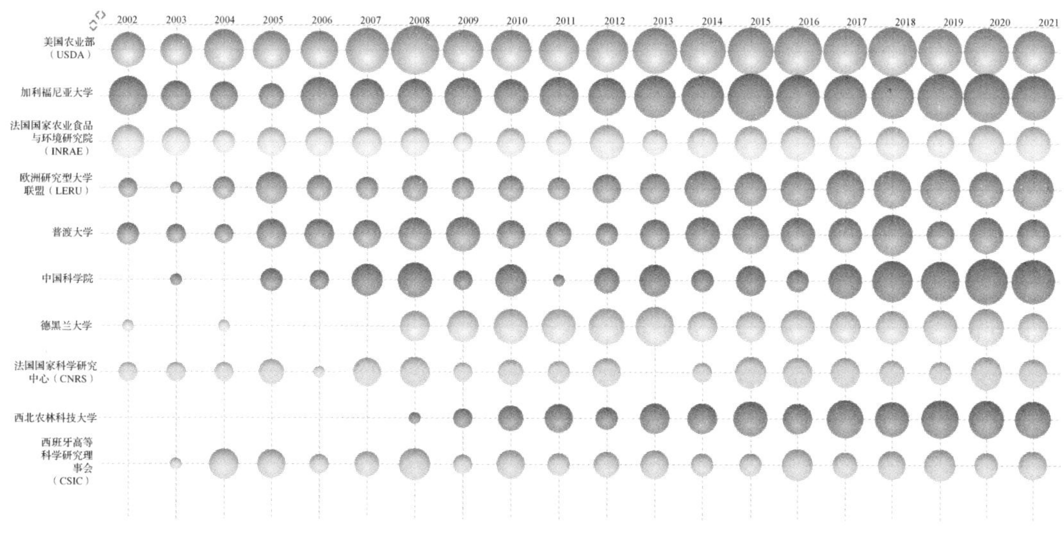

图 3-2-5 核桃世界论文主要机构年度发文量分析

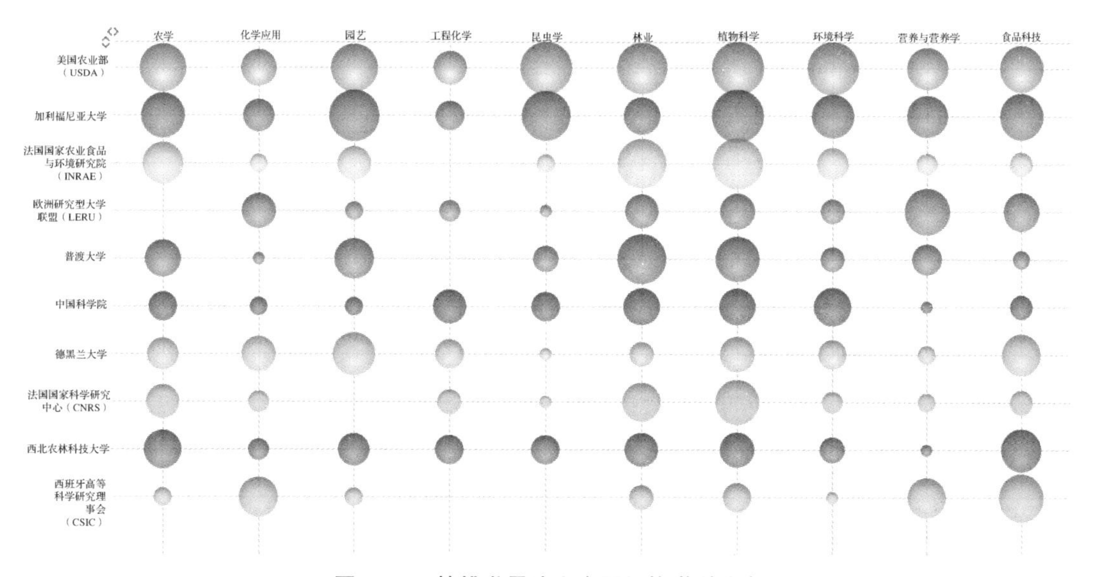

图 3-2-6 核桃世界论文主要机构学科分布

5. 作者分析

核桃世界论文的作者分析表明(表 3-2-3)，排名前 10 位的作者中，中国和美国各 4 位，伊朗和西班牙各 1 位。排名第一的美国普渡大学专家 Woeste Keith 和排名第五位的中国西北农林科技大学专家赵鹏是合作关系，发文主要围绕核桃在基因遗传学方面的应用研究；排名第二位的中国西北农林科技大学教授王绍金和华盛顿州立大学的唐炬明是合作关系，发文主要围绕射频波对核桃等果实的影响；排名第四的 Leslie Charles A. 和排名第七的 Dandekar Abhaya M. 均来自美国加利福尼亚大学，两人为同一科研团队，发文主要围绕核桃基因育种等研究。

表 3-2-3 核桃世界论文主要作者

排名	国家	作者	论文发表量
1	美国	Woeste Keith	52
2	中国	王绍金	41
3	伊朗	Vahdati Kourosh	36
4	美国	Leslie Charles A.	33
5	中国	赵鹏	32
6	美国	Jacobs Douglass F.	30
7	美国	Dandekar Abhaya M.	25
8	中国	裴东	24
8	西班牙	Ros Emilio	24
10	中国	唐炬明	23

作者的年度发文量分析表明(图 3-2-7)，中国专家王绍金从 2002 年开始，逐渐发表关于核桃的科研论文，但近两年不是十分活跃；近两年，伊朗德黑兰大学的 Vahdati Kourosh、美国加利福尼亚大学的 Leslie Charles A. 和 Dandekar Abhaya M. 和中国林业科学研究院的裴东对核桃论文研究发表活动十分活跃。

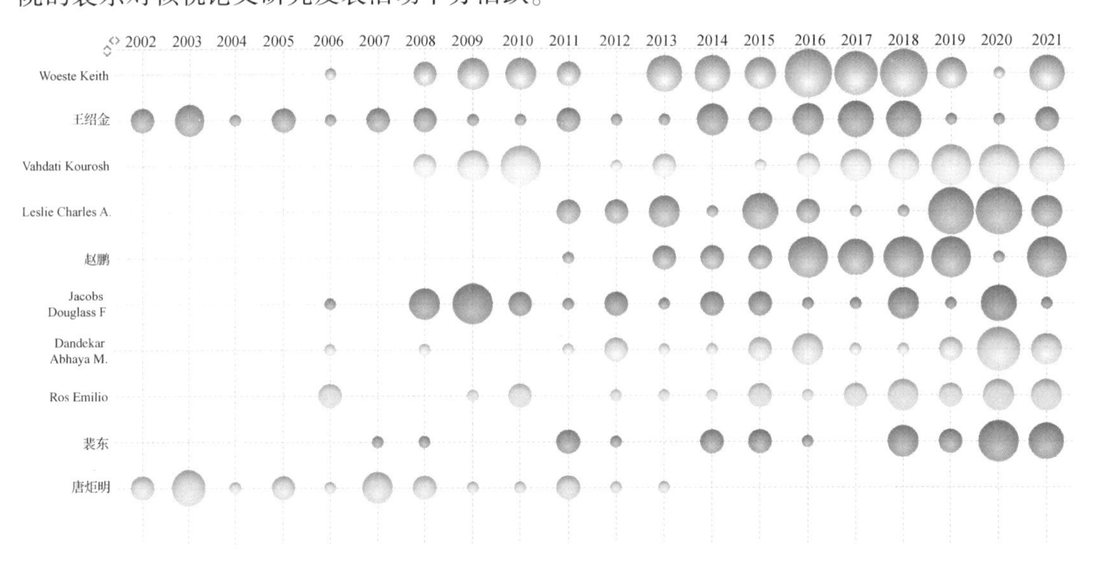

图 3-2-7 核桃世界论文主要作者年度分布

在国内外关于核桃发文的学者中，发文量最高的作者发文 52 篇，根据普赖斯定律 $N=0.749\sqrt{\eta_{max}}$，核心作者发文量为 6 篇以上，共有 389 位核心作者。利用 VOSviewer 绘制核心作者合作关联图(图 3-2-8)，表明以 Vahdati Kourosh、Leslie Charles A. 、赵鹏、Jacobs Douglass F. 、裴东、王绍金、Ros Emilio 等为核心的科研团队关于核桃的论文发表活跃度较高，成果产出较多，团队内部合作较强，但各个团队间的合作交流较弱、仍需加强。

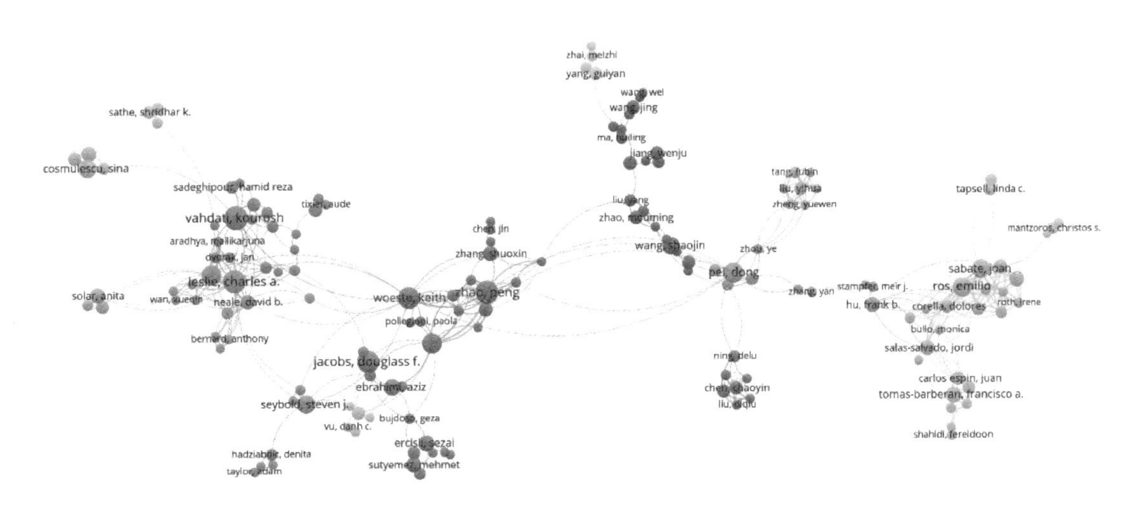

图 3-2-8 核桃世界论文主要作者合作关系图

6. 关键词分析

利用 DDA 文本挖掘工具，对关键词过滤掉 Walnut、Juglans regia 等高频的单词或短语，然后进行文本聚类。通过文本聚类进行关键词分析表明，核桃世界论文的关键词主要包括核桃壳、抗氧化活性、坚果、脂肪酸、多酚类物质、胡桃、核桃油等(图 3-2-9)。

图 3-2-9 核桃世界论文关键词文本聚类分析

7. 来源期刊分析

经统计，核桃世界论文的来源期刊共有 1882 个，其中收录论文量最多的是 JOURNAL OF AGRICULTURAL AND FOOD CHEMISTRY，101 篇(占比 1.40%)，说明论文的来源期刊分布十分平均，排名前 10 位的来源期刊见表 3-2-4。

表 3-2-4 核桃世界论文发表主要来源期刊

排名	期刊	文献量
1	JOURNAL OF AGRICULTURAL AND FOOD CHEMISTRY	101
2	FOODCHEMISTRY	85
3	JOURNAL OF ECONOMIC ENTOMOLOGY	82
4	SCIENTIA HORTICULTURAE	72
5	HORTSCIENCE	70
6	AGROFORESTRY SYSTEMS	59
7	LWT-FOOD SCIENCE AND TECHNOLOGY	55
8	WATER RESOURCES RESEARCH	52
9	PLANT DISEASE	50
10	TREE PHYSIOLOGY	49

来源期刊的年度发文量分析表明(图 3-2-10)，JOURNAL OF AGRICULTURAL AND FOOD CHEMISTRY、FOOD CHEMISTRY、SCIENTIA HORTICULTURAE 和 LWT-FOOD SCIENCE AND TECHNOLOGY 四个期刊近年来收录核桃相关的研究论文量较多。

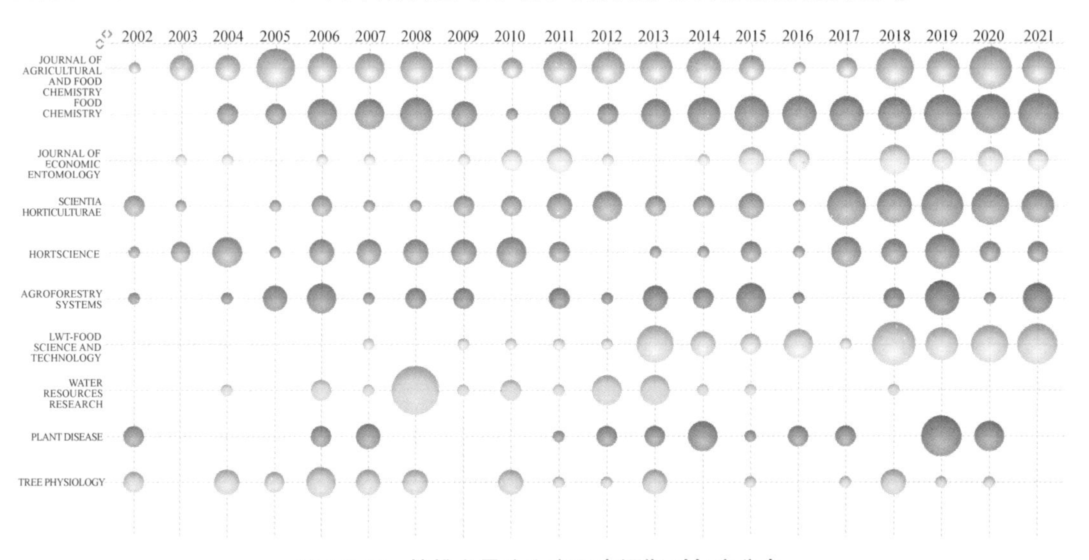

图 3-2-10 核桃世界论文主要来源期刊年度分布

8. 基金分析

核桃世界论文发表量共 7231 篇，其中有基金支持的论文数为 3573，占比 49.41%，即仅有一半的论文获得基金支持；其中，支持基金最多的是国家自然科学基金(NSFC)，643 篇(占比 8.89%)，排名前 10 位的支持基金见表 3-2-5。

表 3-2-5　核桃世界论文发表主要基金支持

排名	基金名称	文献量
1	国家自然科学基金(NSFC)	643
2	美国农业部(USDA)	377
3	美国国立卫生研究院(NIH)	277
4	加州核桃委员会(CWC)	148
5	美国国家科学基金会(NSF)	106
6	国家重点研发计划	90
7	中央大学基础研究基金	80
8	伊朗国家科学基金会(INSF)	51
9	中国博士后科学基金	34
9	德黑兰大学	34

9. 高被引论文分析

高被引论文更具影响力并代表着某研究领域的核心创新技术。核桃世界论文被引次数排名前 3 的高被引论文详情见表 3-2-6。

表 3-2-6　核桃高被引世界论文

1. 核桃砧木的离体繁殖	
原标题	INVITRO-PROPAGATION OF PARADOX WALNUT ROOTSTOCK
国家	美国
发表年	1984
发表期刊	HORTSCIENCE
作者	DRIVER JA; KUNIYUKI AH
摘要	无
被引数量	577
2. 以果核和坚果壳为原料制备颗粒活性炭及其物理、化学和吸附性能评价	
原标题	Production of granular activated carbon from fruit stones and nutshells and evaluation of their physical, chemical and adsorption properties
国家	土耳其
发表年	2003
发表期刊	MICROPOROUS AND MESOPOROUS MATERIALS
作者	Aygun A; Yenisoy-Karakas S; Duman I

（续）

摘要	对几种农业废弃物(杏仁壳、榛子壳、核桃壳和杏核)的调查表明，它们是否适合生产颗粒活性炭不是由特定材料(元素组成)决定的，而是由特定类型的特征决定的。对颗粒活性炭的物理(磨损、体积密度)、化学(元素组成、重量损失)、表面(表面积、表面化学)和吸附性能(碘值、苯酚和亚甲基蓝吸附)进行了评估。热解温度和 $ZnCl_2$ 活化时间对活性炭吸附苯酚和亚甲基蓝的能力有影响，尤其是对榛子壳和核桃壳制备的活性炭。吸附等温线数据符合 Langmuir 和 Freundlich 模型。确定了活性炭生产原料的适宜性顺序为：榛子壳>核桃壳≈杏核>杏仁壳。
被引数量	490
3. 10 种不同坚果类型中的生育酚和总酚	
原标题	Tocopherols and total phenolics in 10 different nut types
国家	奥地利
发表年	2006
发表期刊	FOOD CHEMISTRY
作者	Kornsteiner M; Wagner KH; Elmadfa I
摘要	该研究旨在评估不皂化物质中生育酚(α-、β-、γ-和 δ-)和类胡萝卜素(α-和 β-胡萝卜素、玉米黄质、叶黄素、隐黄质和番茄红素)的含量，以及 10 种不同类型坚果的总酚含量。生育酚和类胡萝卜素用 HPLC、总酚光度法进行分析。α-生育酚的平均值范围从无法检测(澳洲坚果)到 33. 1mg/100g 提取油(榛子)。在所有坚果中，杏仁和榛子的平均 α-生育酚含量最高(分别为 24. 2 和 31. 4mg/100g 提取油)。β-和 γ-生育酚在巴西坚果、腰果、花生、山核桃、松树、开心果和核桃中普遍存在。平均值在 5. 1(腰果)和 29. 3(开心果)之间波动。分析了腰果、榛子、花生、山核桃、松树、开心果和核桃中微量的 δ-生育酚(<4mg/100g 提取油)。除开心果外，测试坚果中未检测到类胡萝卜素。总酚的平均含量在 32mg 没食子酸当量/100g(松树)和 1625mg(核桃)之间变化。结果显示坚果中抗氧化剂的含量存在异质性，这强调了混合坚果摄入的建议。
被引数量	428

三、板栗

1. 年度分析

截至 2021 年 9 月，板栗世界论文共 531 篇(筛选文献类型为 Article 和 Review)，其中中国发表论文量为 273 篇，国外发表 258 篇。从出版年度分布来看，2007 年以前中国发表板栗论文量较少，世界论文量基本以国外发表板栗论文为主；2008—2014 年，国内外板栗论文量基本持平；2015 年至今，国外发表板栗论文量相对较少，板栗世界论文量以中国发表为主。总体来看，国外板栗论文的发展相对平稳，而中国发表板栗论文量则在 2008 年后迅猛增长，至今一直维持着较高的年度论文发表量(图 3-3-1)。

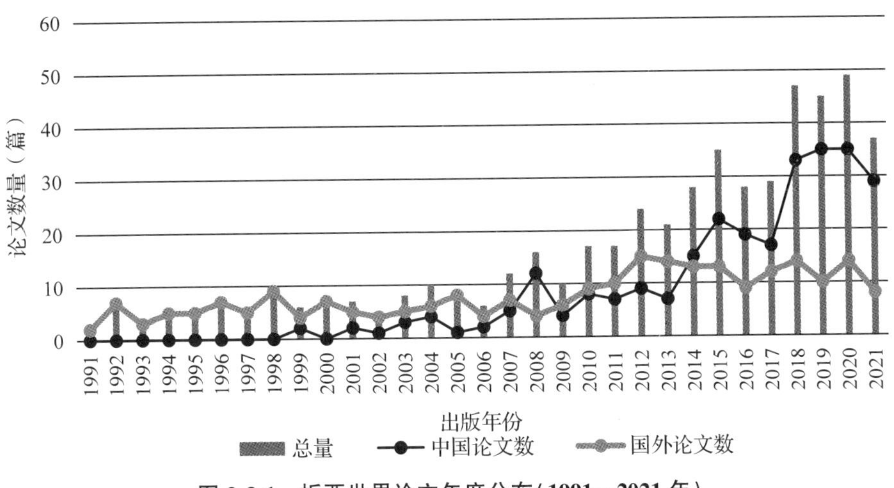

图 3-3-1　板栗世界论文年度分布(1991—2021 年)

2. 国家地区分析

以通讯作者所在的国家作为统计分析对象，若存在多个通讯作者不同国家，则取第一通讯作者对应的国家进行分析；若通讯作者为空，则以第一作者所在的国家进行统计。从数量来看，中国遥遥领先，板栗世界论文发表量为 273 篇，占总量的 51.41%，其次是美国(118 篇，22.22%)、日本(28 篇，5.27%)和英国(25 篇，4.71%)。此外，西班牙、德国、意大利、法国、葡萄牙、加拿大 6 个国家的板栗世界论文发表量也均在 5 篇以上(图 3-3-2)。

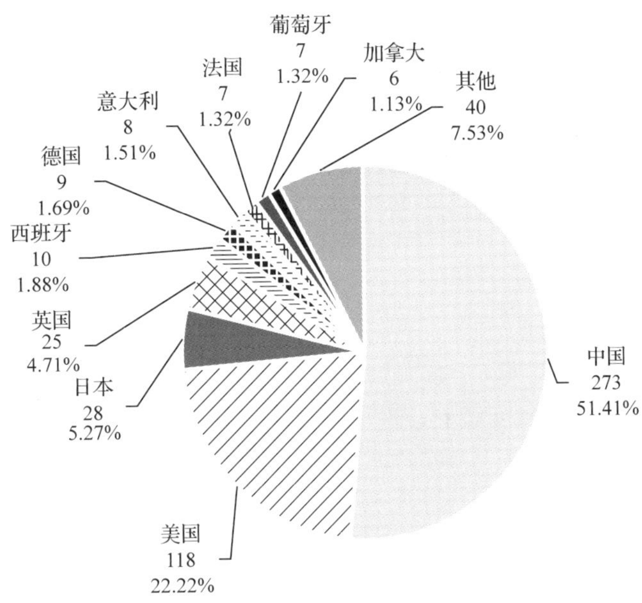

图 3-3-2　板栗世界论文国家分布

从排名前 10 位的国家近 20 年论文发表数量分布来看，排名第一的中国自 2006 年以来发表论文量迅速增加，排名第二的美国则相对较稳定，目前论文发表研究活动也依然较活跃，此外日本近年来发表的论文也较多(图 3-3-3)。

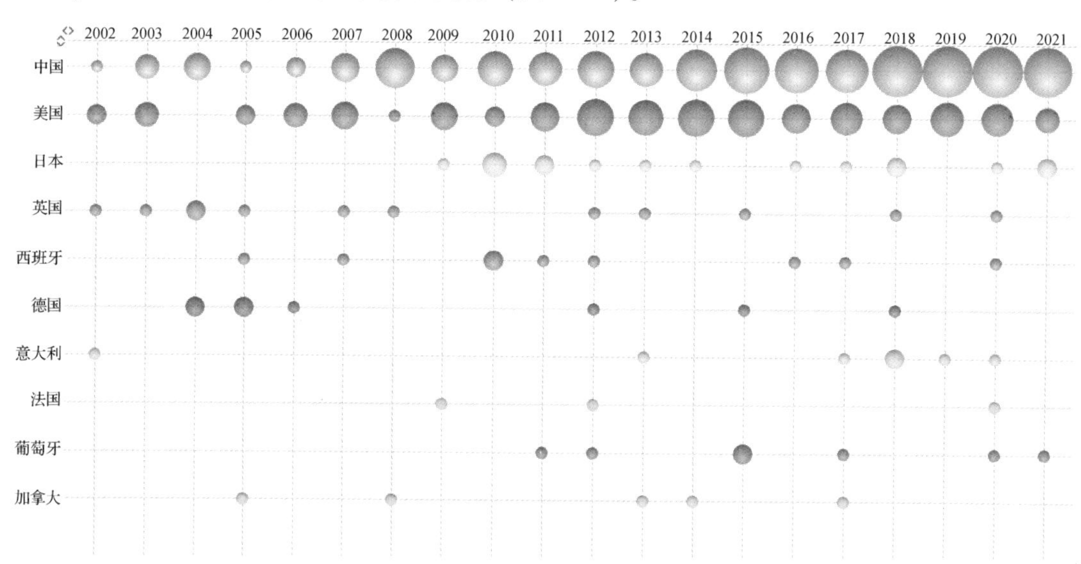

图 3-3-3 板栗世界论文主要国家年度分析

3. 学科分类分析

按照 Web of Science 标准化的学科分类进行归并分析表明，板栗世界论文中，食品科技(Food Science & Technology)领域发表的论文量最多，共 110 篇，占总量的 20.72%，其次是植物科学(Plant Sciences)、园艺(Horticulture)、林业(Forestry)，学科类别占比均在 10%以上。排名前 10 位的学科分类还包括化学应用、生物化学与分子生物学、遗传学与遗传、农艺学、昆虫学、农业多学科等，详情见表 3-3-1。

表 3-3-1 板栗世界论文的主要学科分类

排名	WoS 类别	数量	百分比
1	食品科技	110	20.72%
2	植物科学	86	16.20%
3	园艺	66	12.43%
4	林业	62	11.68%
5	化学应用	51	9.60%
6	生物化学与分子生物学	45	8.47%
7	遗传学与遗传	35	6.59%
8	农艺学	30	5.65%
9	昆虫学	28	5.27%
10	农业多学科	24	4.52%

从学科分类的出版年度分布(近 20 年)来看(图 3-3-4)，板栗各学科领域的发展相对平稳。

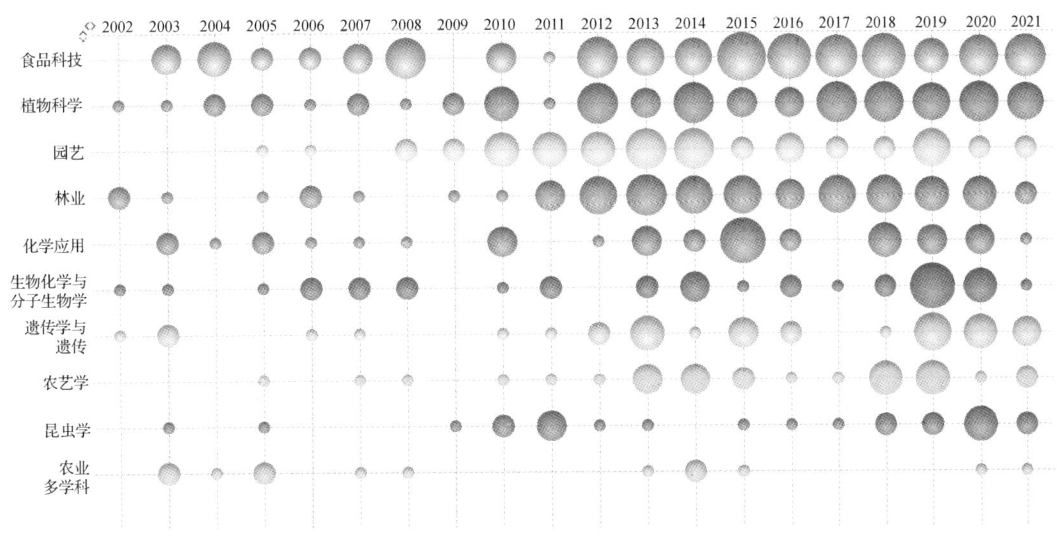

图 3-3-4　板栗世界论文的主要学科分类年度分布

4. 机构分析

板栗世界论文发表最多的机构是中国科学院，49 篇(其中中国科学院华南植物园发表了 15 篇)，其次是美国农业部 44 篇(其中美国林务局 31 篇)，北京林业大学(37 篇)，排名前 10 位的机构见表 3-3-2。

表 3-3-2　板栗世界论文发表主要机构

排名	国家	机构	文献量
1	中国	中国科学院	49
2	美国	美国农业部(USDA)	44
3	中国	北京林业大学	37
4	英国	生物技术和生物科学研究委员会 (BBSRC)	23
4	英国	Quadram Institute	23
4	英国	英国研究与创新署 (UKRI)	23
7	英国	东英吉利大学	21
7	中国	中国农业大学	19
9	美国	田纳西大学	15
10	中国	中国林业科学研究院	14
10	美国	纽约州立大学(SUNY)	14

主要机构年度发文量分析表明(图 3-3-5)，排名前 2 位的中国科学院、美国农业部发文量比较平均，排名第三的北京林业大学从 2014 年开始发文量较稳定。中国农业大学和中国林业科学研究院近年来板栗世界论文研究较为活跃。

主要机构的学科分布分析表明(图 3-3-6)，中国科学院和美国农业部学科分类相对平均，北京林业大学侧重于食品科技领域的研究(Food Science & Technology)。总体来看，每个机构都有关于板栗在植物科学(Plant Sciences)领域的相关研究。

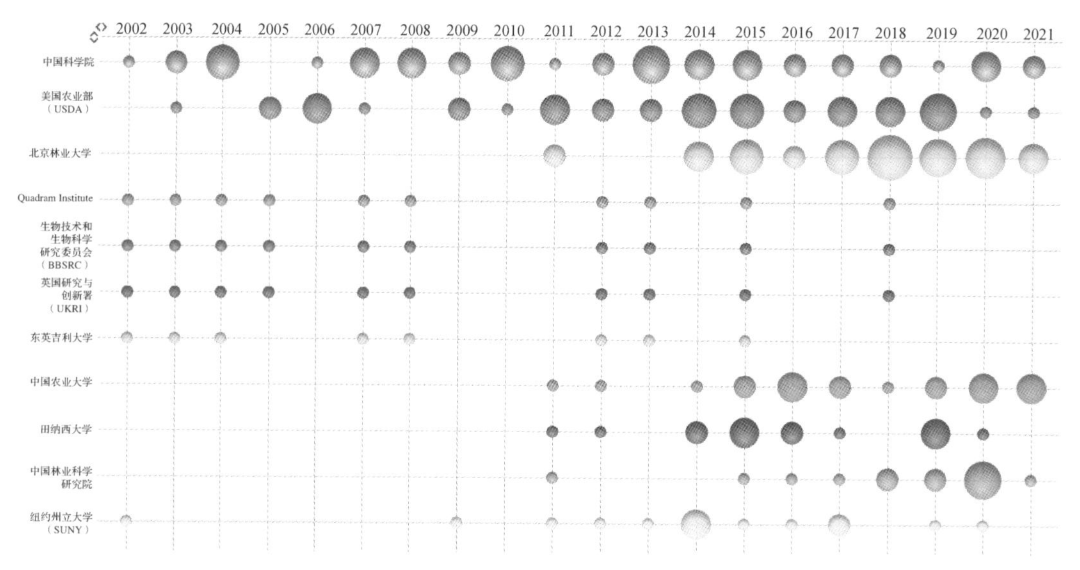

图 3-3-5　板栗世界论文主要机构年度发文量分析

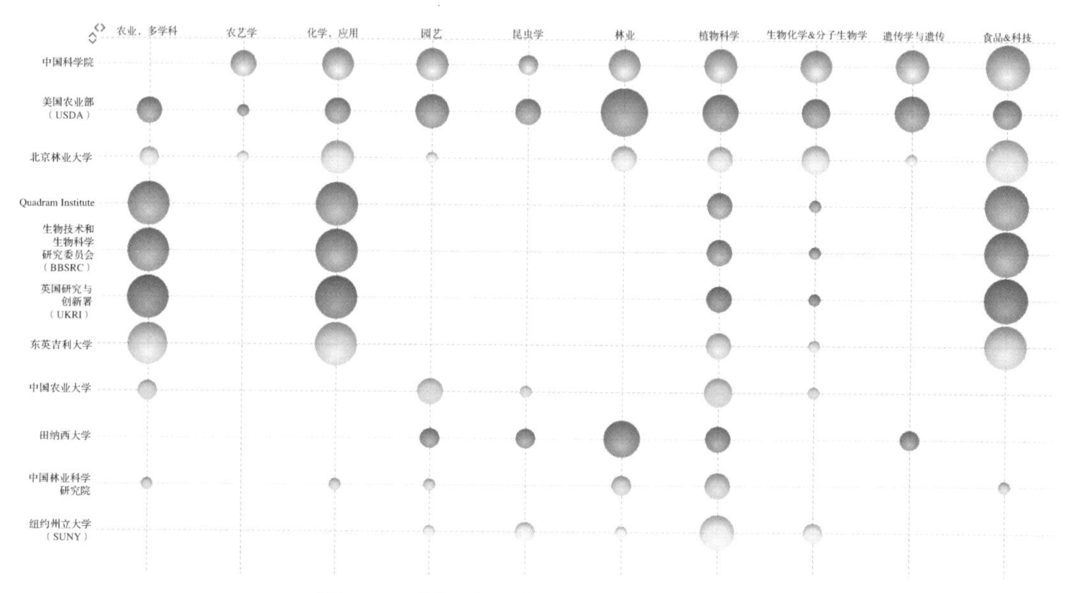

图 3-3-6　板栗世界论文主要机构学科分布

5. 作者分析

板栗世界论文的作者分析表明(表 3-3-3)，排名前 10 位的 13 位作者中，中国作者 6 位，英国 3 位、美国 3 位、日本 1 位。排名第 1 的是 Waldron，KW(14 篇)，其次是秦岭、邢宇、Ng A、Powell William A.、张卿，板栗发文量均在 10 件以上。排名第 1 的是 Waldron KW，来自英国食品研究所诺里奇实验室，发文主要围绕板栗细胞分子结构的相关研究。排名第 2 的是秦岭，女，北京农学院植物科学技术学院教授，博士生导师，主要研究栗属植物资源评价与利用、板栗基因组和转录组研究，分子辅助育种、板栗种质创制等。排名第 3 位的是邢宇，北京农学院植物科学技术学院教授，博士生导师，从事园艺作物果实发育分子生物学研究，围绕果实成熟软化机理、比较基因组学、板栗基因组编辑和抗病资源收集及选育等方向开展研究工作。二者是同一科研团队，发文主要围绕板栗基因的相关研究。

表 3-3-3 板栗世界论文主要作者

排名	国家	作者	论文发表量
1	英国	Waldron KW	14
2	中国	秦岭	13
3	中国	邢宇	11
4	英国	Ng A	10
4	美国	Powell William A.	10
4	中国	张卿	10
7	英国	Parker ML	9
8	中国	曹庆芹	8
8	美国	Clark Stacy L.	8
8	中国	李永夫	8
8	中国	欧阳杰	8
8	美国	Schlarbaum Scott E.	8
8	日本	Takada Norio	8

作者的年度发文量分析表明(图 3-3-7)，中国作者秦岭、邢宇、张卿和曹庆芹近年来的板栗研究活动十分活跃。

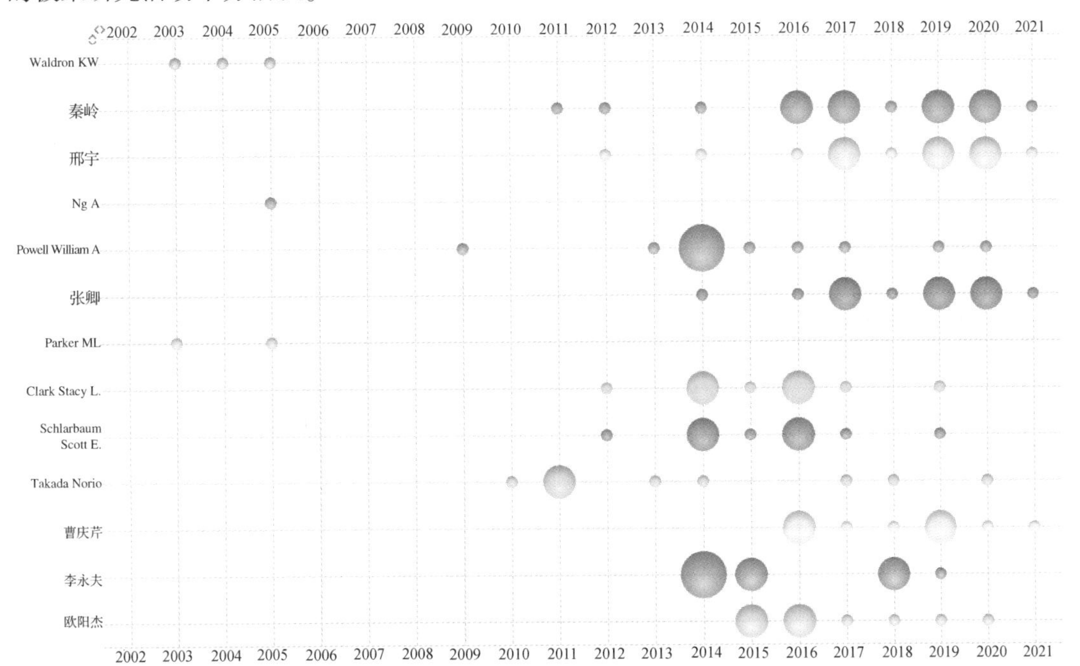

图 3-3-7 板栗世界论文主要作者年度分布

在国内外关于板栗发文的学者中，发文量最高的作者发文 14 篇，根据普赖斯定律 $N=0.749\sqrt{\eta_{\max}}$，核心作者发文量为 3 篇以上，共有 127 位核心作者。利用 VOSviewer 绘制核心作者合作关联图(图 3-3-8)，表明秦岭、Powell William A.、Clark Stacy L. 等作者活跃度较高，成果产出较多，且与其他作者的联系较密集。聚类结果表明高密度的合作网络大多出现于科研实力强的单个研究机构或科研团队内部，说明国内外的成果互动和交流需要进一步加强。

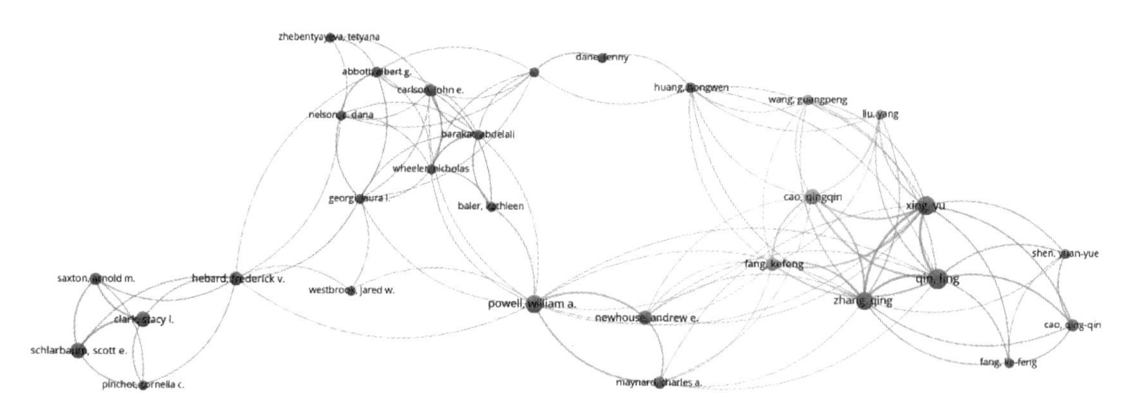

图 3-3-8　板栗世界论文主要作者合作关系图

6. 关键词分析

利用 DDA 文本挖掘工具，对关键词过滤掉 Castanea mollissima、Chestnut、Chinese chestnut 等高频的单词或短语，然后进行文本聚类。通过文本聚类进行关键词分析表明，板栗世界论文的关键词主要包括齿栗叶、美洲栗、板栗林、栗疫病等(图 3-3-9)。

图 3-3-9　板栗世界论文关键词文本聚类分析

7. 来源期刊分析

经统计，板栗世界论文的来源期刊共有 277 个，其中论文发表量最多的是 FOOD CHEMISTRY，16 篇(占比 4.56%)，说明论文的来源期刊分布较平均，排名前 10 位的来源期刊见表 3-3-4。

表 3-3-4　板栗世界论文发表主要来源期刊

排名	期刊	文献量
1	FOOD CHEMISTRY	16
2	TREE GENETICS & GENOMES	12
3	JOURNAL OF AGRICULTURAL AND FOOD CHEMISTRY	11
4	HORTSCIENCE	10
4	JOURNAL OF THE SCIENCE OF FOOD AND AGRICULTURE	10
4	MOLECULES	10
4	SCIENTIA HORTICULTURAE	10
8	FORESTS	8
8	NEW FORESTS	8
10	MITOCHONDRIAL DNA PART B-RESOURCES	7

来源期刊的年度发文量分析表明(图 3-3-10)，MOLECULES、FORESTS 和 MITOCHONDRIAL DNA PART B-RESOURCES 三个期刊近年来收录板栗世界论文量较多。

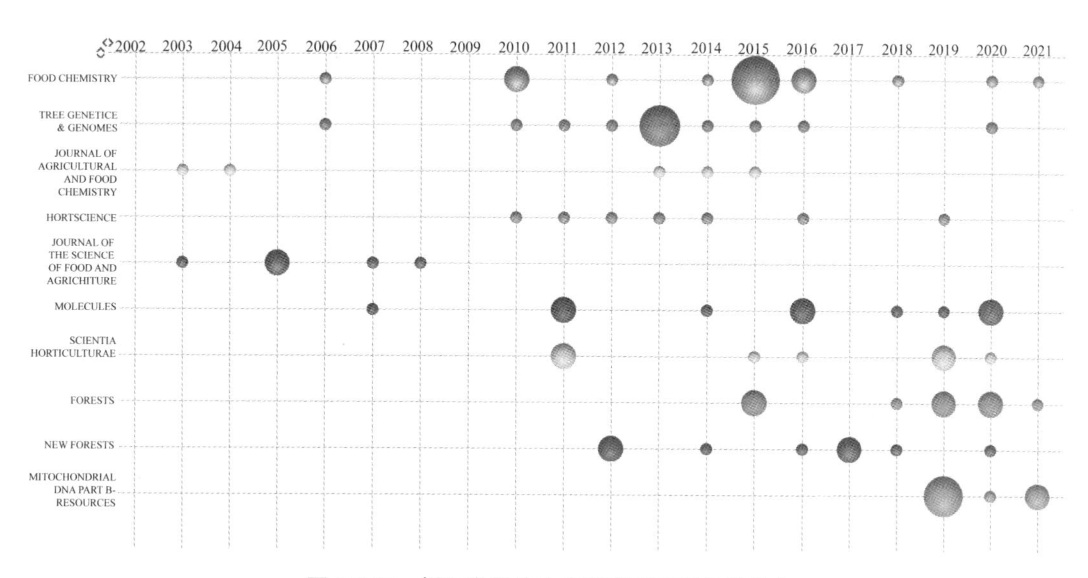

图 3-3-10　板栗世界论文主要来源期刊年度分布

8. 基金分析

板栗世界论文支持基金最多的是国家自然科学基金(NSFC)，147 篇(占比 27.68%)，排名前 10 位的支持基金见表 3-3-5。

表 3-3-5 板栗世界论文发表主要基金支持

排名	基金名称	文献量
1	国家自然科学基金(NSFC)	147
2	美国农业部(USDA)	31
3	美洲栗基金会	20
4	国家重点研发计划	19
5	中央大学基本科研基金	17
6	中国科学院	9
6	Forest Health Initiative	9
8	中国博士后科学基金会	8
9	中国科学技术部	7
10	河北省自然科学基金	6
10	广西壮族自治区自然科学基金	6

9. 高被引论文分析

高被引论文更具影响力并代表着某研究领域的核心创新技术。板栗世界论文中被引次数排名前 3 的高被引论文详情见表 3-3-6。

表 3-3-6 板栗高被引世界论文

1. 美国板栗和中国板栗对板栗疫病的响应转录组比较	
原标题	Comparison of the transcriptomes of American chestnut (*Castanea dentata*) and Chinese chestnut (*Castanea mollissima*) inresponse to the chestnut blight infection
国家	美国
发表年	2009
发表期刊	BMC PLANT BIOLOGY(英国医学委员会植物生物学)
作者	Barakat Abdelali; DiLoreto Denis S.; Zhang Yi; Smith Chris; Baier Kathleen; Powell William A.; Wheeler Nicholas; Sederoff Ron; Carlson John E.
摘要	板栗疫病是由栗疫病菌造成的，它是一种侵染美洲和欧洲板栗的毁灭性病害。该病原体原产于东亚，并通过受感染的板栗植物传播到其他大陆。本文综述了该病原菌的研究现状，重点介绍了其与板栗白叶枯病生物防治剂高寄生虫真菌病毒的相互作用。栗疫病是一种孢子菌，在栗子上也可以发现密切相关的物种，包括根斑潜蝇、纳氏斑潜蝇和日本斑潜蝇。寄主范围：主要寄主为板栗属，尤其是美国板栗、欧洲板栗、中国板栗和日本板栗。次要的偶然寄主包括橡树、枫树、欧洲角梁木和美国金龟子。疾病症状：栗疫病在易感寄主树木的茎和枝的树皮上引起常年坏死性损伤(所谓的溃疡)，最终导致感染远端的植物部分枯萎。板栗枯萎病溃疡病的特点是存在菌丝扇形体和病原体的子实体。在溃疡下方，树木可能会产生震颤性嫩枝。易感寄主树上的非致死性、表面性或愈伤组织性溃疡通常与真菌病毒诱导的低毒性有关。疾病控制：在新的地区引入寄生虫后，通过砍伐和焚烧受感染的植物/树木来根除寄生虫的努力基本上失败了。在欧洲，霉菌病毒 CHV-1 通过引起所谓的低毒性，成功地作为板栗疫病的生物防治剂。CHV-1 感染寄生梭菌并降低其寄生生长和产孢能力。个别溃疡可以用低病毒感染的寄生性假丝酵母菌菌株进行治疗。这种低病毒随后可能会传播到未经治疗的溃疡，并在寄生 C. 菌群中形成。欧洲的许多栗子种植区都存在低毒力，无论是自然产生的还是生物防治处理后产生的。在北美，板栗疫病的疾病管理主要集中在育种上，目的是将中国板栗的抗疫病性回交到美国板栗基因组中。
被引数量	166
2. 在田纳西州中部的乙醇诱饵陷阱中捕获的攻击栗子的豚草甲虫(鞘翅目：豚草科)	
原标题	Ambrosia beetle (Coleoptera : Scolytidae) species attacking chestnut and captured inethanol-baited traps in middle Tennessee

（续）

国家	美国
发表年	2001
发表期刊	ENVIRONMENTAL ENTOMOLOGY
作者	Oliver JB; Mannion CM
摘要	豚草甲虫是苗圃生产中的重要害虫。这些甲虫很难用杀虫剂控制，要求杀虫剂在攻击树木之前及时施用，反复施用，或具有长时间的残留活性。该项目的目标是改进管理决策，以控制苗圃内的豚草甲虫。本研究使用乙醇诱饵诱捕器、树木攻击的现场观察和甲虫走廊上的羽化笼来确定以下内容：(1)田纳西州中部豚草甲虫区系的组成，(2)对栗树(板栗)这一易感树种造成攻击的物种，(3)树木攻击和后代羽化的时间，(4)乙醇诱饵诱捕器中树木攻击、子代出现和甲虫收集之间的关系。1998年和1999年，在田纳西州立大学苗圃作物研究站(位于田纳西州麦克明维尔)以及迪布雷尔和塔尔顿附近的两个商业苗圃，使用乙醇诱饵林格伦诱捕器对豚草甲虫进行了调查。在苗圃站，1999年测定了攻击栗树的豚草甲虫的物种组成。在1998年和1999年的采集总数中，三个地点的优势物种都是小粒绒盾小蠹。其他常见的被捕获物种包括马氏芳小蠹，网纹材小蠹和细点材小蠹。在树木打破休眠之前，树木袭击于4月2日开始。大多数板栗袭击发生在4月和5月。48%的笼中出现了后代，其中包括35.9%的 *X. germanus* 菌株、10.3%的 *X. crassiusculus* 菌株、3.3%的 *Hypothenemus* spp. 菌株和1.1%的 *X. saxeseni* 菌株。在这项研究中，甲虫表现出几种不寻常的行为，包括第二年春天从树上出现雌性 *X. germanus*，出现活的雄性 *X. germanus* 和 *X. crassiusculus*，后代出现的时间错开，以及出现在同一走廊上的多个甲虫物种。厚壁木珊瑚和德国木珊瑚是危害板栗的优势种，但德国木珊瑚的总诱捕量较小(小于或等于1.7%)。这项研究的几个发现对苗圃行业有重要意义。4月期间诱捕器收集的高峰期(尤其是 *X. crassiusculus* 和 *X. saxeseni* 的收集)与峰值树攻击同时发生。本研究未测量板栗易受攻击的因素，但由于大多数树木在休眠打破前受到攻击，树木物候状态可能是树木脆弱性的重要决定因素。诱捕器收集的一些物种，如德国 *X. germanus* 菌，可能比诱捕器中的丰度更重要地指示树木受到攻击。在6月和7月期间，板栗树的子代出现与陷阱收集量增加或板栗再次遭受攻击并不一致。因此，陷阱可能并不总是表明豚草甲虫数量丰富。在这项研究中收集了几个新的记录，包括 *X. crasiusculus*，一种能够对苗木造成严重经济损失的物种。
被引数量	117
3. 栗疫病菌的洲际种群结构	
原标题	Intercontinental population structure of the chestnut blight fungus, Cryphonectria parasitica
国家	美国
发表年	1996
发表期刊	MYCOLOGIA
作者	Milgroom MG; Wang KR; Zhou Y; Lipari SE; Kaneko S
摘要	利用限制性片段长度多态性(RFLPs)分析了栗疫病菌的种群结构。从中国、日本、北美和欧洲四个地区共采集了791株菌株，并在八个RFLP位点上检测了等位基因。所有八个基因座的等位基因都以简单的孟德尔比率分离，大多数基因座是不连锁的。基因多样性按层次分解：56%的基因多样性归因于亚群体内的多样性，而区域内亚群体间的差异为7%，区域间的差异为37%。中国寄生虫亚群的等位基因频率与包括日本在内的其他地区的亚群明显不同。中国的DNA指纹基因型也明显不同于其他地区。在11个亚群的中国分离株中，与DNA指纹探针杂交的限制性片段平均为3.2个，而在日本分离株中为8.6个；在中国东北部的一个亚群中，每个分离物平均有11.1个片段是个例外。北美和欧洲的亚群体在RFLP等位基因频率和DNA指纹方面彼此相似，与日本比与中国更相似。结果表明，寄生孤菌是从日本而不是中国传入北美的。根据这些结果，无法确定欧洲亚种群的寄生虫来源，但中国东部不是一个可能的来源。中国的群体结构分析显示出中度分化，11%的基因多样性归因于亚群体之间的差异。在中国，亚群体间基因流动的成对估计与亚群体间的地理距离呈负相关。这一结果表明，中国人口处于平衡状态，受限制的基因流动和基因漂移塑造了这些人口。
被引数量	98

四、枣

1. 年度分析

截至2021年9月，枣世界论文共1231篇(筛选文献类型为Article和Review)，其中中国发表论文量为778篇(占比63.20%)，国外发表论文共453篇。从出版年度分布来看，2009年以前国内外关于枣的世界论文研究均较少；2009—2017年，国内外枣世界论文发表量逐步稳定上升趋势；2017—2018年有个小幅度的下降，随即又迅速增加，到2020年达到最高(图3-4-1)。

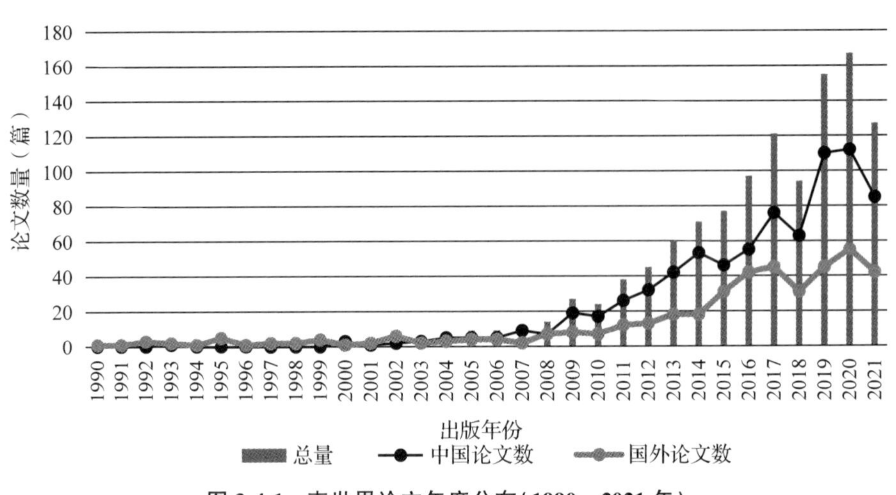

图3-4-1 枣世界论文年度分布(1990—2021年)

2. 国家地区分析

以通讯作者所在的国家作为统计分析对象，若存在多个通讯作者不同国家，则取第一通讯作者对应的国家进行分析；若通讯作者为空，则以第一作者所在的国家进行统计。从数量来看，排名第一的是中国，发表枣世界论文共778篇，占总量的63.20%，其次是印度(74篇，6.01%)和伊朗(60篇，4.87%)。此外，韩国、美国、巴基斯坦和土耳其等国枣世界论文发表量均在20篇以上(图3-4-2)。

从排名前10位的国家近20年分布来看，排名第一的中国自2002年开始，关于枣的世界论文发表量持续稳定增加且遥遥领先其他国家。此外，印度、伊朗、韩国和土耳其近两年关于枣的世界论文发表活动较活跃(图3-4-3)。

3. 学科分类分析

按照Web of Science标准化的学科分类进行归并分析表明，枣的世界论文中，食品科技(Food Science & Technology)领域发表的论文量最多，共290篇，占总量的23.56%，其次是植物科学(Plant Sciences)、园艺(Horticulture)，这三个学科类别总和占比将近50%。排名前10位的学科分类还包括化学应用、生物化学与分子生物学、药理学与药剂学、农

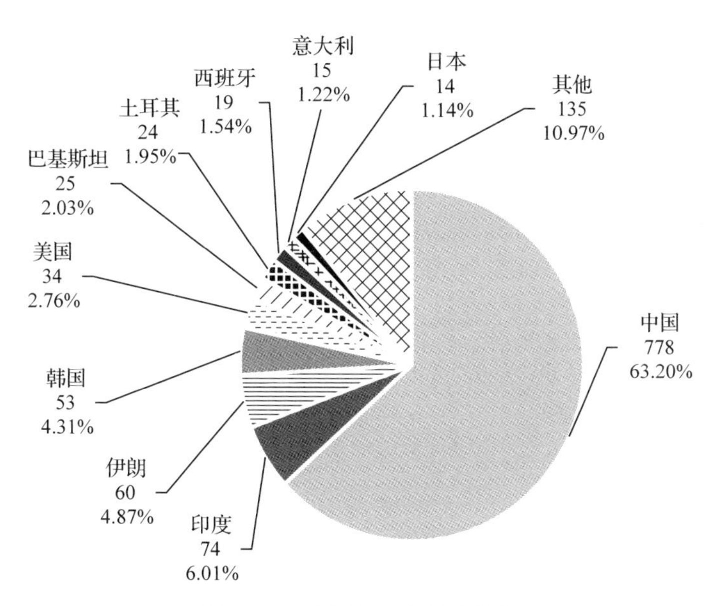

图 3-4-2　枣世界论文国家分布

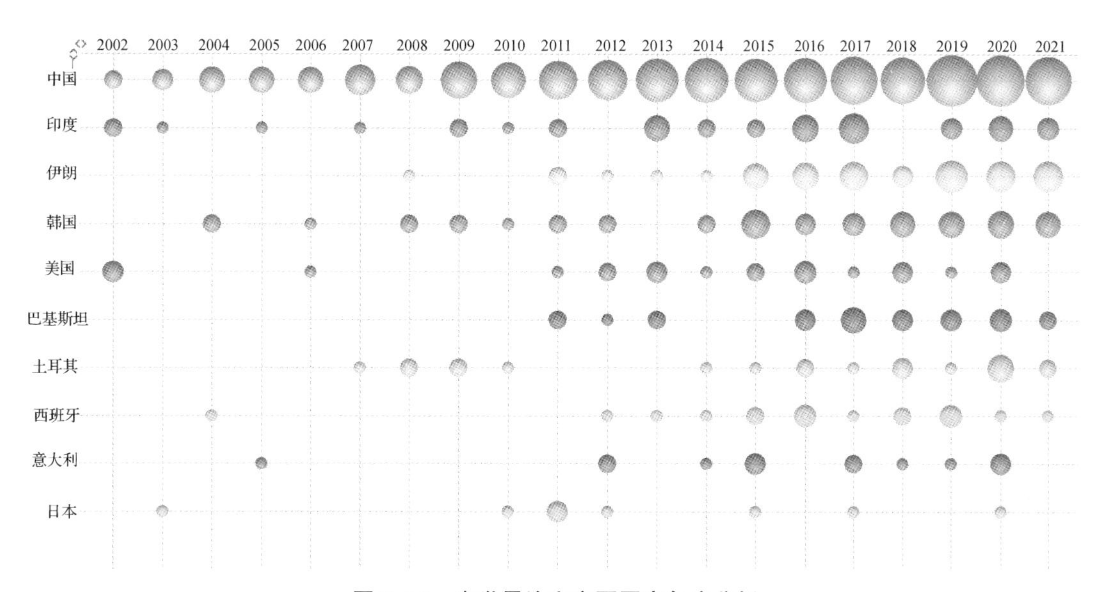

图 3-4-3　枣世界论文主要国家年度分析

学、化学医学、营养与营养学等，详情见表 3-4-1。

表 3-4-1　枣世界论文的主要学科分类

排名	WoS 类别	数量	百分比
1	食品科技	290	23. 56%
2	植物科学	156	12. 67%
3	园艺	122	9. 91%
4	化学应用	117	9. 50%
5	生物化学与分子生物学	98	7. 96%

（续）

排名	WoS 类别	数量	百分比
6	药理学与药剂学	95	7.72%
7	农学	92	7.47%
8	农业多学科	85	6.90%
9	化学医学	70	5.69%
10	营养与营养学	62	5.04%

从学科分类的出版年度分布（近 20 年）来看（图 3-4-4），近年来对枣研究的各学科领域分布较平均，且发展相对平稳。

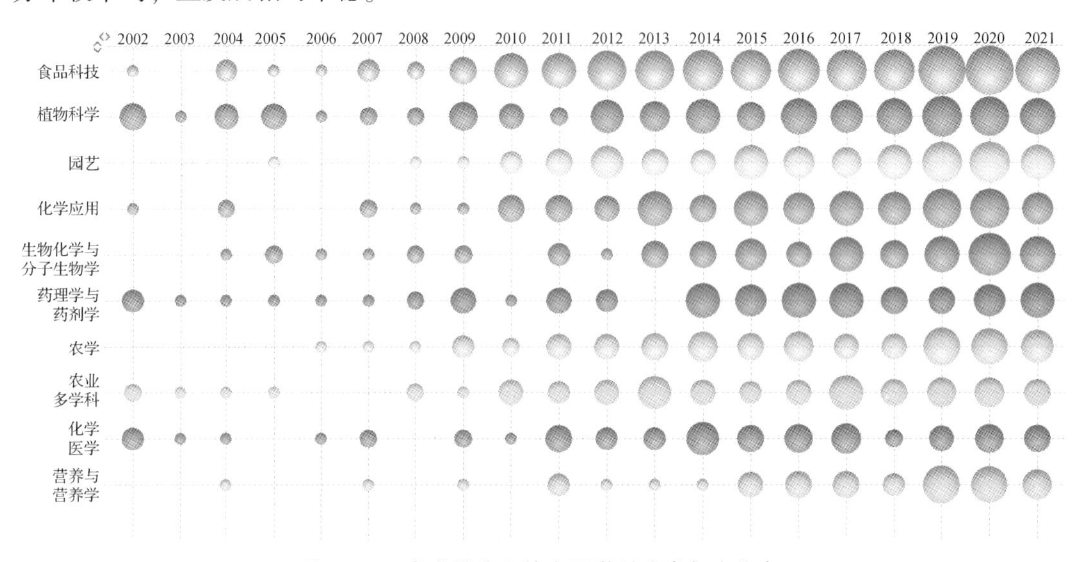

图 3-4-4　枣世界论文的主要学科分类年度分布

4. 机构分析

枣世界论文发表最多的机构是西北农林科技大学，102 篇，其次是中国科学院 96 篇（其中中国科学院水土保持研究所发表了 37 篇）和中国农业大学 69 篇，排名前 10 位的机构均为中国的高校和科研机构，见表 3-4-2。

表 3-4-2　枣世界论文发表主要机构

排名	国家	机构	文献量
1	中国	西北农林科技大学	102
2	中国	中国科学院	96
3	中国	中国农业大学	69
4	中国	河北农业大学	52
5	中国	塔里木大学	40
6	中国	山西农业大学	35

（续）

排名	国家	机构	文献量
7	中国	中国农业科学院	34
8	中国	石河子大学	33
9	中国	浙江大学	31
10	中国	南京中医药大学	26

主要机构年度发文量分析表明(图 3-4-5)，除排名前 3 位的中国农业大学和排名第 10 位的南京中医药大学近年来发文活动相对不是十分活跃外，其他研究机构关于枣的研究发文活动均十分活跃，且各个研究机构发文量均相对稳定。

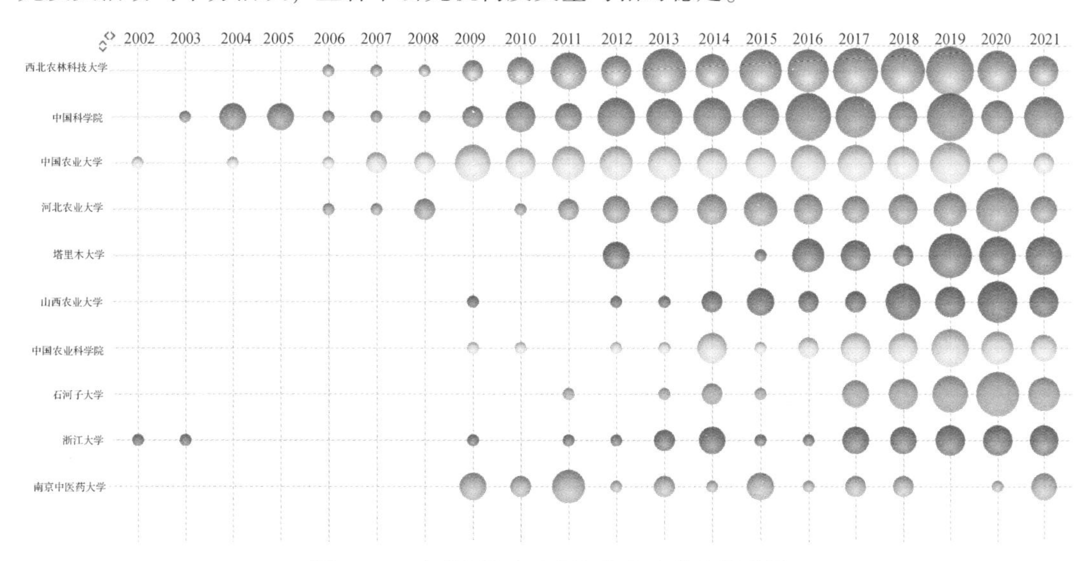

图 3-4-5 枣世界论文主要机构年度发文量分析

主要机构的学科分布分析表明(图 3-4-6)，西北农林科技大学和中国科学院侧重于枣在农学、植物科学和食品科技领域的研究。总体来看，发文量排名前 10 的科研机构均发表了枣在化学应用、植物科学和食品科技领域的世界论文；中国农业大学和浙江大学在枣的十大热门学科分类领域均有不同程度的相关研究。

5. 作者分析

枣世界论文的作者分析表明(表 3-4-3)，发文量排名前 10 位的作者中，全部是中国学者。排名第 1 的是刘孟军(36 篇)，男，河北农业大学园艺学院院长，教授，博士生导师，研究方向为枣组学、分子育种、现代栽培技术及果品营养与功能食品。排名第 2 位的是赵锦，女，教授，主要从事枣树基因组学及分子生物学、植物资源评价、植物与病原互作等研究，主编《枣疯病》著作 1 部，参编《中国枣产业发展报告 1949—2007》《中国枣种质资源》等著作。排名第 3 的是段金廒，男，南京中医药大学副校长，教授，博士研究生导师，主要从事中药资源化学研究和方剂功效物质基础研究等，发文主要为枣组成分的研究，如枣干蒸过程中三萜酸、核苷、碱基和糖含量的变化等。

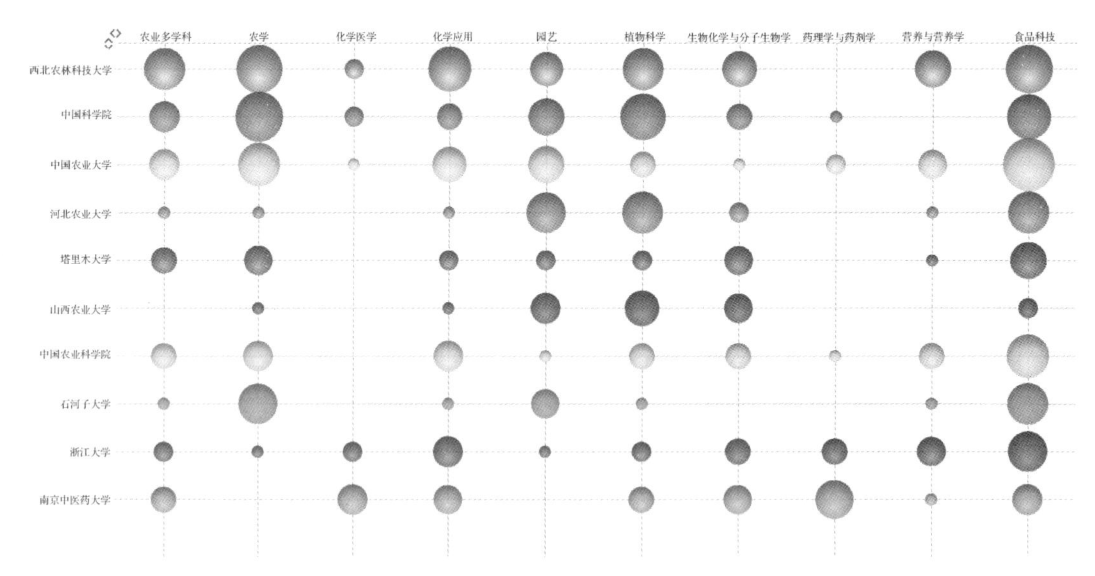

图 3-4-6　枣世界论文主要机构学科分布

表 3-4-3　枣世界论文主要作者

排名	国家	所在机构	作者	论文发表量
1	中国	河北农业大学	刘孟军	36
2	中国	河北农业大学	赵锦	23
3	中国	南京中医药大学	段金廒	21
3	中国	南京中医药大学	郭盛	20
5	中国	北京林业大学	庞晓明	19
6	中国	西北农林科技大学	李新岗	18
6	中国	北京林业大学	李颖岳	18
6	中国	河北农业大学	刘志国	18
9	中国	西北农林科技大学	王敏	17
10	中国	西北农林科技大学	汪有科	15

作者的年度发文量分析表明(图 3-4-7)，从 2013 年以来，各个研究学者对枣相关的发文活动较稳定。另外，近年来刘孟军、赵锦、刘志国三个作者发表枣相关的世界论文活动十分活跃，三人均来自河北农业大学，具有深度合作关系。

在关于枣发文的学者中，发文量最高的作者发文 36 篇，根据普赖斯定律 $N=0.749\sqrt{\eta_{\max}}$，核心作者发文量为 5 篇以上，共有 121 位核心作者。利用 VOSviewer 绘制核心作者合作关联图(图 3-4-8)，聚类结果表明目前主要有四个科研团队发表枣的科研论文活动较活跃，其中以河北农业大学刘孟军为核心的科研团队成果产出较多，且科研团队内外合作关系较密集。

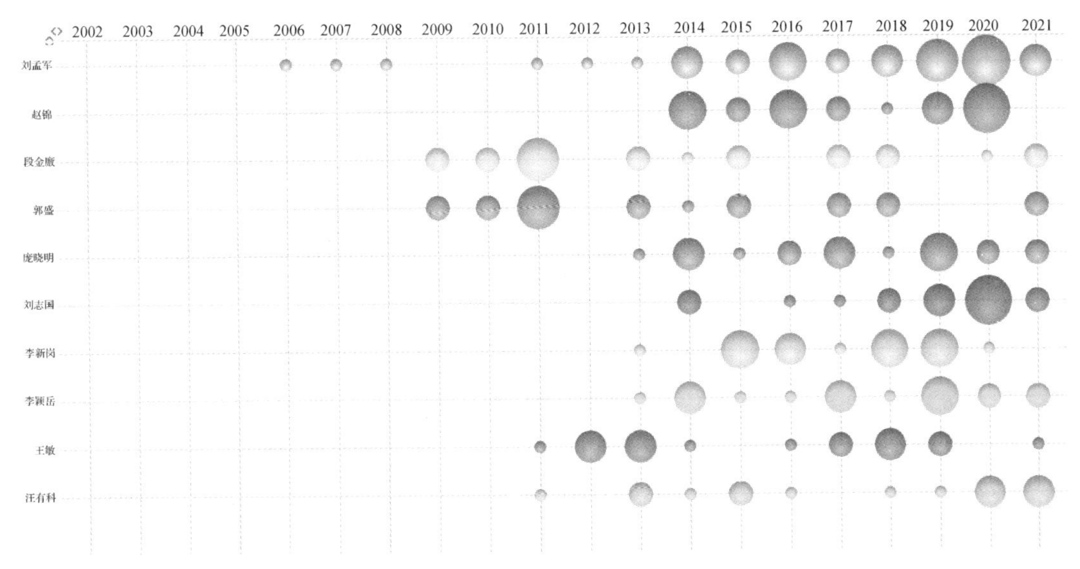

图 3-4-7　枣世界论文主要作者年度分布

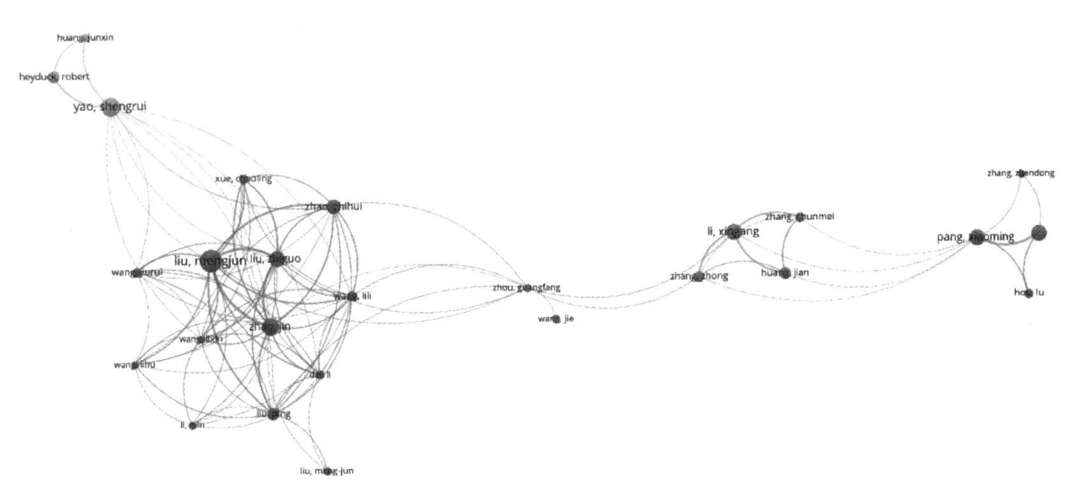

图 3-4-8　枣世界论文主要作者合作关系图

6. 关键词分析

利用 DDA 文本挖掘工具，对关键词过滤掉 jujube、Ziziphus jujuba 等高频的单词或短语，然后进行文本聚类。通过文本聚类进行关键词分析表明，枣世界论文的关键词主要包括红枣、抗氧化活性、鼠李科、枣果、酸枣、类黄酮等(图 3-4-9)。

7. 来源期刊分析

经统计，枣世界论文的来源期刊共有 297 个，其中收录论文量最多的是 FOOD CHEMISTRY，37 篇(占比 3.01%)，说明论文的来源期刊分布较平均，排名前 10 位的来源期刊见表 3-4-4。

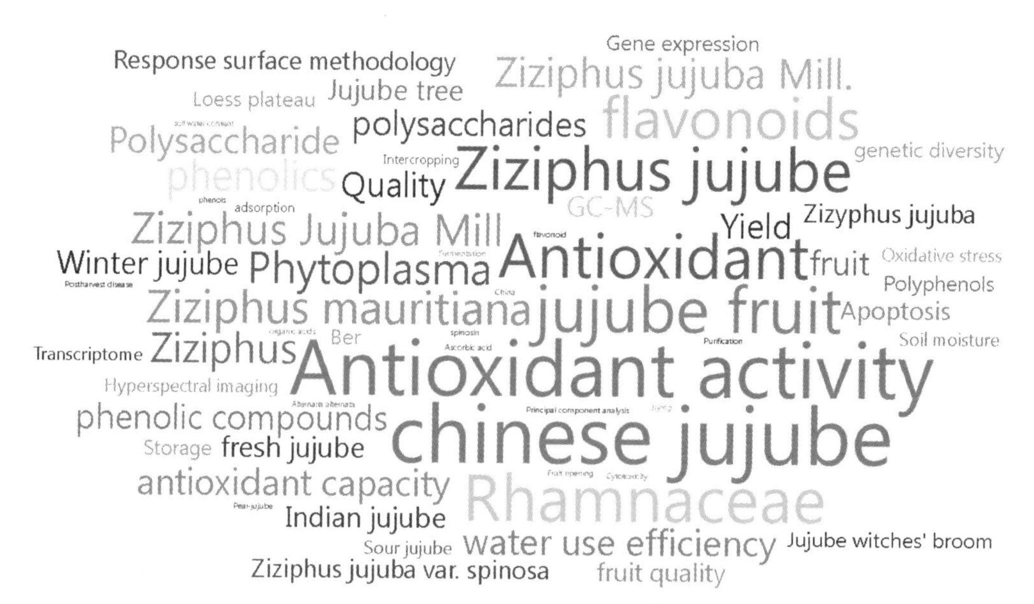

图 3-4-9　枣世界论文关键词文本聚类分析

表 3-4-4　枣世界论文发表主要来源期刊

排名	期刊	文献量
1	FOOD CHEMISTRY	37
2	SCIENTIA HORTICULTURAE	30
3	SPECTROSCOPY AND SPECTRAL ANALYSIS	24
4	JOURNAL OF AGRICULTURAL AND FOOD CHEMISTRY	22
4	PLOS ONE	22
6	AGRICULTURAL WATER MANAGEMENT	21
7	JOURNAL OF ETHNOPHARMACOLOGY	20
8	INTERNATIONAL JOURNAL OF BIOLOGICAL MACROMOLECULES	18
8	MOLECULES	18
10	LWT-FOOD SCIENCE AND TECHNOLOGY	17

来源期刊的年度发文量分析表明(图 3-4-10)，FOOD CHEMISTRY、SCIENTIA HORTICULTURAE、SPECTROSCOPY AND SPECTRAL ANALYSIS、PLOS ONE 和 MOLECULES 五个期刊近年来收录关于枣相关的世界论文量较多。

8. 基金分析

枣世界论文支持基金最多的是国家自然科学基金(NSFC)，362 篇(占比 29.41%)，排名前 10 位的支持基金见表 3-4-5，其中大部分都是中国基金支持，只有一个国外基金为韩国国家研究基金。

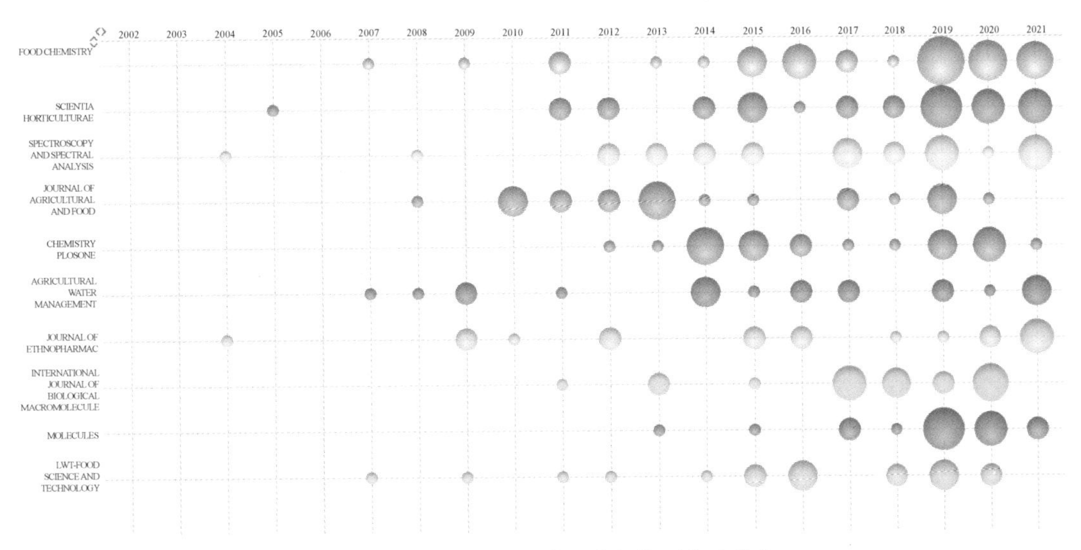

图 3-4-10　枣世界论文主要来源期刊年度分布

表 3-4-5　枣世界论文发表主要基金支持

排名	基金名称	文献量
1	国家自然科学基金	362
2	国家重点研发计划	115
3	国家科技支撑计划	41
3	中央大学基础研究基金	41
5	中国科学院	35
6	中国博士后科学专项基金	26
7	中国科学技术部	23
8	韩国国家研究基金会	21
9	河北省自然科学基金	15
9	优等学科发展基金	15

9. 高被引论文分析

高被引论文更具影响力并代表着某研究领域的核心创新技术。枣世界论文中被引次数排名前 3 的高被引论文详情见表 3-4-6。

表 3-4-6　枣高被引世界论文

1. 枣果：关于水果成分和健康益处的最新知识综述	
原标题	The Jujube (*Ziziphus jujuba* Mill.) Fruit: A Review of Current Knowledge of Fruit Composition and Health Benefits
国家	中国
发表年	2013
发表期刊	JOURNAL OF AGRICULTURAL AND FOOD CHEMISTRY

（续）

作者	Gao Qing-Han; Wu Chun-Sen; Wang Min
摘要	营养枣属于鼠李科的果实主要生长在欧洲、南亚和东亚以及澳大利亚，尤其是中国北部的内陆地区。枣作为水果和药物有着悠久的使用历史。主要的生物活性成分是维生素 C、酚类、黄酮类、三萜酸和多糖。近年来对枣果的植物化学研究揭示了枣果的生物学效应，如抗癌、抗炎、减肥、免疫刺激、抗氧化、保肝和胃肠保护活性，以及抑制巨噬细胞泡沫细胞的形成。更加注重临床研究和枣果的植物化学定义，对未来的研究工作至关重要。该综述可能有助于预测其他药物用途和潜在的药物或食物相互作用，并可能有益于生活在枣果盛行且卫生保健资源稀缺的地方的人们。
被引数量	269

2. 五个枣品种的营养成分

原标题	Nutritional composition of five cultivars of chinese jujube
国家	中国
发表年	2007
发表期刊	FOOD CHEMISTRY
作者	Li Jin-Wei; Fan Liu-Ping; Ding Shao-Dong; Ding Xiao-Lin
摘要	测定了五个枣树品种的近似成分，以及矿物质、维生素和总酚含量。研究表明，红枣中碳水化合物含量为 80.86%~85.63%，还原糖含量为 57.61%~77.93%，可溶性纤维含量为 0.57%~2.79%，不溶性纤维含量为 5.24%~7.18%，蛋白质含量为 4.75%~6.86%，脂肪含量为 0.37%~1.02%，水分含量为 17.38%~22.52%，灰分含量为 2.26%~3.01%。枣的可溶性糖包括果糖、葡萄糖、鼠李糖、山梨醇和蔗糖。果糖和葡萄糖被确定为主要糖，而山梨醇的含量则少得多。钾、磷、钙和锰是红枣的主要矿质成分。铁、钠、锌和铜的含量也相当可观。维生素 C、硫胺素和核黄素的含量分别为 192~359、0.04~0.08 和 0.05~0.09mg/100g。总酚含量在 5.18~8.53mg/g。总酚含量与枣的抗氧化能力或抗氧化能力与维生素 C 含量之间没有相关性。
被引数量	262

3. 纳米包装对大枣贮藏品质的影响

原标题	Effect of nano-packingon preservation quality of Chinese jujube (*Ziziphus jujuba* Mill. var. *inermis* (Bunge) Rehd)
国家	中国
发表年	2009
发表期刊	FOOD CHEMISTRY
作者	Li Hongmei; Li Feng; Wang Lin; Sheng Jianchun; Xin Zhihong; Zhao Liyan; Xiao Hongmei; Zheng Yonghua; Hu Qiuhui
摘要	研究了一种新型纳米包装材料对大枣室温贮藏品质的影响。通过将聚乙烯与纳米粉体共混，合成了相对湿度低、透氧率高、纵向强度高的纳米填料。结果表明，与普通包装材料相比，纳米包装材料对食品的理化和感官品质有很大的改善作用。贮藏 12 天后，果实软化、失重、褐变和纳米包装的气候演变受到显著抑制。同时，纳米包装的可滴定酸和抗坏血酸含量分别降至 0.21%、251mg/100g 和 0.15%、198mg/100g；总可溶性糖、还原糖、总可溶性固形物和丙二醛的含量在纳米包装时分别增加到 28.4%、5.2%、19.5% 和 98.9μmol/g，在正常包装时分别增加到 30.0%、6.3%、23.1% 和 149μmol/g。因此，纳米包装可以应用于枣的保鲜，延长枣的货架期，提高枣的保鲜质量。
被引数量	182

五、杏

1. 年度分析

截至2021年9月，杏世界论文共2415篇(筛选文献类型为Article和Review)，其中中国发表论文量为244篇(仅占比10.10%)，国外论文发表量为2171篇。从出版年度分布来看，最早追溯到1923年开始，国外开始发表有关杏的世界研究论文，至2004年前共发表了777篇论文，而中国2004年以前几乎没有发表过相关论文；2004年，中国开始逐渐发表相关研究论文，且数量逐渐趋于稳定，但国外的论文发表量还是遥遥领先。总体来看，2015年论文量有明显的下降，随即又小幅度增加并趋于稳定(图3-5-1)。

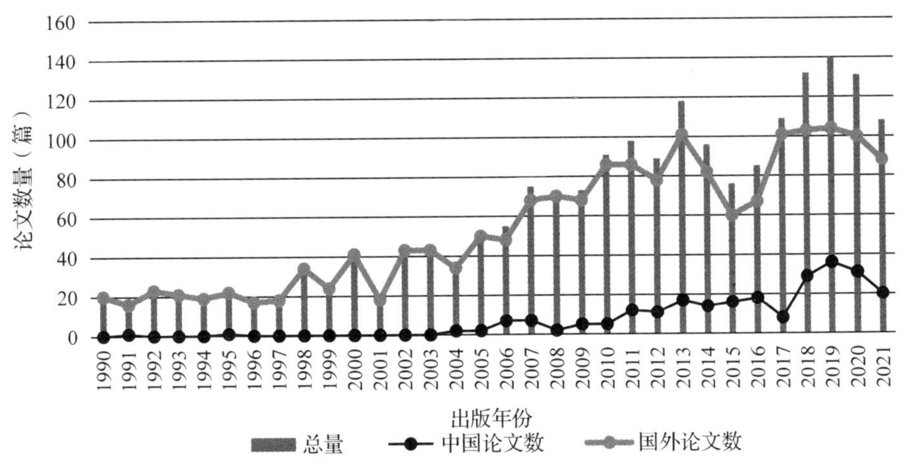

图3-5-1　杏世界论文年度分布(1990—2021年)

2. 国家地区分析

以通讯作者所在的国家作为统计分析对象，若存在多个通讯作者不同国家，则取第一通讯作者对应的国家进行分析；若通讯作者为空，则以第一作者所在的国家进行统计。从数量来看，排名第一的是土耳其，发表杏相关研究论文330篇，占总量的13.66%，其次是中国(244篇，10.10%)和西班牙(240篇，9.94%)。统计结果表明，国家分布较平均、分散(图3-5-2)。

从排名前10位的国家近20年分布来看，排名第一的土耳其自2002年开始，关于杏的世界论文发表量一直很稳定且处于领先水平。排名第二的中国近几年关于杏世界论文发表量和土耳其持平，领先其他国家。土耳其、西班牙、意大利和法国每年都发表杏相关研究论文(图3-5-3)。

3. 学科分类分析

按照Web of Science标准化的学科分类进行归并分析表明，杏世界论文中，食品科技(Food Science & Technology)领域论文发表量最多，共615篇，占总量的25.47%，其次

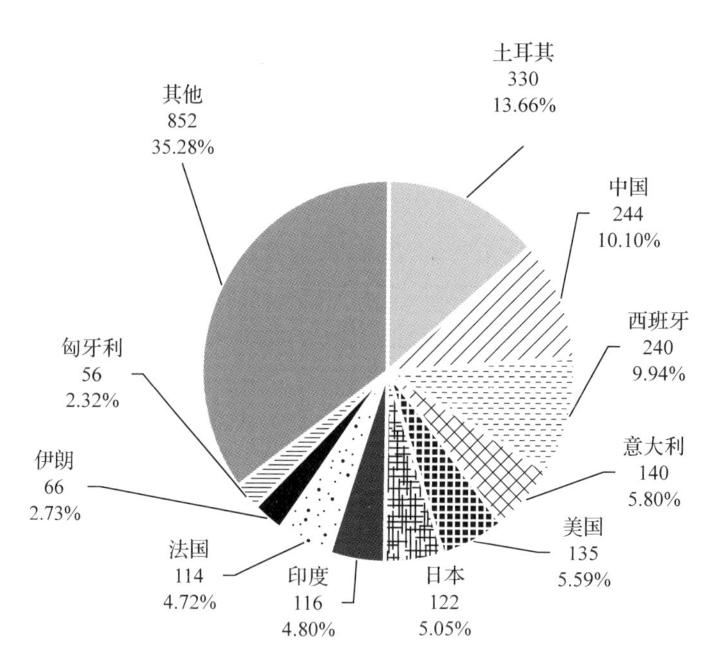

图 3-5-2 杏世界论文国家分布

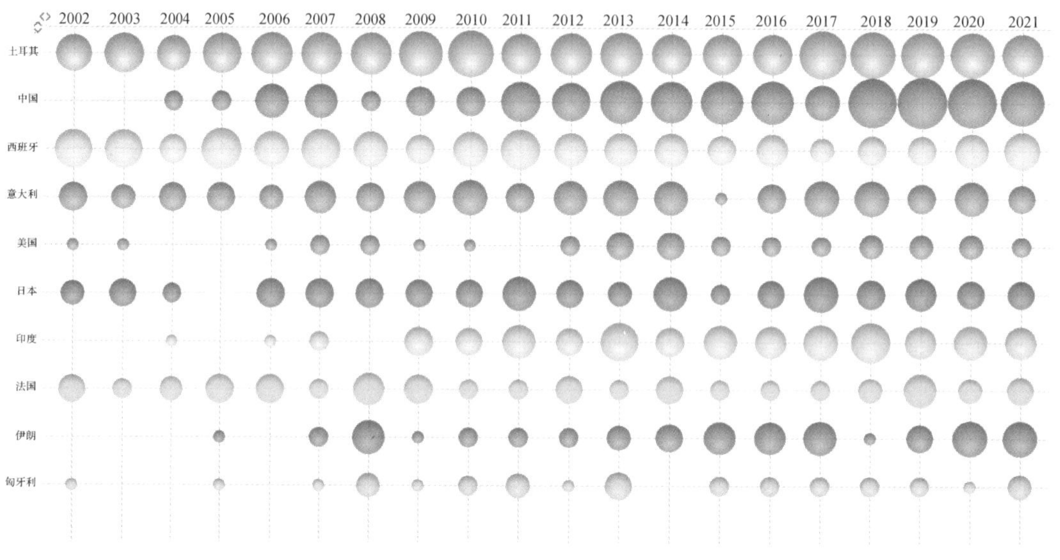

图 3-5-3 杏世界论文主要国家年度分析

是园艺(Horticulture)、植物科学(Plant Sciences)和农学(Agronomy)，学科类别占比均在10%以上。排名前10位的学科分类还包括化学应用、农业多学科、生物化学与分子生物学、基因与遗传学、营养与营养学、工程化学等，详情见表 3-5-1。

从学科分类的出版年度分布(近 20 年)来看(图 3-5-4)，近年来对杏研究的各学科领域分布较平均，且发展相对平稳，在食品科技、园艺、植物科学和农学等学科领域近几年杏的发文量略高于其他学科领域。

表 3-5-1　杏世界论文的主要学科分类

排名	WoS 类别	数量	百分比
1	食品科技	615	25.47%
2	园艺	516	21.37%
3	植物科学	460	19.05%
4	农学	251	10.39%
5	化学应用	208	8.61%
6	农业多学科	204	8.45%
7	生物化学与分子生物学	108	4.47%
8	基因与遗传学	96	3.98%
9	营养与营养学	94	3.89%
10	工程化学	93	3.85%

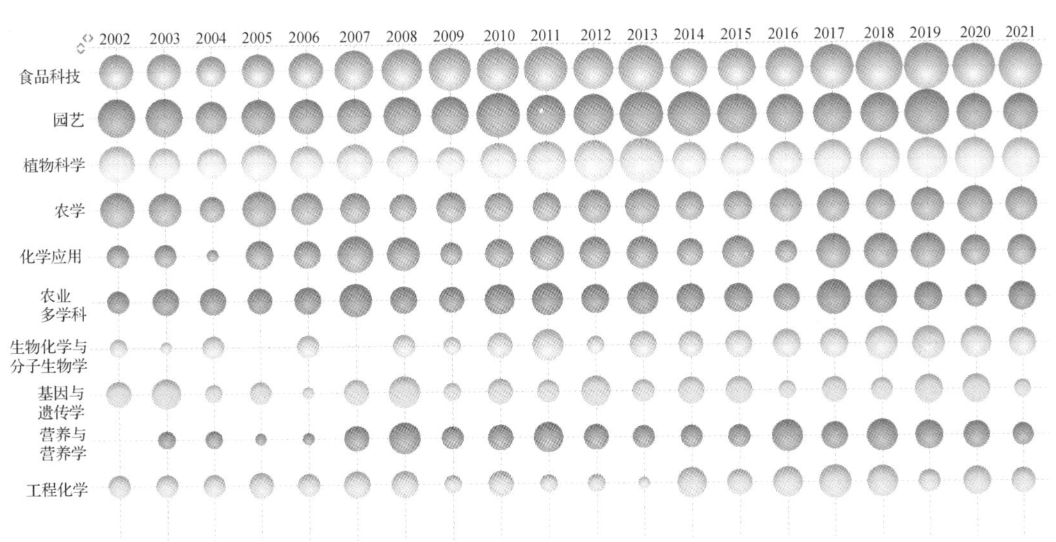

图 3-5-4　杏世界论文的主要学科分类年度分布

4. 机构分析

杏世界论文发表最多的机构是西班牙高等科学研究理事会，151 篇，其次是法国国家农业食品与环境研究院（INRAE）102 篇，INRAE 创建于 2020 年 1 月 1 日，由法国农业科学研究院（Inra）和法国国家环境与农业科技研究院（Irstea）合并组建，是农业、食品和环境领域世界顶尖的研究机构。中国的南京农业大学排名第 4，发表了 42 篇杏相关的研究论文。排名前 10 位的机构中有 3 个土耳其的高校，详情见表 3-5-2。

表 3-5-2 杏世界论文发表主要机构

排名	国家/地区	机构	文献量
1	西班牙	西班牙高等科学研究理事会(CSIC)	151
2	法国	法国国家农业食品与环境研究院(INRAE)	102
3	土耳其	伊诺努大学	78
4	中国	南京农业大学	42
5	土耳其	阿塔图尔克大学	34
6	土耳其	安卡拉大学	33
7	美国	加利福尼亚大学	32
8	欧洲	欧洲研究型大学联盟(LERU)	31
8	捷克共和国	布尔诺孟德尔大学	31
10	意大利	博洛尼亚大学	30

主要机构年度发文量分析表明(图 3-5-5)，排名前 3 位的西班牙高等科学研究理事会、法国国家农业食品与环境研究院和土耳其伊诺努大学从 2002 年以来发文活动较活跃且一直很稳定，中国南京农业大学从 2010 年开始发表杏的相关研究论文活动较活跃。

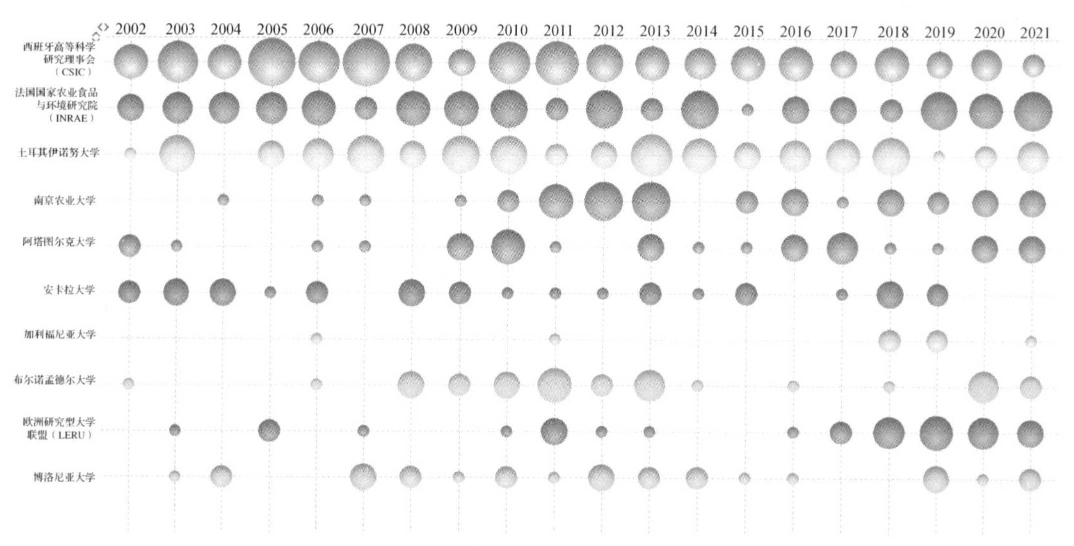

图 3-5-5 杏世界论文主要机构年度发文量分析

主要机构的学科分布分析表明(图 3-5-6)，西班牙高等科学研究理事会和法国国家农业食品与环境研究院侧重于杏在农学、园艺、植物科学和食品科技领域的研究，土耳其伊诺努大学侧重于杏在食品科技领域的研究，中国南京农业大学侧重于杏在园艺、基因与遗传学和植物科学领域的研究。总体来看，法国国家农业食品与环境研究院在杏的十大热门学科分类领域均有不同程度的相关研究；各个科研机构均对杏在园艺、植物科学和食品科技 3 个研究领域有不同程度的发文活动。

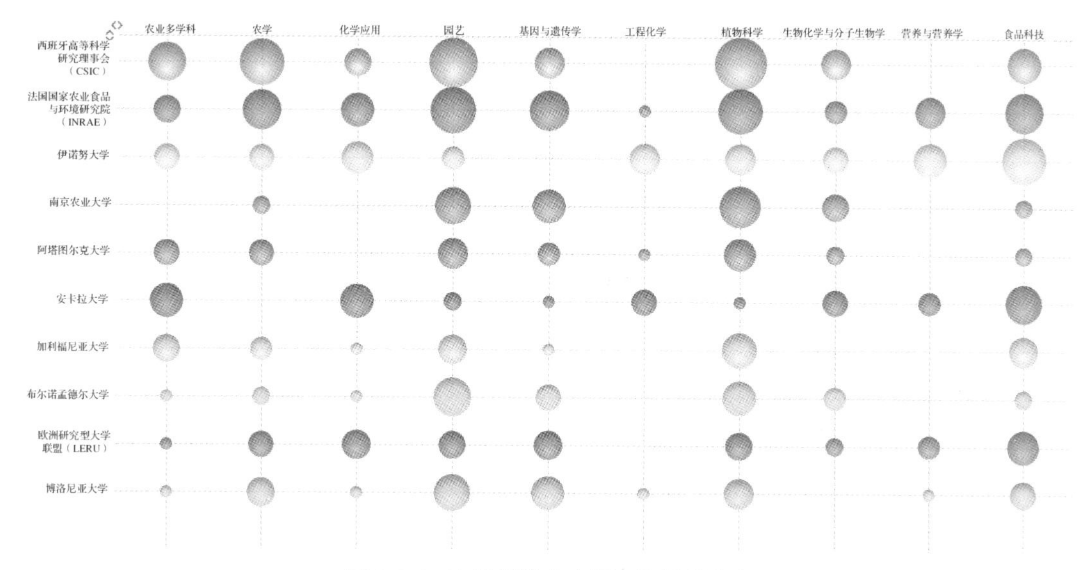

图 3-5-6　杏世界论文主要机构学科分布

5. 作者分析

杏世界论文的作者分析表明(表 3-5-3)，排名前 10 位的作者中，西班牙 5 位、法国 2 位、中国、土耳其、日本各 1 位。排名第一和排名第四位的法国学者均来自法国农业科学研究院，两人有少量的合作，共同发文围绕杏果中糖、有机酸、胡萝卜素等成分含量的研究；排名第二和排名第三的西班牙学者 Egea J 和 Burgos L 来自同一科研团队，发文主要围绕杏树新品种、杏产量的研究等；排名第四位的法国学者 Ruiz David 和排名第五位的 Martinez-Gomez Pedro 有大量合作，发文主要围绕杏育种；排名第 6 的是中国学者高志红，女，南京农业大学教授，中国园艺学会李杏分会副秘书长，发文主要围绕杏基因研究分析。

表 3-5-3　杏世界论文主要作者

排名	国家	作者	论文发表量
1	法国	Audergon Jean-Marc	51
2	西班牙	Egea J	46
3	西班牙	Burgos L	43
4	法国	Ruiz David	41
5	西班牙	Martinez-Gomez Pedro	35
6	中国	高志红	24
7	西班牙	Llacer G	21
8	西班牙	Dicenta F	19
8	土耳其	Ercisli Sezai	19
10	日本	Tao Ryutaro	17

作者的年度发文量分析表明(图 3-5-7)，近两年，法国学者 Audergon Jean-Marc 和中国学者高志红对杏研究活动十分活跃；Audergon Jean-Marc 发文量遥遥领先；排名第 2 位和第 3 位的西班牙学者 Egea J 和 Burgos L 在 2005 年发文活动十分活跃，近些年几乎没有相关研究成果。

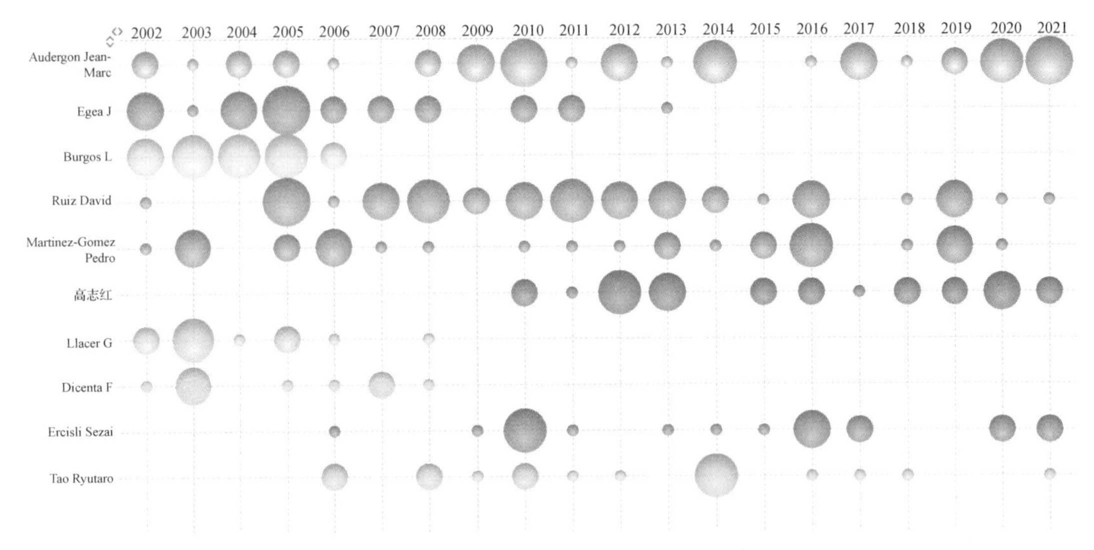

图 3-5-7 杏世界论文主要作者年度分布

在国内外关于杏发文的学者中，发文量最高的作者发文 51 篇，根据普赖斯定律 $N=0.749\sqrt{\eta_{\max}}$，核心作者发文量为 6 篇以上，共有 132 位核心作者。利用 VOSviewer 绘制核心作者合作关联图(图 3-5-8)，表明以 Audergon Jean-Marc、Ruiz David 和 Ercisli Sezai 等科研团队关于杏的世界论文发表活跃度较高，成果产出较多，且团队内部的合作联系十分密集，团队与团队间的合作关系较密集，仍需加强合作交流。

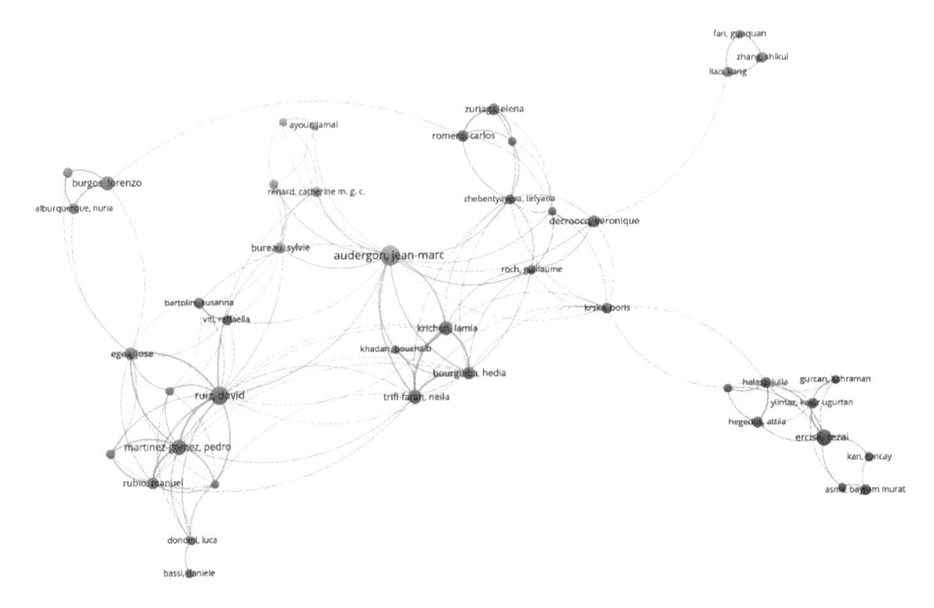

图 3-5-8 杏世界论文主要作者合作关系图

6. 关键词分析

利用 DDA 文本挖掘工具，对关键词过滤掉 apricot、apricots 等高频的单词或短语，然后进行文本聚类。通过文本聚类进行关键词分析表明，杏世界论文的关键词主要包括山杏、果实质量、日本杏、抗氧化活性、类胡萝卜素、遗传多样性等(图 3-5-9)。

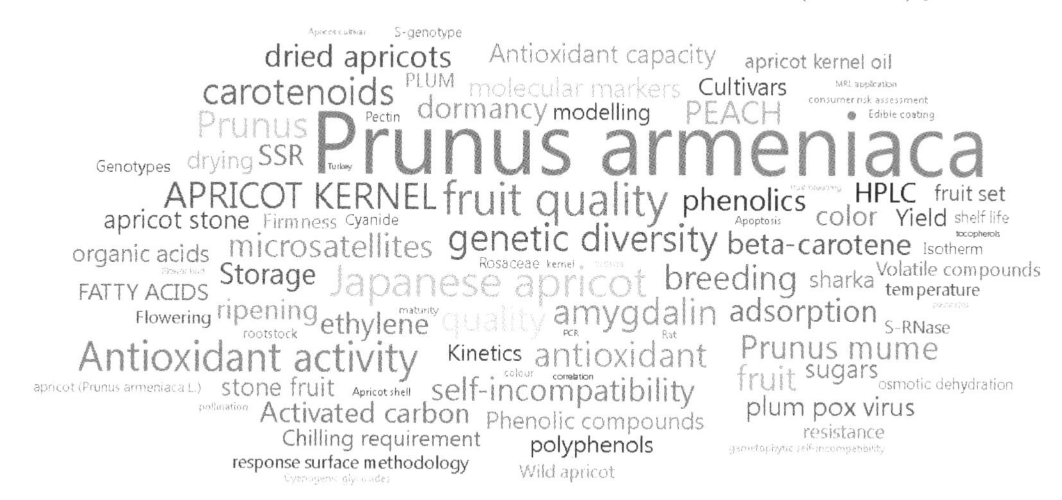

图 3-5-9　杏世界论文关键词文本聚类分析

7. 来源期刊分析

经统计，杏世界论文的来源期刊共有 761 个，其中论文量最多的是 SCIENTIA HORTICULTURAE，106 篇(占比 4.39%)，说明论文的来源期刊分布较平均，排名前 10 位的来源期刊见表 3-5-4。

表 3-5-4　杏世界论文发表主要来源期刊

排名	期刊	文献量
1	SCIENTIA HORTICULTURAE	106
2	JOURNAL OF HORTICULTURAL SCIENCE & BIOTECHNOLOGY	49
3	FOOD CHEMISTRY	48
4	JOURNAL OF AGRICULTURAL AND FOOD CHEMISTRY	46
5	HORTSCIENCE	39
6	JOURNAL OF THE AMERICAN SOCIETY FOR HORTICULTURALSCIENCE	31
6	JOURNAL OF THE SCIENCE OF FOOD AND AGRICULTURE	31
8	JOURNAL OF FOOD SCIENCE	29
8	JOURNAL OF THE JAPANESE SOCIETY FOR HORTICULTURAL SCIENCE	29
10	JOURNAL OF FOOD SCIENCE AND TECHNOLOGY-MYSORE	23

来源期刊的年度发文量分析表明(图 3-5-10)，SCIENTIA HORTICULTURAE 收录杏相关的研究论文量较多，远远领先其他期刊；且该期刊和 FOOD CHEMISTRY 两个期刊近年来收录关于杏的世界论文活动较活跃。

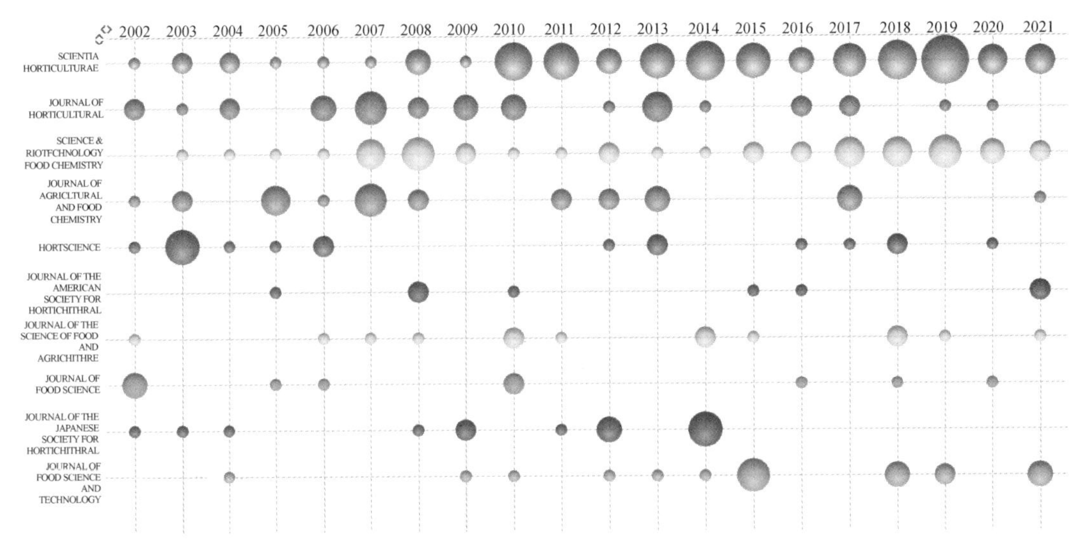

图 3-5-10　杏世界论文主要来源期刊年度分布

8. 基金分析

杏世界论文共 2415 篇，其中仅有 837 篇有基金支持，经统计，支持基金最多的是国家自然科学基金(NSFC)，119 篇(仅占比 4.93%)，排名前 10 位的支持基金见表 3-5-5。

表 3-5-5　杏世界论文发表主要基金支持

排名	基金名称	文献量
1	国家自然科学基金(NSFC)	119
2	TUBITAK TOVAGTurkiye Bilimsel ve Teknolojik Arastirma Kurumu (TUBITAK)	35
3	国家重点研发计划	25
4	中国公益性农业科研专项经费	21
5	中央大学基础研究基金	19
6	Ministry of Education, Science and Technological Development of the Republic of Serbia	16
7	伊诺努大学科学研究基金	15
8	美国农业部(USDA)	12
8	Tunisian Ministry of Higher Education, Scientific Research and Technology	12
8	陕西省重点研究开发项目	12
8	Instituto Nacional de Investigacion y Tecnologia Agraria y Alimentaria (INIA)	12

9. 高被引论文分析

高被引论文更具影响力并代表着某研究领域的核心创新技术。杏世界论文被引次数排名前 3 的高被引论文详情见表 3-5-6。

表 3-5-6　杏高被引世界论文

1. 杏核制备的活性炭对水溶液中重金属离子的吸附	
原标题	Adsorption of heavy metal ions from aqueous solutions by activated carbon prepared from apricot stone
国家	土耳其
发表年	2005
发表期刊	BIORESOURCE TECHNOLOGY
作者	Kobya M; Demirbas E; Senturk E; Ince M
摘要	在200℃下用硫酸(1∶1)处理杏核24小时后，将其碳化并激活。研究了活性炭通过吸附去除水溶液中的Ni(Ⅱ)、Co(Ⅱ)、Cd(Ⅱ)、Cu(Ⅱ)、Pb(Ⅱ)、Cr(Ⅲ)和Cr(Ⅵ)离子的能力。通过间歇吸附实验，考察了pH(1-6)对活性炭吸附性能的影响。研究发现，这些金属的吸附取决于溶液的pH值。Cr(Ⅵ)和其余金属离子的最高吸附分别发生在1-2和3-6处。以杏核为原料制备的活性炭对金属离子的吸附量按Cr(Ⅵ)>Cd(Ⅱ)>Co(Ⅱ)>Cr(Ⅲ)>Ni(Ⅱ)>Cu(Ⅱ)>Pb(Ⅱ)的降序排列。
被引数量	607
2. 三种染料吸附模型在用废杏制作的活性炭上的适用性	
原标题	Applicability of the various adsorption models of three dyes adsorption onto activated carbon prepared waste apricot
国家	土耳其
发表年	2006
发表期刊	JOURNAL OF HAZARDOUS MATERIALS
作者	Basar Canan Akmil
摘要	本研究采用$ZnCl_2$化学活化的方法，以马来半岛杏树中的废杏为原料，制备了活性炭(WA11Zn5)。活性炭的BET表面积确定为$1060m^2/g$。活性炭包括微孔和中孔。微孔和中孔面积的百分比分别为36%和74%，微孔和中孔体积的百分比分别为19%和81%。研究了WA11Zn5吸附去除废水溶液中亚甲基蓝(MB)、孔雀绿(MG)和结晶紫(CV)三种染料的能力。WA11Zn5的吸附容量依次为孔雀石绿(MG)>亚甲基蓝(MB)>结晶紫(CV)。实验测定了三种染料在活性炭上的吸附平衡等温线。在不同温度下，使用线性相关系数，通过Langmiur、Freundlich、Dubinin-Redushkevich(D-R)、Temkin、Frumkin、Harkins-Jura、Halsey和Henderson方程对结果进行分析。确定了各等温线的特征参数。根据温度评估模型和等温线常数。Langmiur和Frumkin方程最能代表三种染料WA11Zn5体系的平衡数据。
被引数量	348
3. 杏子薄层太阳能干燥的数学模型	
原标题	Mathematical modelling of solar drying ofapricots in thin layers
国家	土耳其
发表年	2002
发表期刊	JOURNAL OF FOOD ENGINEERING
作者	Togrul I T; Pehlivan D
摘要	在土耳其埃拉齐格种植的杏树薄层上进行了太阳能干燥实验。实验中使用了一种间接强制对流太阳能干燥器，该干燥器由一个带锥形聚光器的太阳能空气加热器和一个干燥柜组成。空气通过鼓风机进入太阳能空气加热器，从那里获得的热空气通过杏子。在每个试验日，从早上到晚上连续记录杏子质量和主要干燥参数的变化。将从数据中获得的干燥曲线拟合到多个数学模型中，并通过多元回归评估干燥空气温度、速度和相对湿度对模型常数和系数的影响，并与之前给出的模型进行比较。对数干燥模型能很好地描述杏的太阳干燥曲线，相关系数(r)为0.994。该模型的常数和系数可以用干燥空气温度、速度和相对湿度的影响来解释，相关系数(r)为1.000。
被引数量	305

六、小结

通过本书选取的5个我国主要优势经济林树种世界论文分析来看(图3-6-1、图3-6-2)，全球范围内，核桃的论文发表量最多，其次枣、杏的论文发表量也较多，5个优势经济林树种国内外均有相关论文，其中核桃和杏的论文国外发表更多一些，油茶和枣的论文中国发表更多一些，板栗的论文发表量国内外相似。从5个树种的世界论文年度分析来看，油茶、板栗、枣和杏4个树种发展历程较为相似，2006年以前世界论文数量不多，2007年以后论文量有所增长并进入持续平稳发展期；核桃从1990年开始论文量一直处于领先状态并持续增长。总体来看，5个树种的世界论文发表活动一直较为平稳。

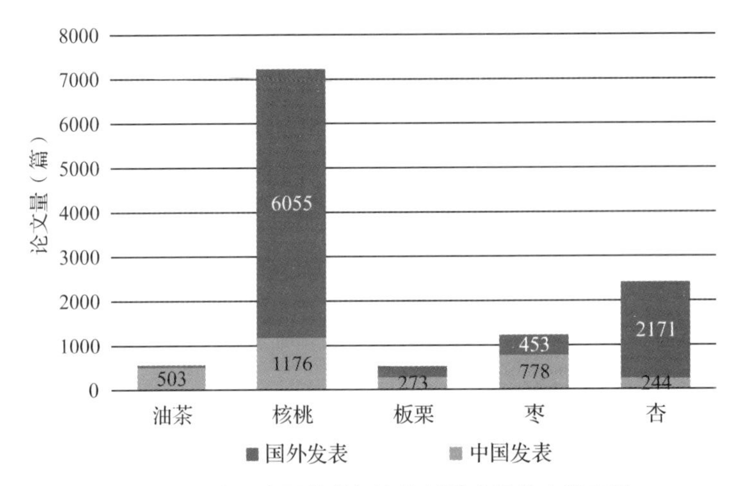

图3-6-1　中国主要优势经济林树种世界论文发表量

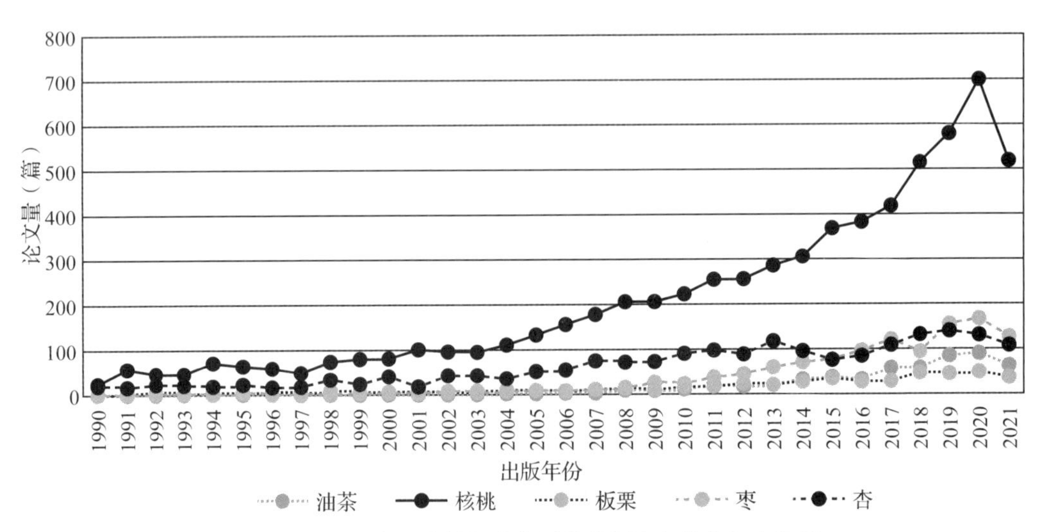

图3-6-2　中国主要优势经济林树种世界论文发表年度分析

世界油茶论文发表主要分布在中国，其次是泰国和美国；论文内容主要涉及油茶及油茶壳皂苷的提取和多糖研究、茶籽油生产和加工、油茶提取物的药物制剂应用、油茶栽培育种技术；从研究侧重点来看，中国更加侧重油茶栽培技术、茶籽油生产和加工以及油茶及油茶壳皂苷的提取和多糖研究；国外油茶论文相对较少，研究内容较分散。油茶相关论文发表实力较强的机构均为中国科研机构和高校，包括中南林业科技大学、中国科学研究院、中国林业科学研究院、安徽农业大学。

世界核桃论文发表主要分布在美国，其次是中国和伊朗；论文内容主要涉及核桃食品饮料的营养研究、核桃提取物的化学应用、核桃提取物的药物应用、核桃栽培技术；从研究侧重点来看，国内外均非常注重核桃食品饮料的营养研究、核桃提取物的化学应用，在此基础上，中国更加侧重核桃栽培技术、核桃果实制备，而国外更加侧重核桃新品种培育的研究；核桃相关论文发表实力较强的国外机构包括美国农业部、美国加利福尼亚大学、法国国家农业食品与环境研究院、欧洲研究型大学联盟、美国普渡大学。

世界板栗论文发表主要分布在中国，其次是美国和日本；论文内容主要涉及板栗组成成分的化学研究、板栗基因组研究、板栗提取物的药物制剂应用研究；从研究侧重点来看，国内外均非常注重板栗基因组研究，在此基础上，中国更加侧重板栗组成成分的化学应用研究，而国外更加侧重板栗栗疫病菌的研究；板栗相关论文发表实力较强的国外机构包括美国农业部、英国生物技术和生物科学研究委员会和 Quadram Institute、美国田纳西大学。

世界枣论文发表主要分布在中国，其次是印度和伊朗；论文内容主要涉及枣类食品的营养研究、枣及枣组成成分的化学研究、枣类提取物用于药物制剂、枣树的栽培技术；从研究侧重点来看，国内外均非常注重枣及枣组成成分的化学研究，在此基础上，中国更加侧重枣栽培技术、枣类食品的营养研究，而国外更加侧重枣类提取物用于药物的研究；枣相关论文发表实力较强的机构均为中国的科研机构，包括西北农林科技大学、中国科学院、中国农业大学、河北农业大学。

世界杏论文发表主要分布在土耳其，其次是中国和西班牙；论文内容主要涉及杏组成成分的研究、杏树基因育种研究、杏提取物的药物制剂应用研究；从研究侧重点来看，国内外均非常注重杏提取物的药物制剂应用研究，在此基础上，中国更加侧重杏的栽培技术、基因育种研究，而国外更加侧重杏及杏组成成分的化学研究；杏相关论文发表实力较强的国外机构包括西班牙高等科学研究理事会、法国国家农业食品与环境研究院、土耳其伊诺努大学、土耳其阿塔图尔克大学、美国加利福尼亚大学。

第四章　中国专利分析

一、油茶

1. 年度分析

截至 2021 年 9 月，中国油茶授权发明专利共 558 件，从授权发明专利的年度分布来看，油茶发明专利的专利活动可以分为 3 个阶段，一是 1994—2010 年，油茶发明专利活动非常不活跃，授权发明仅偶尔出现；二是 2011—2013 年，油茶授权发明专利量快速增加，这可能与我国 2008 年开始实施知识产权战略的政策导向有关；2014 年至今，油茶授权发明专利量呈现较为稳定的小幅波动状态，稳步增长，年度平均授权量为 55 件(图 4-1-1)。

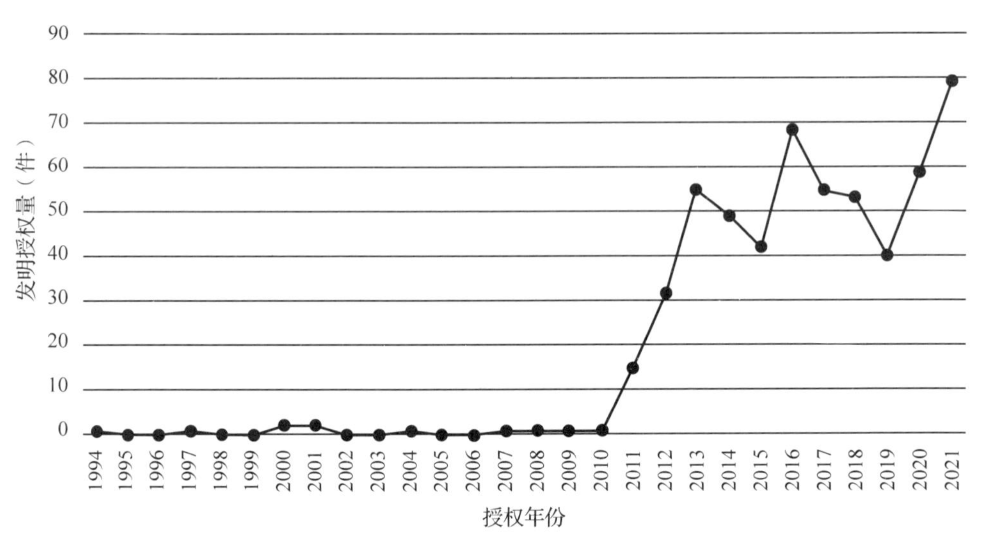

图 4-1-1　中国油茶授权发明专利年度分布

2. 国家地区分析

从专利权人国家来看，中国油茶授权发明均由来自中国的专利权人获得，尚无来自国外的专利权人。

从专利权人省份来看，湖南遥遥领先，油茶授权发明专利164件，占总量的29.39%，其次是浙江(63件，11.29%)、广西(57，10.22%)、江西(49件，8.78%)和安徽(48件，8.60%)。此外，福建、江苏、广东、湖北、贵州、辽宁6省的油茶授权发明专利也在10件以上(图4-1-2)。

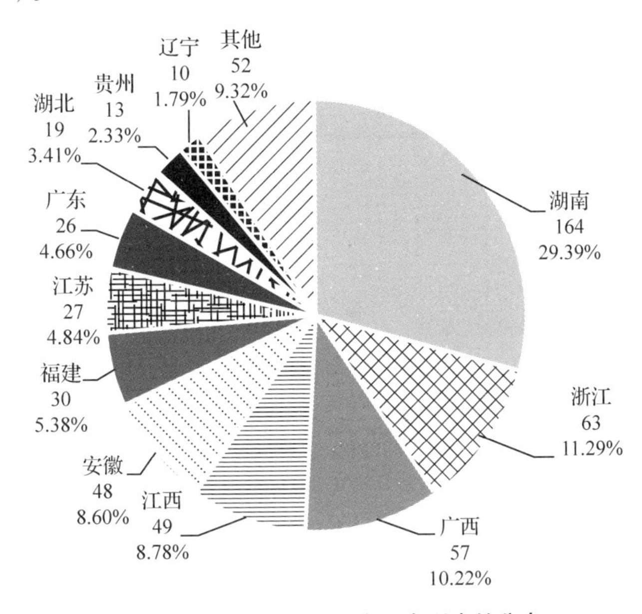

图 4-1-2 中国油茶授权发明专利省份分布

从排名前10位的专利权人省份的年度分布来看，排名前2位的湖南、浙江自2012年以来发明专利量迅速增加，目前专利活动也依然活跃，此外江西、安徽和贵州近年来获得的授权发明专利也较多(图4-1-3)。

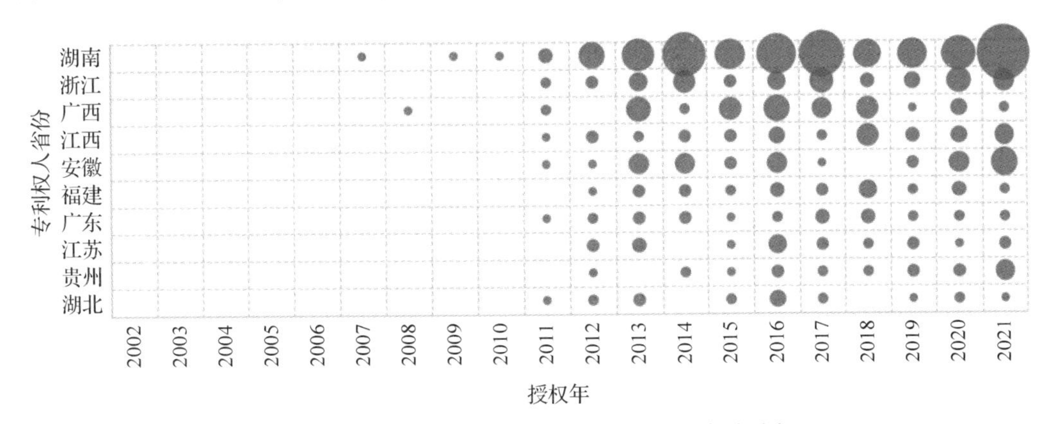

图 4-1-3 中国油茶授权发明专利主要省份年度分析

3. 技术分类分析

通过IPC分类进行技术分类分析表明，中国油茶授权发明中，栽培技术(A01G)专利量最多，共131件，占总量的24.30%，其次是脂肪物质和香料的生产、精制和保藏

(C11B)、糖类及其衍生物(C07H)、甾族化合物(C07J)，技术类别占比均在10%以上。排名前10位的IPC技术分类还包括医用和梳妆用配置品、肥料、收获机械、去皮装置、药物制剂的特定治疗活性、播种施肥、植物体或其局部的保存、杀生剂等，详情见表4-1-1。

表4-1-1 中国油茶授权发明的主要IPC分类

排名	IPC小类	IPC释义	数量	百分比(%)
1	A01G	园艺；果树栽培	131	24.30(%)
2	C11B	生产、精制或保藏脂、脂肪物质如脂油；香精油；香料	70	12.99(%)
3	C07H	糖类及其衍生物	60	11.13(%)
4	C07J	甾族化合物	56	10.39(%)
5	A61K	医用、牙科用或梳妆用的配制品	48	8.91(%)
6	C05G	肥料	40	7.42(%)
7	A23N	收获机械或装置；蔬菜或水果去皮	35	6.49(%)
8	A61P	化合物或药物制剂的特定治疗活性	35	6.49(%)
9	A01C	种植；播种；施肥	33	6.12(%)
10	A01N	人体、动植物体或其局部的保存；杀生剂；害虫驱避剂或引诱剂；植物生长调节剂	31	5.75(%)

从IPC分类的授权年度分布来看(图4-1-4)，油茶各技术领域的发展速度相对平稳。

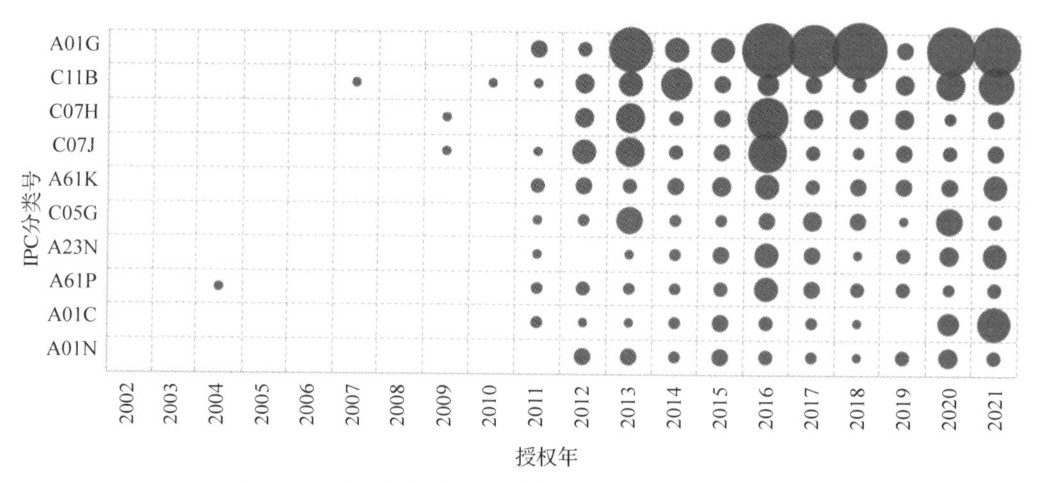

图4-1-4 中国油茶授权发明的主要IPC分类年度分布

4. 专利权人分析

中国获得油茶授权发明专利最多的专利权人是中南林业科技大学，40件，其次是个人专利权人管天球(28件)、广西壮族自治区林业科学研究院(27件)、中国林业科学研究院亚热带林业研究所(18件)、浙江省林业科学研究院(12件)和湖南省林业科学院(11件)，排名前10位的专利权人见表4-1-2。

表 4-1-2　中国油茶授权发明主要专利权人

排名	专利权人	授权发明量
1	中南林业科技大学	40
2	管天球	28
3	广西壮族自治区林业科学研究院	27
4	中国林业科学研究院亚热带林业研究所	18
5	浙江省林业科学研究院	12
6	湖南省林业科学院	11
7	江西农业大学	8
7	湖南科技学院	8
9	广西师范大学	7
10	安徽新荣久农业科技有限公司	6
10	湖南文理学院	6
10	苏州大学	6
10	江南大学	6
10	浙江大学	6

主要专利权人年度授权量分析表明(图 4-1-5)，排名前 3 位的中南林业科技大学、广西壮族自治区林业科学研究院和个人申请人管天球的发明专利申请主要集中在 2013—2018 年，且这期间均呈现较明显的申请量增长。中国林业科学研究院亚热带林业研究所、湖南省林业科学院、江西农业大学和湖南文理学院近年来油茶发明专利研发较为活跃。

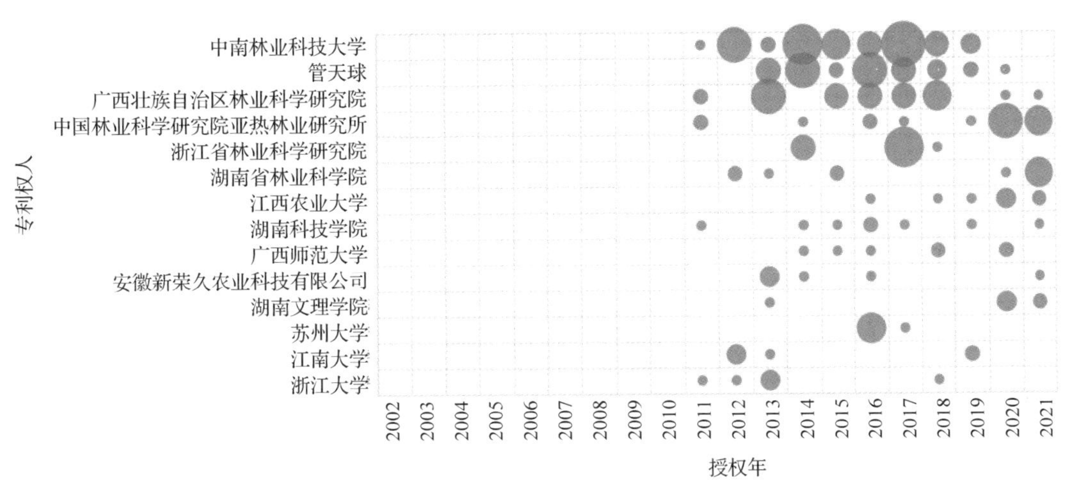

图 4-1-5　中国油茶授权发明主要专利权人年度授权量分析

主要专利权人的技术分布分析表明(图 4-1-6)，中南林业科技大学主要侧重于油茶病虫害(A01N)，个人申请人管天球和广西壮族自治区林业科学研究院侧重于油茶栽培技术(A01G)。

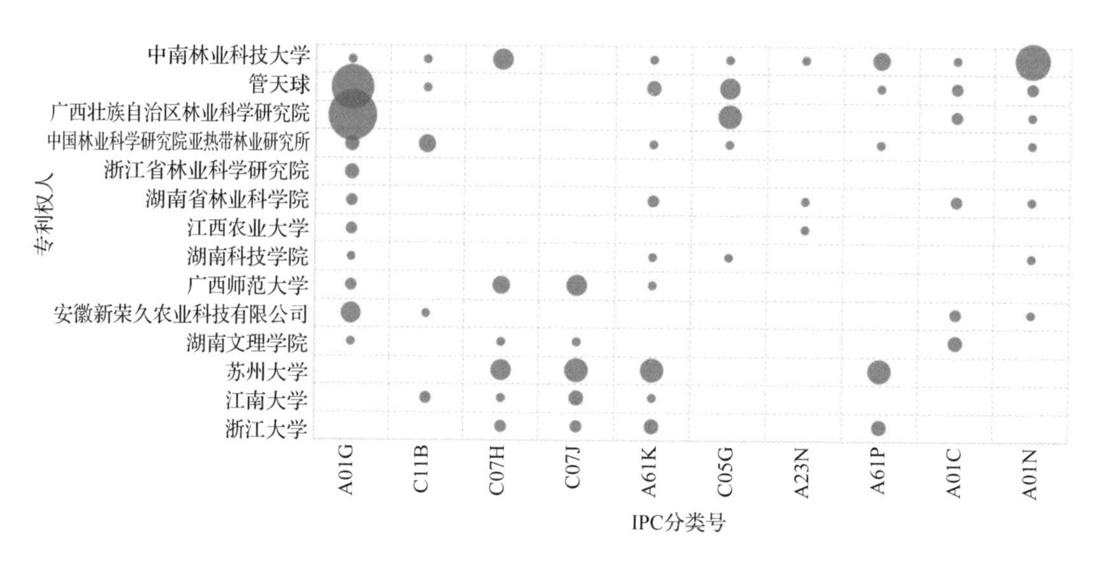

图 4-1-6　中国油茶授权发明主要专利权人技术分布

5. 发明人分析

油茶授权发明专利的发明人分析表明(表 4-1-3)，排名第 1 的是管天球(29 件)，其次是姚小华、王东雪、江泽鹏、叶航、张乃燕、梁国校，油茶发明专利量均在 10 件以上。排名第 1 的是管天球，男，1950 年 5 月出生，湖南新田县人，曾任湖南科技学院校长、党委书记，现任中国林业产业联合会油茶协会副理事长兼秘书长，教授。排名第 2 的是姚小华，男，1962 年 1 月出生，中国林业科学研究院亚林所经济林研究室主任，研究员，长期从事经济林培育与利用技术研究，主要研究油茶等木本油料树种培育与利用技术。排名第 3 的是王东雪，女，广西壮族自治区林业科学研究院油茶研究所副所长，正高级工程师，是广西壮族自治区林业科学研究院油茶研究团队核心成员。

表 4-1-3　中国油茶授权发明主要发明人

排名	发明人	授权发明量	排名	发明人	授权发明量
1	管天球	29	8	夏莹莹	9
2	姚小华	18	8	曾雯珺	9
3	王东雪	17	8	王开良	9
4	江泽鹏	16	8	陈国臣	9
5	叶航	12	8	陈林强	9
5	张乃燕	12	8	陈永忠	9
7	梁国校	11	8	马力	9

发明人的年度授权量分析表明(图 4-1-7)，姚小华和王开良近年来的油茶专利活动十分活跃。

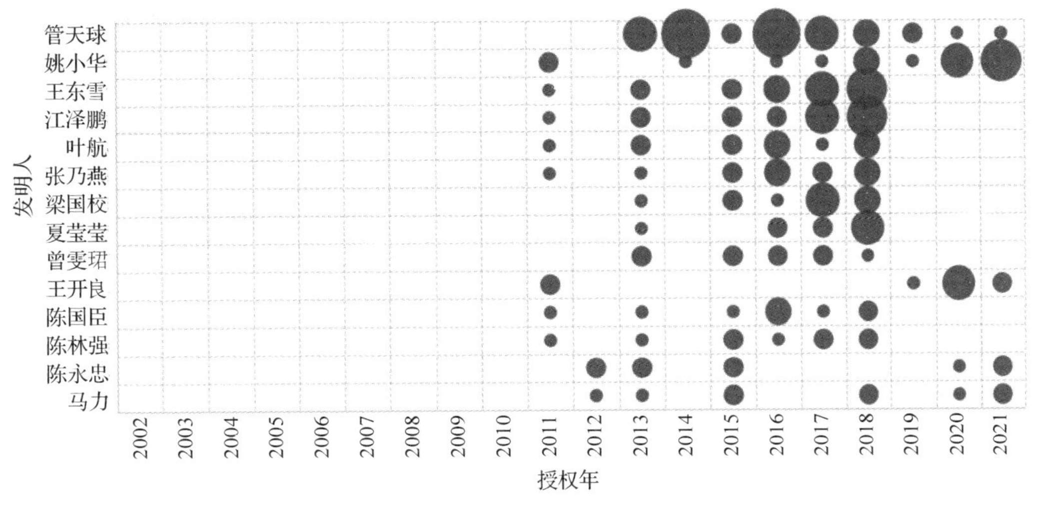

图 4-1-7　中国油茶授权发明主要发明人年度分布

6. 文本聚类分析

利用智慧芽文本聚类分析工具，首先进行中文分词预处理，过滤出常见的停止单词和短语，然后依赖于后缀树聚类(Suffix Tree Clustering)算法进行文本聚类。通过文本聚类进行技术主题分析表明，油茶授权发明的技术主题主要包括油茶籽、油茶果、油茶籽油、茶皂素、油茶饼粕、油茶树、油茶果壳、油茶林、种植方法等(图 4-1-8)。

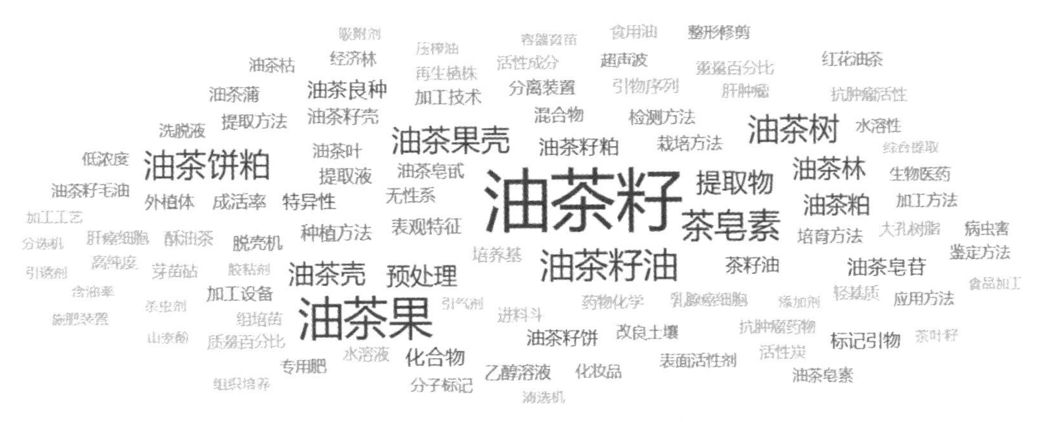

图 4-1-8　中国油茶授权发明文本聚类分析

7. 高被引专利分析

高被引专利更具影响力并代表着某技术领域的核心创新技术。中国油茶授权发明专利被引次数排名前 3 的高被引专利详情见表 4-1-4。

表 4-1-4　中国油茶授权发明高被引专利

1. 油茶籽油物理低温冷榨技术新工艺	
公开号	CN100355872C
申请日	2006-03-27

（续）

授权日	2007-12-19
专利权人	郴州邦尔泰苏仙油脂有限公司
发明人	阳冬云；曹万新；沈善登；冯敏；蒋子凡；孙桂芳
摘要	本发明涉及一种油茶籽油物理低温冷榨技术新工艺，其工艺步骤包括将采集后的油茶球果晒干、破壳、低温贮存后熟、选籽、清理、剥壳分离、轧胚、冷榨、多重过滤、吸附脱色制得成品茶油。该工艺方法简便易行，压榨过程不丧失油中的营养成分，活性物质及茶油本身的香味；精炼过程不产生二次污染；得到的压榨茶籽油，呈现油色清亮的外观色泽，优于 CB11765-2003 一级压榨茶籽油标准。
被引数量	9
2. 一种中压柱快速分离油茶饼粕中黄酮苷的制备方法	
公开号	CN101899070B
申请日	2010-07-19
授权日	2013-06-05
专利权人	中国林业科学研究院林产化学工业研究所
发明人	王成章；陈虹霞；叶建中；周昊；原姣姣
摘要	本发明公开了一种中压柱快速分离油茶饼粕中黄酮苷的制备方法，包括以下步骤：将茶籽脱壳破碎，用非极性溶性脱脂，再用乙醇水溶液进行提取，过滤浓缩得到粗提物浸膏，通过中压柱快速分离得到90%以上的黄酮苷混合物，进一步采用高效液相色谱制备，得到95%以上的黄酮苷单体，分别为山柰酚 3-O-[2-O-β-D-半乳糖-6-O-α-L-鼠李糖]-β-D-葡萄糖苷(Ⅰ)和山柰酚 3-O-[2-O-β-D-木糖-6-O-α-L-鼠李糖]-β-D-葡萄糖苷(Ⅱ)。该方法可用于批量量制备，为油茶饼粕中黄酮苷药物和保健功能产品开发提供了优质原料。
被引数量	8
3. 一种消除油茶籽油中苯并芘的方法	
公开号	CN102524428B
申请日	2011-11-29
授权日	2013-06-12
专利权人	广西壮族自治区林业科学研究院
发明人	黎贵卿；关继华；陆顺忠；邱米；苏骊华
摘要	一种消除油茶籽油中苯并芘的方法，以苯并芘超标的油茶籽油毛油为原料，通过脱胶、脱酸、水洗、吸附、脱臭精炼工序，特别是吸附剂的选择与控制，使原苯并芘超标的油茶籽油达到消除或降低到国家标准控制的指标。本发明简单易行，能显著降低油茶籽油中苯并芘含量，且不需添加额外的精炼设备。
被引数量	7

二、核桃

1. 年度分析

截至 2021 年 9 月，中国核桃授权发明专利共 778 件，从授权发明专利的年度分布来看，核桃发明专利活动可以分为 3 个阶段，一是 1993—2010 年，核桃发明专利活动非常不活跃，授权发明仅偶尔出现；二是 2011—2015 年，核桃授权发明专利量快速增加；2016 年至今，核桃授权发明专利量呈现较为稳定的小幅波动状态，年度平均授权量为 79 件(图 4-2-1)。

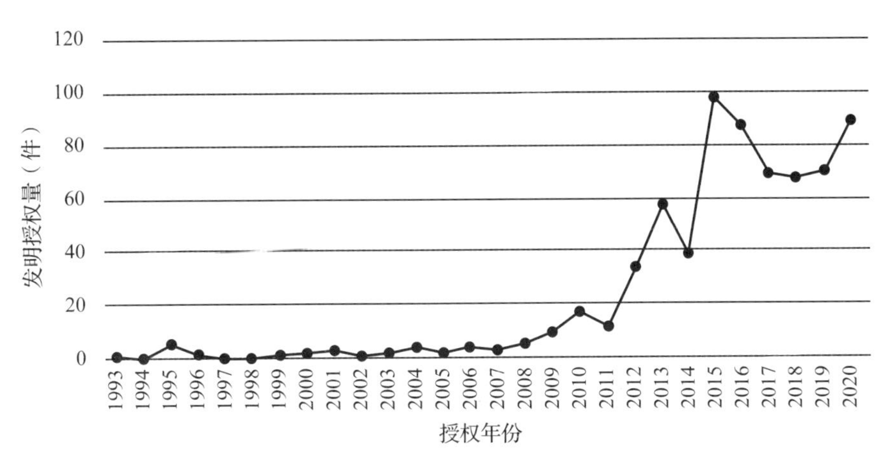

图 4-2-1　中国核桃授权发明专利年度分布

2. 国家地区分析

从专利权人国家来看，中国核桃授权发明均由来自中国的专利权人获得，尚无来自国外的专利权人。

从专利权人省份来看，云南的授权发明专利量最多，共 97 件，占总量的 12. 47%，其次是山东(64 件，8. 23%)、新疆(61，7. 84%)、江苏(51 件，6. 56%)和陕西(51 件，6. 56%)。此外，山西、河北、浙江、四川、安徽、北京 6 省的核桃授权发明专利也在 30 件以上(图 4-2-2)。

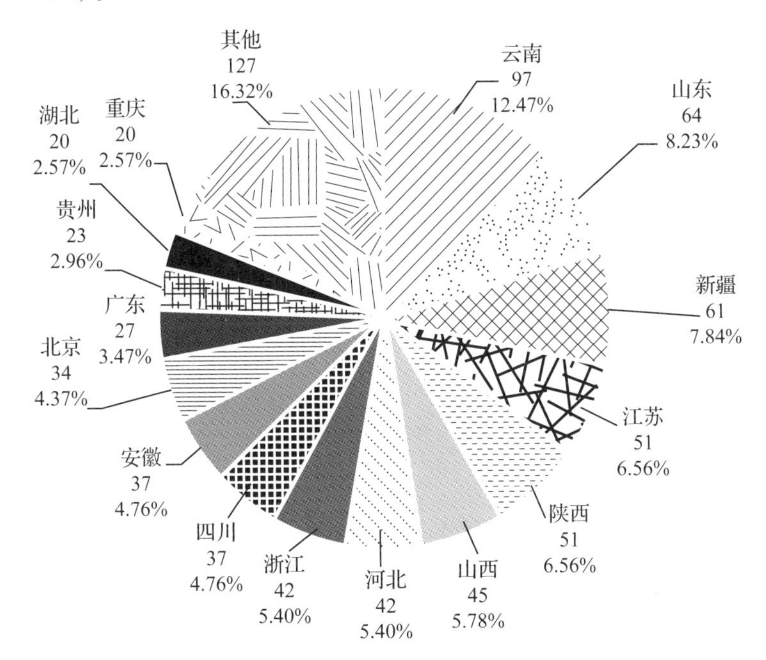

图 4-2-2　中国核桃授权发明专利省份分布

从排名前 10 位的专利权人省份的年度分布来看，各省份自 2012 年以来专利量迅速增加，目前核桃专利活动也依然活跃；近年来，新疆、云南、山东和浙江的核桃专利活动尤其活跃(图 4-2-3)。

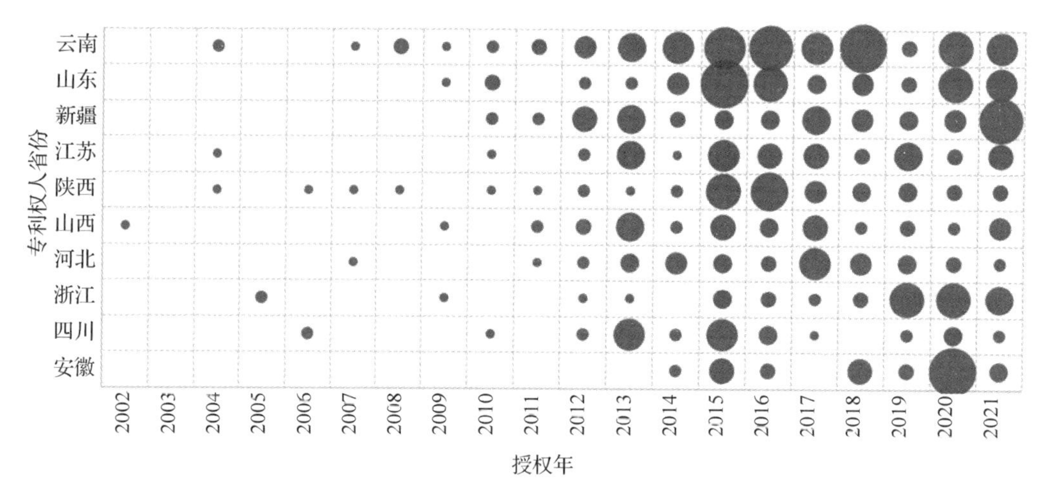

图 4-2-3　中国核桃授权发明专利主要省份年度分析

3. 技术分类分析

通过 IPC 分类进行技术分类分析表明，中国核桃授权发明中，核桃收获和去壳设备(A23N)的专利量最多，共 154 件，占总量的 22. 45%，其次是核桃食品饮料的制备和处理(A23L)、核桃栽培(A01G)、医用和梳妆用配制品(A61K)，这些技术类别占比均在 10%以上。排名前 10 位的 IPC 技术分类还包括化合物或药物制剂的特定治疗活性，乳制品及其制备，微生物或酶等，详情见表 4-2-1。

表 4-2-1　中国核桃授权发明的主要 IPC 分类

排名	IPC 小类	IPC 释义	数量	百分比
1	A23N	收获机械或装置；蔬菜或水果去皮	154	22. 45%
2	A23L	食品、食料或非酒精饮料，及其制备或处理	148	21. 57%
3	A01G	园艺；果树的栽培	104	15. 16%
4	A61K	医用、牙科用或梳妆用的配制品	70	10. 20%
5	A61P	化合物或药物制剂的特定治疗活性	53	7. 73%
6	A23C	乳制品及其制备	46	6. 71%
7	C12N	微生物或酶；变异或遗传工程	29	4. 23%
8	A47J	厨房用具；咖啡磨；香料磨；饮料制备装置	28	4. 08%
9	C05G	肥料的混合物	27	3. 94%
10	C11B	生产脂肪物质；香精油；香料	27	3. 94%

从 IPC 分类的授权年度分布来看(图 4-2-4)，核桃各技术领域的发展速度相对平稳。

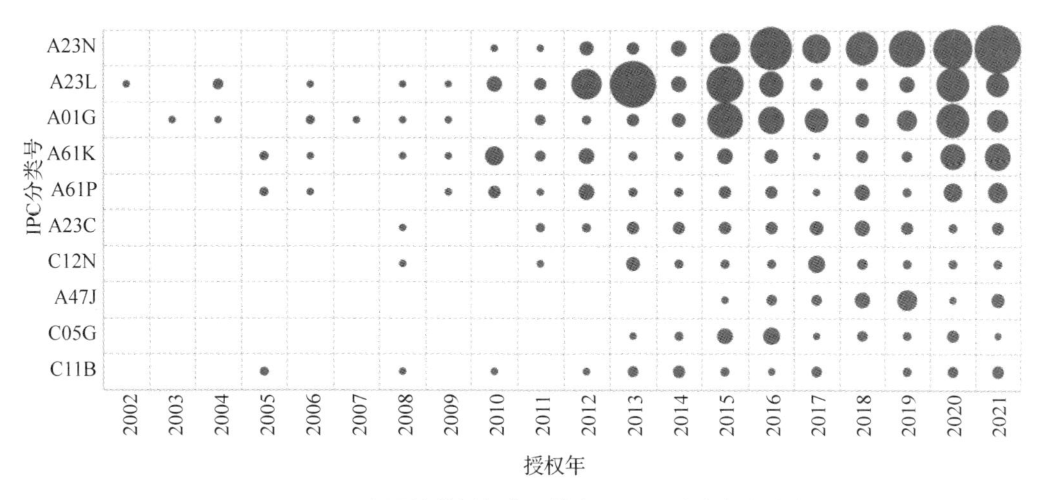

图 4-2-4 中国核桃授权发明的主要 IPC 分类年度分布

4. 专利权人分析

中国获得核桃授权发明专利最多的专利权人是昆明理工大学，17 件，其次是新疆农业大学(16 件)，青岛理工大学(14 件)、陕西科技大学(13 件)、塔里木大学(11 件)，排名前 10 位的专利权人见表 4-2-2。

表 4-2-2 中国核桃授权发明主要专利权人

排名	专利权人	授权发明量
1	昆明理工大学	17
2	新疆农业大学	16
3	青岛理工大学	14
4	陕西科技大学	13
5	塔里木大学	11
6	新疆农业科学院农业机械化研究所	9
7	山东省林业科学研究院	8
7	广元棒仁食品科技股份有限公司	8
9	江南大学	7
9	贵州大学	7

主要专利权人年度授权量分析表明(图 4-2-5)，近年来塔里木大学、江南大学和山东省林业科学研究院的核桃专利活动相对活跃。

主要专利权人的技术分布分析表明(图 4-2-6)，昆明理工大学主要侧重于微生物或酶(C12N)，新疆农业大学、青岛理工大学、陕西科技大学、塔里木大学、新疆农业科学院农业机械化研究所均侧重于核桃收获和去壳皮设备(A23N)。

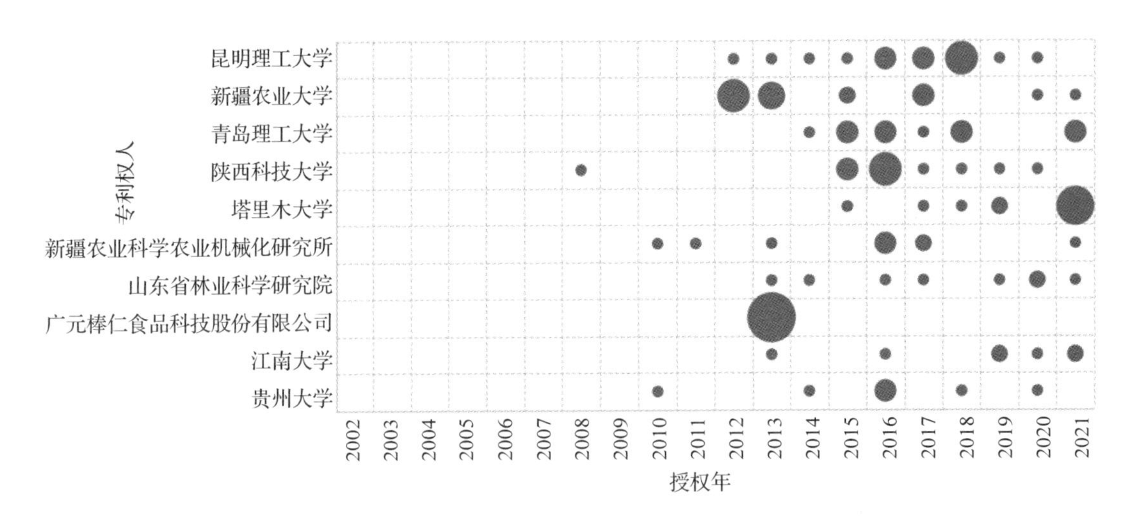

图 4-2-5　中国核桃授权发明主要专利权人年度授权量分析

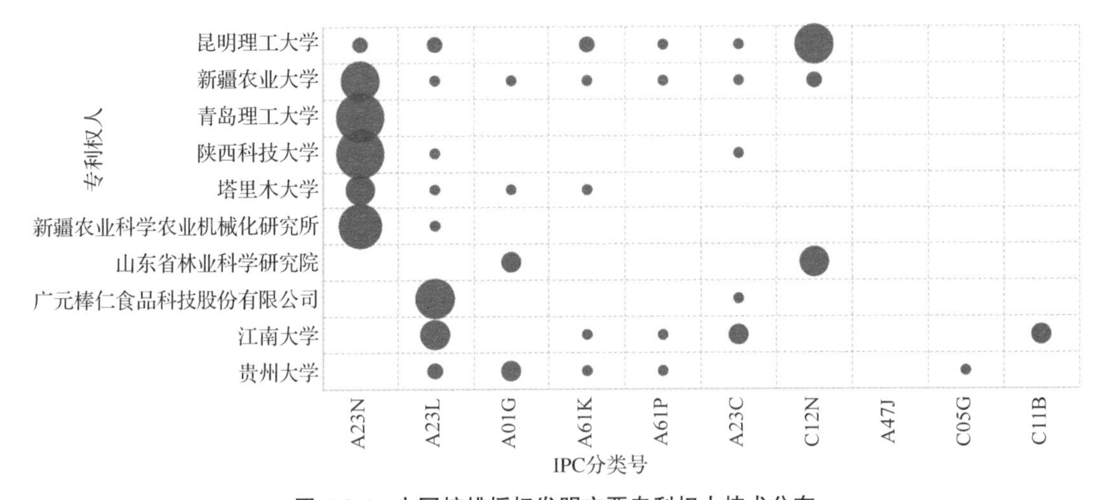

图 4-2-6　中国核桃授权发明主要专利权人技术分布

5. 发明人分析

核桃授权发明专利的发明人分析表明(表 4-2-3)，排名第 1 的是李长河(15 件)，其次是陈朝银(10 件)、刘明政(9 件)、张彦彬(9 件)。排名第 1 的是李长河，男，山东省高校机械设计与制造重点实验室主任，青岛理工大学副校长，教授，博士生导师，山东优秀发明家，主要从事磨削与精密加工、高速超高速加工以及数字化制造等方面的研究工作，涉及的核桃相关专利主要是核桃分选和去壳装置。排名第 2 的是陈朝银，男，博士，教授，昆明理工大学生物资源开发工程中心主任、生物工程系主任，涉及的核桃相关专利主要是分子生物学以及基因工程相关技术研究。排名并列第 3 的刘明政和张彦彬均为青岛理工大学李长河团队人员，刘明政是青岛理工大学助理研究员，张彦彬是教授和硕士生导师，研究领域包括绿色磨削与精密加工、智能制造与高端装备、智能农机。

表 4-2-3　中国核桃授权发明主要发明人

排名	发明人	授权发明量	排名	发明人	授权发明量
1	李长河	15	5	李忠新	8
2	陈朝银	10	5	葛锋	8
3	刘明政	9	9	刘佳	7
3	张彦彬	9	9	刘迪秋	7
5	史建新	8	9	杨莉玲	7
5	尹宏飚	8	9	郑甲红	7

发明人的年度授权量分析表明(图 4-2-7)，青岛理工大学李长河团队近年来的核桃专利活动十分活跃。

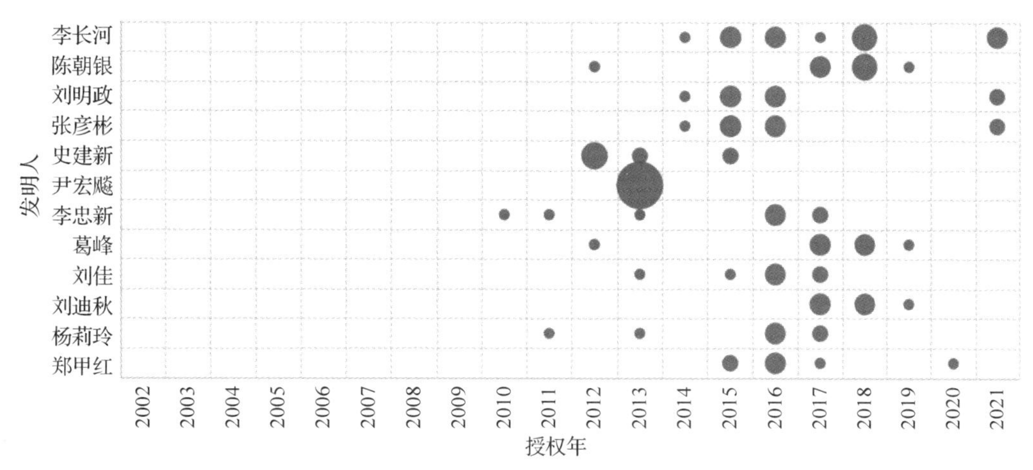

图 4-2-7　中国核桃授权发明主要发明人年度分布

6. 文本聚类分析

通过文本聚类进行技术主题分析表明，核桃授权发明专利的技术主题主要包括核桃仁、核桃壳、核桃青皮、核桃油、核桃树、核桃乳、破壳装置、核桃粉、核桃粕、加工技术、农业机械、成活率、食品加工、提取物、核桃蛋白、核桃肽等(图 4-2-8)。

图 4-2-8　中国核桃授权发明文本聚类分析

7. 高被引专利分析

中国核桃授权发明专利被引次数排名前3的高被引专利详情见表4-2-4。

表4-2-4 中国核桃授权发明高被引专利

1. 核桃降血压活性肽及其制备方法与应用	
公开号	CN103103244B
申请日	2013-02-22
授权日	2014-12-03
专利权人	北京市农林科学院
发明人	郝艳宾；陈永浩；齐建勋；吴春林；董宁光
摘要	本发明公开了核桃降血压活性肽及其制备方法与应用。所述方法包括将核桃蛋白变性后用蛋白酶酶解，收集核桃肽；将所述核桃肽经分子量分级后脱苦，获得核桃降血压活性肽；所述变性采用微波结合超声波的处理方式，使核桃蛋白适度变性，提高了核桃蛋白水解程度，增加了核桃肽得率，提高了制备效率；所述脱苦是在分子量分级后进行的，使降血压活性较高的肽段得到富集。本发明方法获得的核桃肽具有明确的体内和体外降血压活性，并用β-环状糊精有效掩盖了苦味，容易吸收，感官品质良好，可广泛地应用到功能食品、保健品、食品添加剂中。
被引数量	12
2. 一种核桃乳酸菌发酵饮料的制备方法	
公开号	CN102630999B
申请日	2012-05-08
授权日	2013-04-10
专利权人	北京林业大学
发明人	任迪峰；王子娜；周杏子；鲁军；高菲
摘要	本发明公开了一种具有高抗氧化活性的核桃乳酸菌发酵饮料及其制备方法。所述发酵饮料是以脱脂核桃粕为原料经乳酸菌发酵而成，具体工艺流程是将脱脂核桃粕打浆成核桃乳，经均质、杀菌、冷却后接入乳酸菌进行发酵，其中发酵采用的菌种为保加利亚乳杆菌和嗜热链球菌的混合菌种，经过多次驯化过程适合纯核桃乳发酵体系。本发明富含植物蛋白和乳酸菌，具有较高抗氧化活性，是一种兼具核桃和乳酸菌发酵食品双重优点的发酵型天然植物蛋白饮料，可应用于功能食品或营养保健制品领域。
被引数量	3
3. 制备高精氨酸核桃肽的方法	
公开号	CN103109971B
申请日	2013-03-04
授权日	2014-09-10
专利权人	四川省均易润泽食品有限公司
发明人	史劲松；谢治国；钱建瑛；陆震鸣；李恒
摘要	本发明属于食品加工领域，涉及一种制备高精氨酸核桃肽的方法。本发明要解决的技术问题是提供一种高精氨酸核桃肽的制备方法。本发明的技术方案是高精氨酸核桃肽的制备方法，包括如下步骤：a. 冷榨；b. 磨浆；c. 酶解；d. 浓缩。本发明方法所制得的核桃肽中精氨酸含量超过氨基酸总量的12%，在喷雾干燥后得到的肽粉中含量达到800mg/100g，为核桃类产品的加工提供了新选择。
被引数量	3

（续）

4. 具有抗癌活性的核桃素及其制备方法和应用	
公开号	CN101456797B
申请日	2007-12-13
授权日	2012-07-04
专利权人	中国科学院兰州化学物理研究所
发明人	邸多隆；柳军玺；黄新异
摘要	本发明公开了一种具有抗癌活性的核桃素及其制备方法和应用。核桃素为二芳基庚烷类化合物，具有 $C_{20}H_{24}O_4$ 的分子式，化学结构式用式(I)表示。通过体内外药理活性研究表明该化合物具有较强的抗癌活性，有望开发以核桃素为原料的抗癌新药。
被引数量	3

三、板栗

1. 年度分析

截至 2021 年 9 月，中国板栗授权发明专利共 351 件，从授权发明专利的年度分布来看，板栗发明专利活动可以分为 4 个阶段，一是 1992—1999 年，板栗发明专利活动非常不活跃，授权发明仅偶尔出现；二是 2000—2009 年，板栗授权发明专利量逐渐增加；三是 2010—2015 年，板栗授权发明专利量快速增加；四是 2016 年至今，板栗授权发明专利量呈现较为稳定的小幅波动状态，年度平均授权量为 28 件(图 4-3-1)。

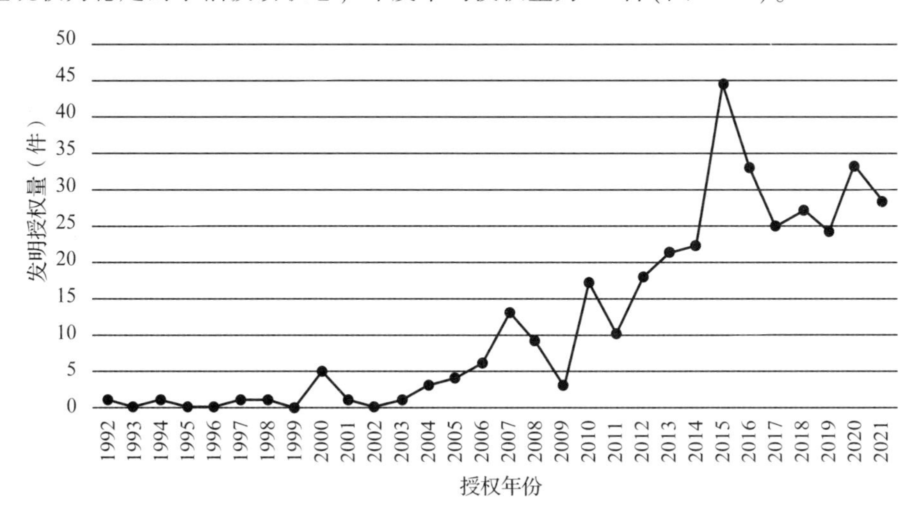

图 4-3-1 中国板栗授权发明专利年度分布

2. 国家地区分析

从专利权人国家来看，中国板栗授权发明均由来自中国的专利权人获得，尚无来自国外的专利权人。

从专利权人省份来看，河北的授权发明专利量最多，共 64 件，占总量的 18.60%，其次是北京(42 件，12.21%)、江苏(41 件，11.92%)。此外，安徽、浙江、湖北、山东、辽宁、广西、陕西、福建 8 省的板栗授权发明专利在 10 件以上(图 4-3-2)。

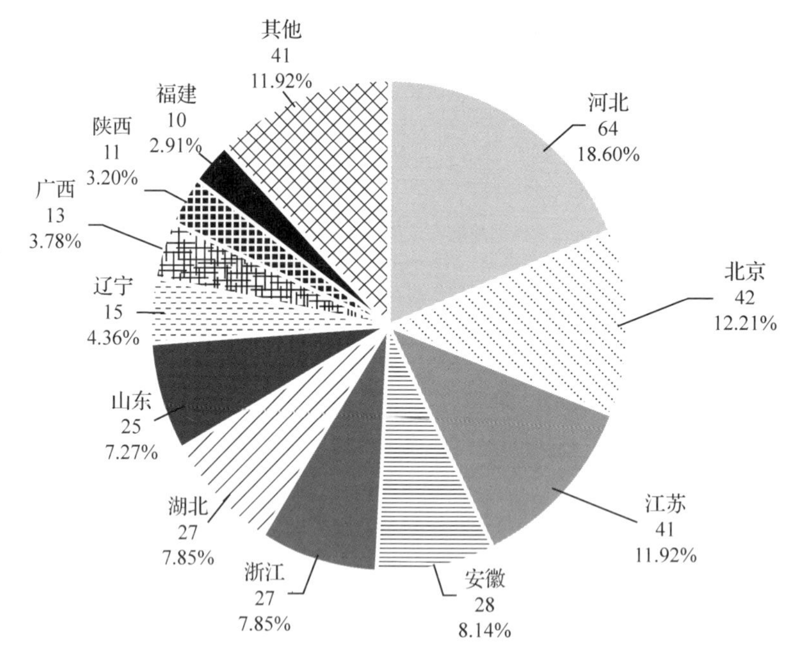

图 4-3-2 中国板栗授权发明专利省份分布

从排名前 10 位的专利权人省份的年度分布来看，排名前 7 的省份自 2012 年以来专利量迅速增加，目前板栗专利活动也依然活跃(图 4-3-3)。

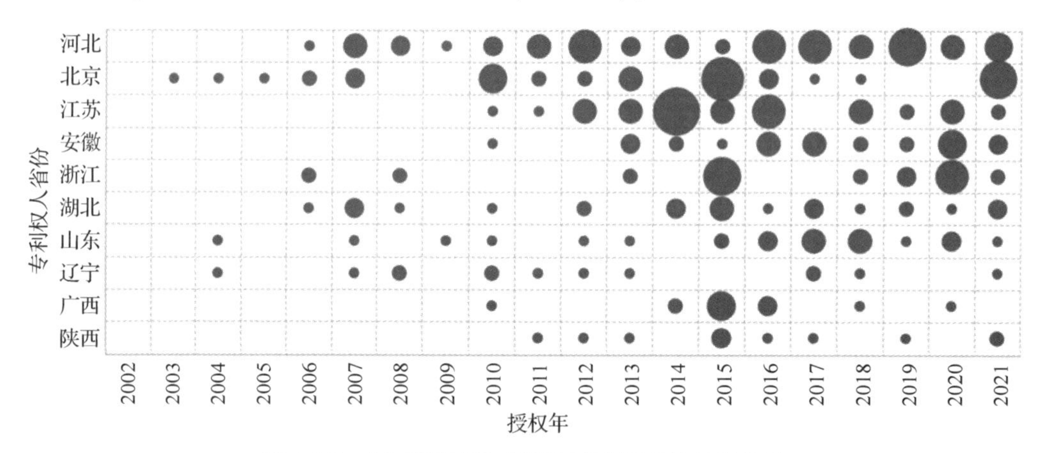

图 4-3-3 中国板栗授权发明专利主要省份年度分析

3. 技术分类分析

通过 IPC 分类进行技术分类分析表明，中国板栗授权发明中，板栗食品的制备、处理和保存(A23L)，板栗收获和去壳设备(A23N)2 个技术分类的专利量最多，分别为 90 件和 85 件，占总量的 28.85%和 27.24%，其次是板栗栽培(A01G)，板栗的化学催熟、保存、催熟(A23B)，医用和梳妆用配制品(A61K)，化合物或药物制剂的特定治疗活性(A61P)，酒精饮料的制备(C12G)，这些技术类别占比均在5%以上。排名前10位的IPC技术分类详情见表4-3-1。

表4-3-1　中国板栗授权发明的主要IPC分类

排名	IPC小类	IPC释义	数量	百分比(%)
1	A23L	食品、食料或非酒精饮料，及其制备、处理和保存	90	28.85
2	A23N	收获机械或装置；蔬菜或水果去皮	85	27.24
3	A01G	园艺；果树栽培；	32	10.26
4	A23B	水果或蔬菜的化学催熟、保存、催熟	25	8.01
5	A61K	医用、牙科用或梳妆用的配制品	19	6.09
6	A61P	化合物或药物制剂的特定治疗活性	16	5.13
6	C12G	酒精饮料的制备	16	5.13
8	A01D	收获；割草	10	3.21
8	C12N	微生物或酶；变异或遗传工程	10	3.21
10	A01C	种植；播种；施肥	9	2.88
10	A01N	人体、动植物体或其局部的保存；杀生剂；害虫驱避剂或引诱剂；植物生长调节剂	9	2.88
10	C12Q	包含酶、核酸或微生物的测定或检验方法	9	2.88
10	G01N	借助于测定材料的化学或物理性质来测试或分析材料	9	2.88

从IPC分类的授权年度分布来看(图4-3-4)，近年来，板栗收获和去壳设备(A23N)这一技术领域的专利量遥遥领先。

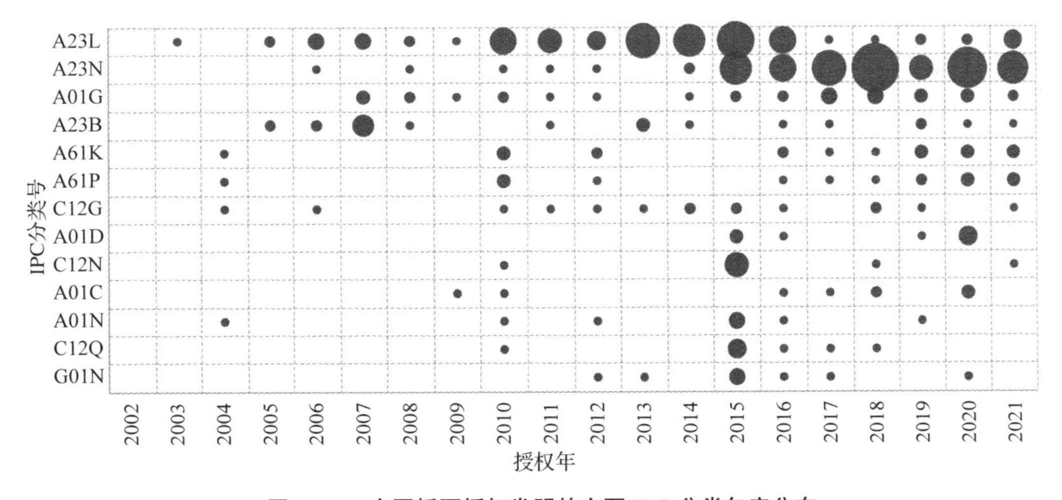

图4-3-4　中国板栗授权发明的主要IPC分类年度分布

4. 专利权人分析

中国获得板栗授权发明专利最多的专利权人是河北科技师范学院，14件，其次是个人申请人黄巧玲(10件)，徐州绿之野生物食品有限公司(8件)、广西大学(7件)、北京农学院(6件)，排名前10位的专利权人见表4-3-2。

表4-3-2 中国板栗授权发明主要专利权人

排名	专利权人	授权发明量
1	河北科技师范学院	14
2	黄巧玲	10
3	徐州绿之野生物食品有限公司	8
4	广西大学	7
5	北京农学院	6
6	中国农业大学	5
6	陕西科技大学	5
6	江南大学	5
6	河北省农林科学院昌黎果树研究所	5
6	中国科学院沈阳应用生态研究所	5

主要专利权人年度授权量分析表明(图4-3-5)，排名第1的河北科技师范学院近年来的专利活动较为持续和活跃。

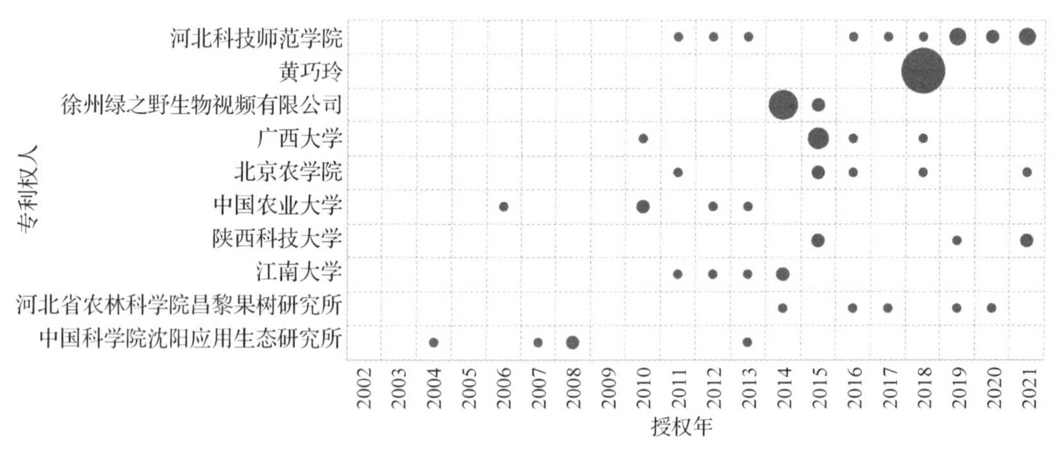

图4-3-5 中国板栗授权发明主要专利权人年度授权量分析

主要专利权人的技术分布分析表明(图4-3-6)，河北科技师范学院侧重于板栗提取物相关药物制剂(A61K、A61P)，以及板栗相关食品的制备、处理和保存(A23L)，个人申请人黄巧玲侧重于板栗的收获和去壳的装置(A23N)，徐州绿之野生物食品有限公司侧重于板栗相关食品的制备、处理和保存(A23L)。

5. 发明人分析

板栗授权发明专利的发明人分析表明(表4-3-3)，并列排名第一的是王同坤(10件)和黄巧玲(10件)，其次是张志年(8件)、常学东(7件)、杨越冬(7件)。排名第一的王同坤，教授，硕士研究生导师，曾任河北科技师范学院校长，主要从事果树方面的教学和科研工作，专利主要涉及板栗相关提取物的药物制剂应用。并列排名第一的黄巧玲，专利主要涉及板栗烘焙机，其绝大部分板栗授权发明专利均已转让给企业。排名第三的张志年，

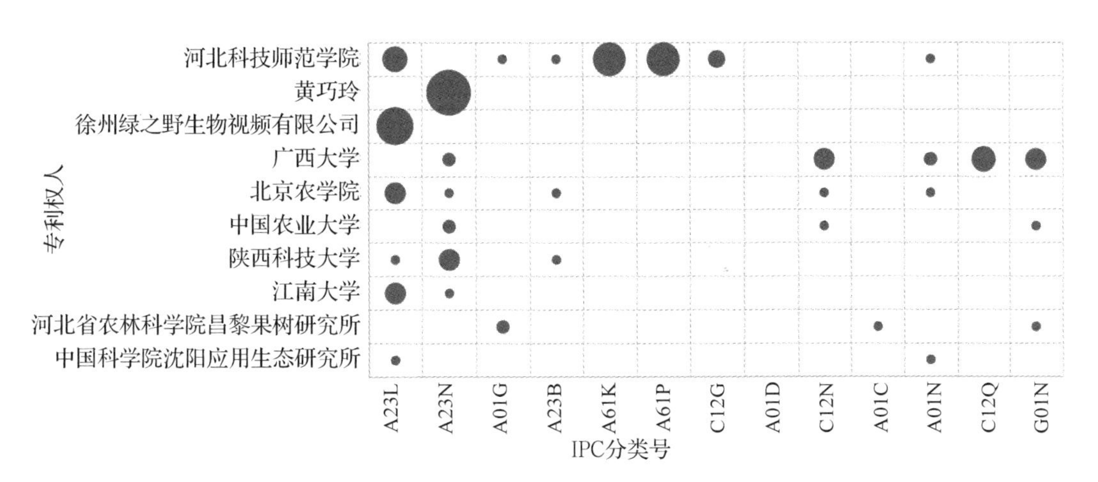

图 4-3-6　中国板栗授权发明主要专利权人技术分布

徐州绿之野生物食品有限公司法定代表人，专利主要涉及板栗食品制备和加工。

表 4-3-3　中国板栗授权发明主要发明人

排名	发明人	授权发明量	排名	发明人	授权发明量
1	王同坤	10	5	张奎昌	6
1	黄巧玲	10	5	秦岭	6
3	张志年	8	8	姚姿婷	5
4	常学东	7	8	张树航	5
4	杨越冬	7	8	王广鹏	5
5	安立春	6	8	陈保善	5

发明人的年度授权量分析表明(图 4-3-7)，河北科技师范学院王同坤和杨越冬(河北科技师范学院副校长)团队近年来的板栗专利活动十分活跃。

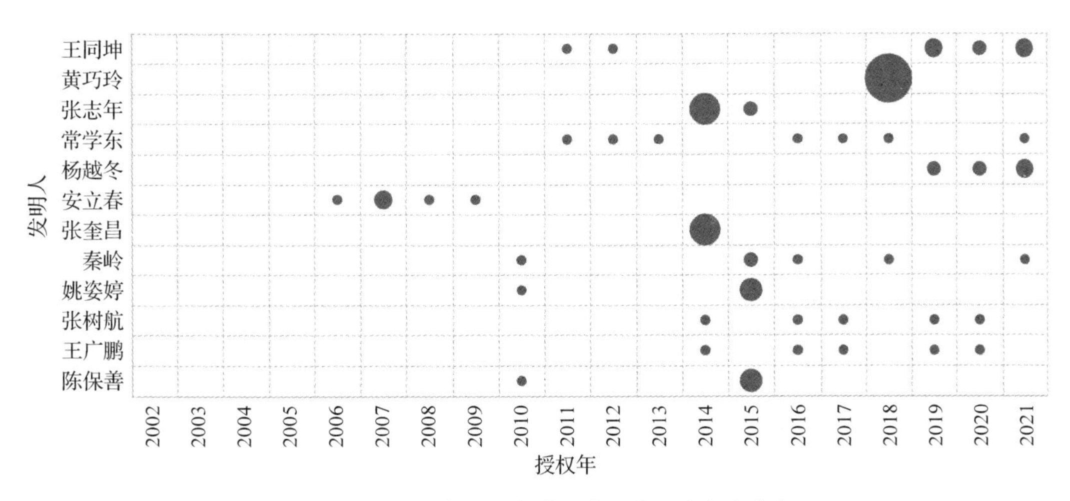

图 4-3-7　中国板栗授权发明主要发明人年度分布

6. 文本聚类分析

通过文本聚类进行技术主题分析表明，板栗授权发明专利的技术主题主要包括板栗壳、加工方法、出料口、板栗机、提取物、传送带、过滤件、加工工艺、营养价值、营养成分、保鲜方法、剥壳机等(图 4-3-8)。

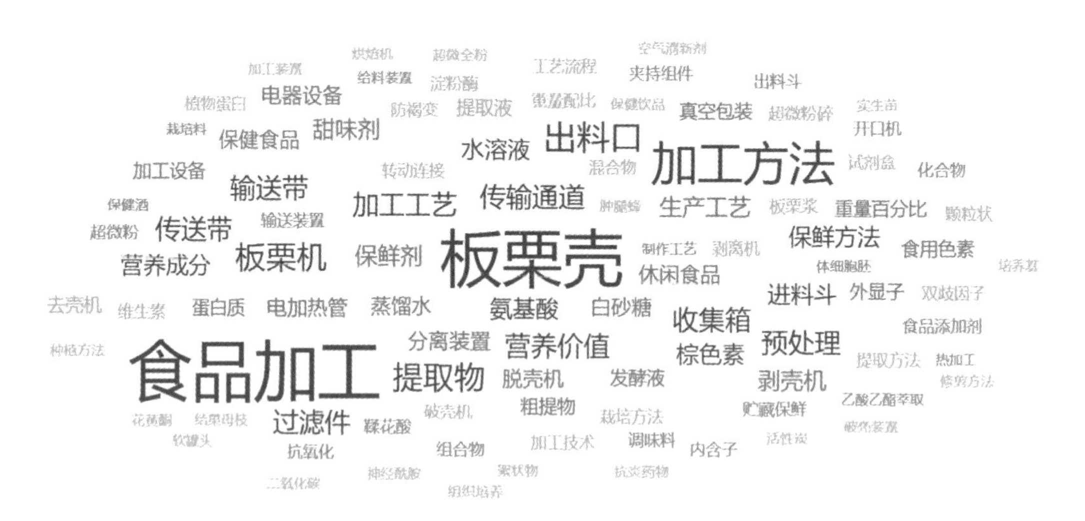

图 4-3-8　中国板栗授权发明文本聚类分析

7. 高被引专利分析

中国板栗授权发明专利被引次数普遍不高，被引 3 次以上的专利仅 2 件，专利详情见表 4-3-4。

表 4-3-4　中国板栗授权发明高被引专利

1. 板栗脱壳机	
公开号	CN1059550C
申请日	1998-04-14
授权日	2000-12-20
专利权人	浙江大学
发明人	郑传祥
摘要	一种板栗脱壳机，由分级筛选机、外壳切割机、膨化室、研磨去壳机、壳衣仁分离机组成。原料板栗经分级后，经外壳切割，在膨化室内经一定的温度、压力和时间作用，泄压膨化，使板栗壳衣与仁分离，再经研磨去掉经膨化未脱壳衣的板栗，最后进行壳衣与仁分离脱出后分类。本发明采用多根切割刀在外壳切割机内切割原料板栗，切割速度快，切割刀数多，经膨化及研磨去壳脱出栗仁干净率可达98%，设备简单，脱壳效率高，成本低，操作方便。
被引数量	8
2. 手动板栗去壳机	
公开号	CN105455157B
申请日	2016-01-22

（续）

授权日	2017-08-25
专利权人	黄河科技学院
发明人	郭会娟；张永涛；李秀芬；王瑞利；张燕燕；何春霞
摘要	手动板栗去壳机，包括底座和刀具，底座左右两端部分别设有三角状的左支撑板和右支撑板，左支撑板和右支撑板顶部分别设有圆柱状的左固定座和右固定座；左固定座右侧转动设有第一连杆，第一连杆右端固定连接圆柱状套筒，套筒内部中空且右端敞口，套筒内部由左向右依次设有压缩弹簧、第一活塞、滚珠和第二活塞，压缩弹簧两端分别与套筒内部底板和第一活塞左侧面顶压配合，滚珠分别与第一活塞右侧面和第二活塞左侧面紧压配合；第三连杆右端穿过右固定座并设有手柄。本发明设计合理、结构简单、易于操作，生产制作成本低适合大批量生产和推广，能够快速方便去除板栗外壳，特别是适合家庭使用。
被引数量	3

四、枣

1. 年度分析

截至 2021 年 9 月，中国枣授权发明专利共 1097 件，从授权发明专利的年度分布来看，枣发明专利活动可以分为 4 个阶段，一是 1990—2002 年，枣发明专利活动非常不活跃，授权发明仅偶尔出现；二是 2003—2010 年，枣授权发明专利量逐渐增加；三是 2011—2015 年，枣授权发明专利量快速增加；四是 2016 年至今，枣授权发明专利量呈现较为稳定的小幅波动状态，年度平均授权量为 76 件(图 4-4-1)。

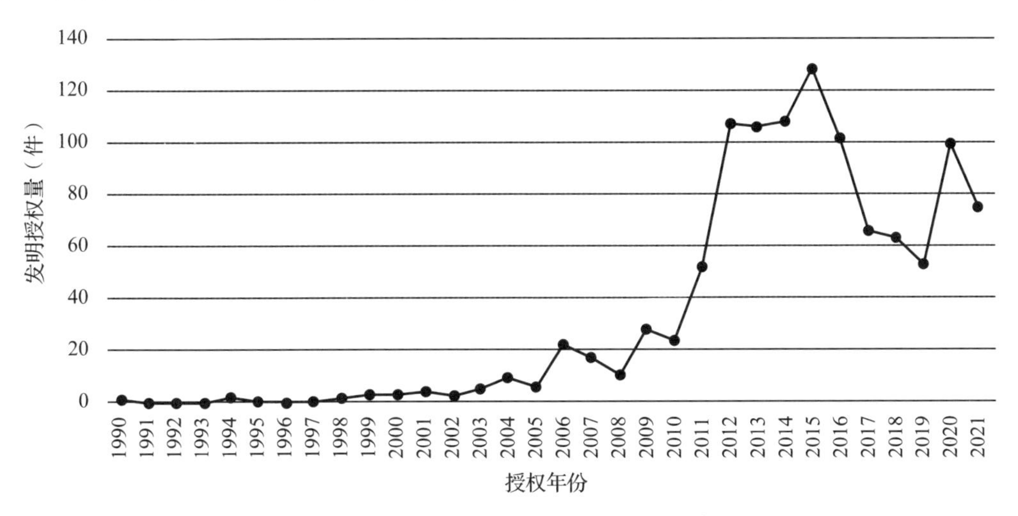

图 4-4-1　中国枣授权发明专利年度分布

2. 国家地区分析

从专利权人国家来看，中国枣授权发明专利基本由来自中国的专利权人获得，外来申请仅有来自专利权人阿拉伯联合酋长国大学获得授权发明专利 1 件。

从专利权人省份来看，山东的授权发明专利量最多，共144件，占总量的14.05%，其次是新疆(107件，10.44%)、山西(103，10.05%)、河北(83件，8.10%)、江苏(80件，7.80%)、陕西(80件，7.80%)。此外，河南、安徽、北京、浙江、湖南5省(直辖市)的枣授权发明专利在30件以上(图4-4-2)。

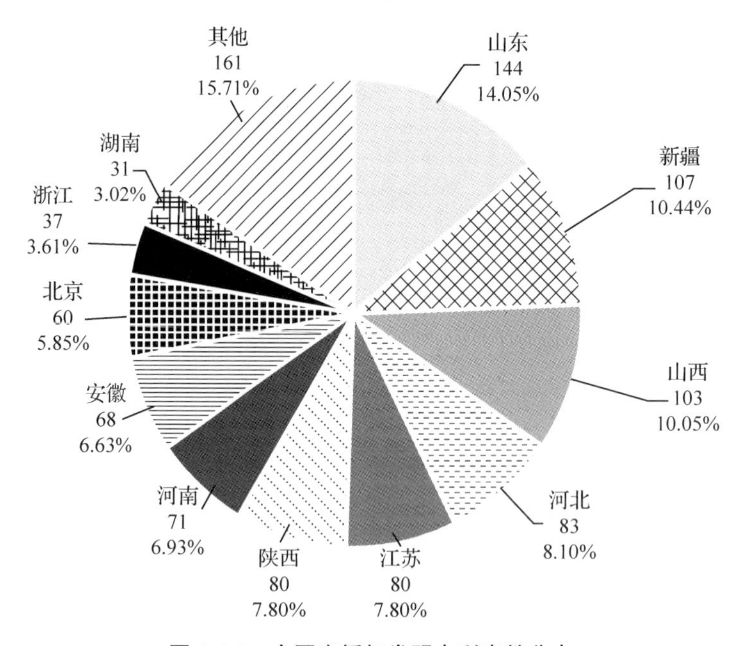

图4-4-2 中国枣授权发明专利省份分布

从排名前10位的专利权人省份的年度分布来看，自2012年以来各省专利量迅速增加，目前专利活动也依然活跃，特别是山东和新疆(图4-4-3)。

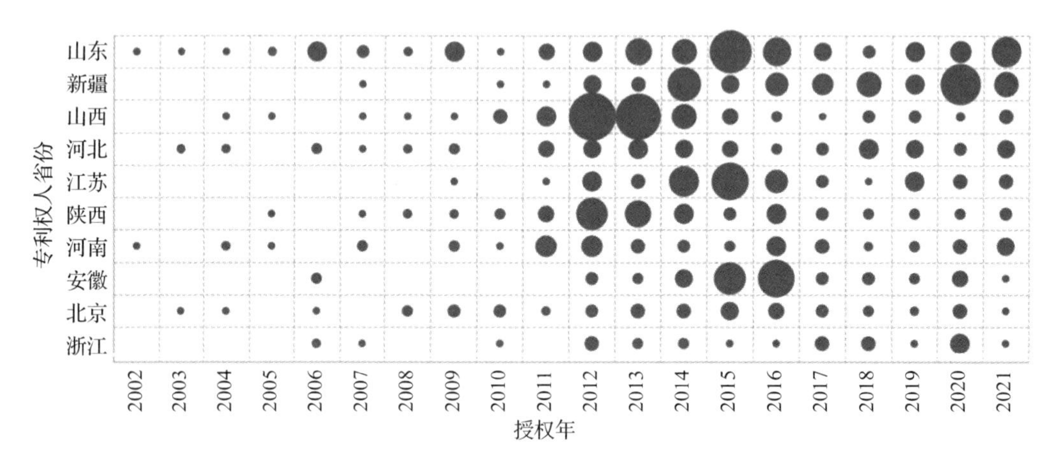

图4-4-3 中国枣授权发明专利主要省份年度分析

3. 技术分类分析

通过IPC分类进行技术分类分析表明，中国枣授权发明中，枣类食品的制备、处理和保存(A23L)这一技术分类专利量最多，为 323 件，其次是枣树栽培(A01G)、医用和梳妆用配制品(A61K)2 个技术分类，占比均在 10%以上。排名前 10 位的 IPC 技术分类详情见表 4-4-1。

表 4-4-1　中国枣授权发明的主要 IPC 分类

排名	IPC 小类	IPC 释义	数量	百分比
1	A23L	食品、食料或非酒精饮料，及其制备、处理和保存	323	30.70%
2	A01G	园艺；果树栽培	122	11.60%
3	A61K	医用、牙科用或梳妆用的配制品	112	10.65%
4	C12G	酒精饮料的制备	99	9.41%
5	A61P	化合物或药物制剂的特定治疗活性	89	8.46%
6	A23N	收获机械或装置；蔬菜或水果去皮	80	7.60%
7	C12R	微生物	72	6.84%
8	A23F	茶的制造、配制或泡制	54	5.13%
9	A23B	水果或蔬菜的化学催熟、保存、催熟	53	5.04%
10	A01D	收获；割草	48	4.56%

从 IPC 分类的授权年度分布来看(图 4-4-4)，近年来，排名前 10 位的各技术分类发展相对均衡。

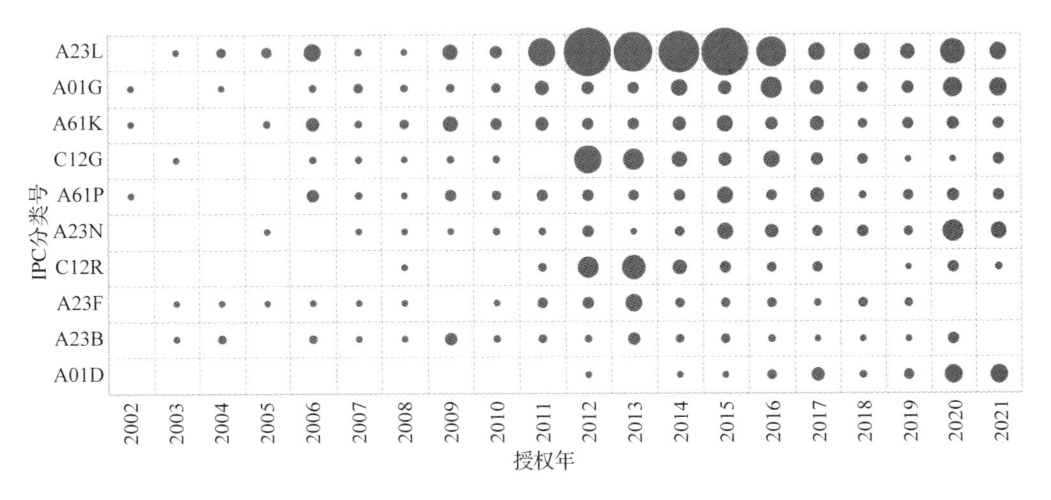

图 4-4-4　中国枣授权发明的主要 IPC 分类年度分布

4. 专利权人分析

中国获得枣授权发明专利最多的专利权人是塔里木大学，40 件，其次是陕西科技大学(27 件)，太原市汉波食品工业有限公司(26 件)、河北农业大学(24 件)，排名前 10 位的专利权人见表 4-4-2。

表 4-4-2 中国枣授权发明主要专利权人

排名	专利权人	授权发明量
1	塔里木大学	40
2	陕西科技大学	27
3	太原市汉波食品工业有限公司	26
4	河北农业大学	24
5	新疆农垦科学院	12
6	中国农业大学	10
6	安徽金禾粮油集团有限公司	10
6	新疆农业大学	10
9	西北大学	9
9	石聚彬	9
9	陕西师范大学	9

主要专利权人年度授权量分析表明(图 4-4-5)，排名第 1 的塔里木大学近年来的专利活动较为持续和活跃。

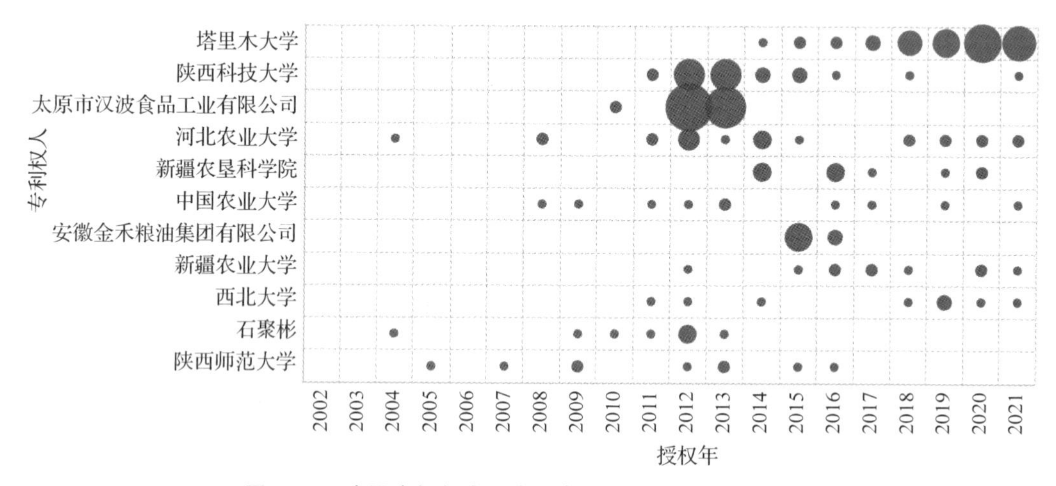

图 4-4-5 中国枣授权发明主要专利权人年度授权量分析

主要专利权人的技术分布分析表明(图 4-4-6)，塔里木大学侧重于枣树栽培(A01G)；陕西科技大学侧重于枣相关食品的制备、处理和保存(A23L)以及枣的收获和去壳的装置(A23N)；太原市汉波食品工业有限公司侧重枣相关食品的制备、处理和保存(A23L)，枣相关酒精饮料的制备(C12G)以及基于微生物方法的枣类发酵(C12R)。

5. 发明人分析

枣授权发明专利的发明人分析表明(表 4-4-3)，并列排名第 1 的是马强(35 件)，其次是刘孟军(22 件)、石聚彬(15 件)、石聚领(13 件)、许牡丹(12 件)。排名第 1 的马强，山西汉波食品股份有限公司董事长兼总经理，专利主要涉及红枣饮料的制备。排名第 2 的刘孟军，河北农业大学教授，博士生导师，主要研究方向为枣组学、分子育种、现代栽培

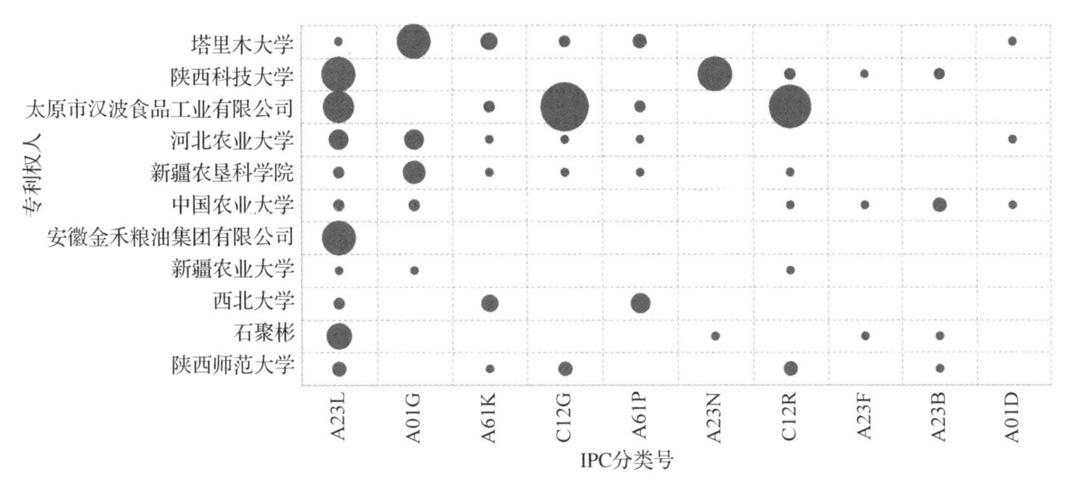

图 4-4-6　中国枣授权发明主要专利权人技术分布

技术及果品营养与功能食，专利主要涉及枣树病虫害防治。排名第三的石聚彬，好想你健康食品股份有限公司董事长。

表 4-4-3　中国枣授权发明主要发明人

排名	发明人	授权发明量	排名	发明人	授权发明量
1	马强	35	6	冯霖	11
2	刘孟军	22	6	康振奎	11
3	石聚彬	15	8	毛跟年	10
4	石聚领	13	8	罗华平	10
5	许牡丹	12	8	陈少金	10

发明人的年度授权量分析表明(图 4-4-7)，河北农业大学的刘孟军、塔里木大学的罗华平，近年来的枣专利活动十分活跃。

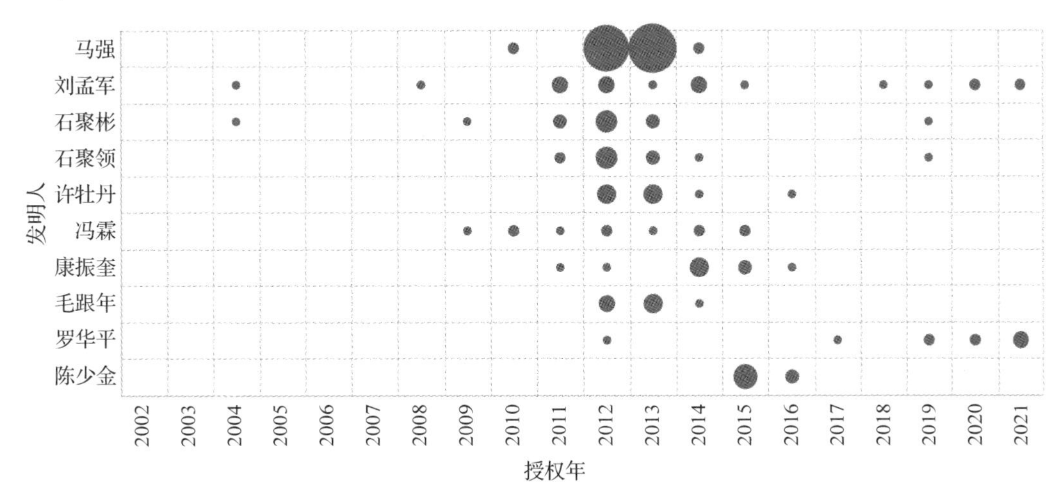

图 4-4-7　中国枣授权发明主要发明人年度分布

6. 文本聚类分析

通过文本聚类进行技术主题分析表明，枣授权发明专利的技术主题主要包括加工方法、生产工艺、红枣汁、食品加工、提取物、维生素、红枣酒、营养成分、保健食品、红枣粉、保健饮料、保鲜方法、栽培方法、发酵液、微晶纤维素等(图 4-4-8)。

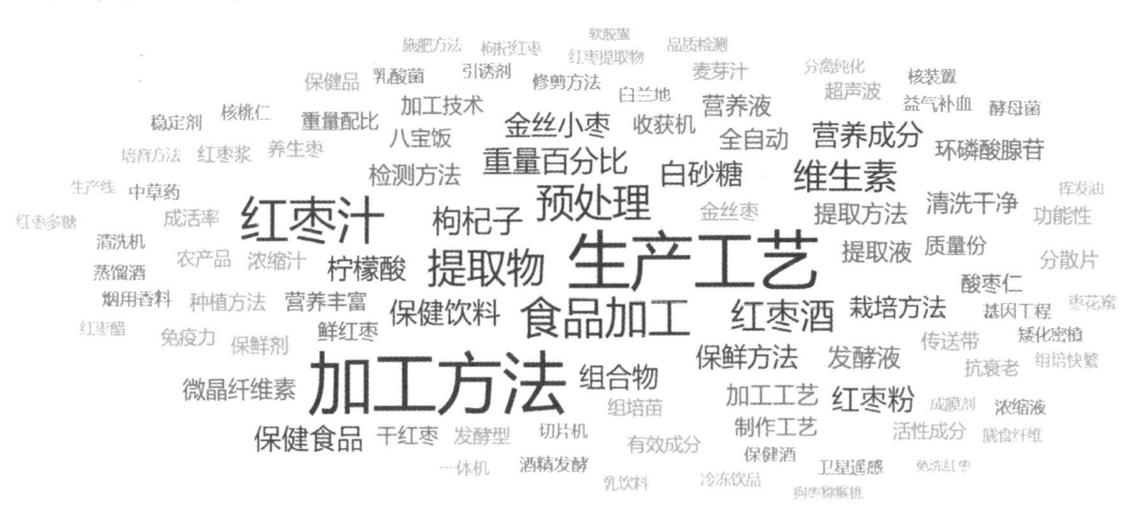

图 4-4-8　中国枣授权发明文本聚类分析

7. 高被引专利分析

中国枣授权发明专利被引次数排名前 3 的高被引专利详情见表 4-4-4。

表 4-4-4　中国枣授权发明高被引专利

1. 分离式红枣收获机	
公开号	CN104170586B
申请日	2014-08-22
授权日	2016-04-20
专利权人	安新辉
发明人	安新辉
摘要	本发明公开了分离式红枣收获机，包括驱动设备、离心风机、筛网箱和盛果箱，所述驱动设备与所述离心风机的叶轮连接，所述离心风机的进风口与所述筛网箱出风口连接，所述捡拾管与所述筛网箱上的捡拾管口连接，所述筛网箱与所述盛果箱连通，所述筛网箱内筛网倾斜设置，所述筛网底部边沿位于所述筛网箱与所述盛果箱连通处下方，所述出风口和所述捡拾管口位于所述盛果箱连通处上方。本发明分离式红枣收获机，实现了落地枣到商品枣的过度，净果率达到 95%以上，省去了人工筛选的中间环节；具有不堵捡拾管口、离心风机叶轮及进风风口优点，不需停机检修、清理，工作效率提高，是其他收获机的 2~5 倍。
被引数量	6
2. 一种花生红衣枣茶及其生产方法	
公开号	CN1050269C

（续）

申请日	1995-12-15
授权日	2000-03-15
专利权人	潍坊华鸢食品有限公司
发明人	秦寰勋；张启铭；曹克学；赵锡平；王兴海；李桂峰；姜桂荣
摘要	花生红衣枣茶涉及非酒精饮料及其制备方法，它包含有花生红衣的水萃取液、胡萝卜浆液、山楂浆液、大枣浆液、白糖蜂蜜液和花生素液。在本发明中，以花生壳、茎、叶为原料，运用食品生物工程发酵，制备花生素液，以花生红衣为原料，用萃取方法制备花生红衣的水萃取液，从而减少了原料制备过程中营养成分的耗失，提高了有效成分的得率。饮用花生红衣枣茶，能降低血压，促进血红蛋白、血小板的生长能力、提高人体的免疫功能、增进食欲、改善睡眠、增强体质。
被引数量	6

3. 红枣白酒的制备方法

公开号	CN101649278B
申请日	2007-04-24
授权日	2012-07-04
专利权人	北京市科威华食品工程技术有限公司
发明人	温凯；姚自奇
摘要	本发明公开了红枣果酒、红枣白酒及其制备方法，属于酿酒科学与技术领域。红枣果酒采用发酵与浸泡技术相结合的生产工艺制成，主要由以下步骤组成：1. 酿造红枣发酵酒；2. 制备红枣浸泡酒；3. 调配红枣果酒。红枣白酒采用固态发酵技术制成。本发明制造方法的特点在于原料枣经烘烤，产生浓郁的枣香味；浸泡酒的酒基采用食用酒精和本发明的红枣白酒；红枣白酒的辅料采用高粱、谷糠和稻壳。本发明红枣果酒、红枣白酒酒性温和，枣香浓郁，醇柔甜润，风味独特，保留了红枣的营养价值及药用价值，易于人体全面吸收。
被引数量	4

4. 红枣羊奶粉及其制备方法

公开号	CN100506055C
申请日	2006-07-27
授权日	2009-07-01
专利权人	陕西师范大学
发明人	张富新
摘要	一种红枣羊奶粉，在100重量份的羊奶中加入红枣20~45、蔗糖2.5、三聚磷酸钠或焦磷酸钠0.04~0.10重量份制成。其制备方法包括浸提红枣汁、制备混合料、杀菌、真空浓缩和喷雾干燥工艺步骤。本发明红枣羊奶粉根据营养互补，风味协调的原则，将羊奶的营养和红枣的滋补作用有机结合，应用螯合技术解决了生产过程中蛋白质沉淀和奶粉溶解性较差的问题。本发明红枣羊奶粉具有浓郁的羊奶风味和红枣香味，在人们享用羊奶丰富营养的同时，亦获得一定的食疗滋补作用。采用本发明方法制备的红枣羊奶粉按照国家标准经过感官检测、理化指标检测、卫生指标检测，检测结果表明本发明红枣羊奶粉符合GB 5412-85《全脂加糖奶粉》中的各项指标要求。
被引数量	4

5. 一种从枣中分离提取环核苷酸糖浆、膳食纤维和枣蜡的方法

公开号	CN1175758C
申请日	2002-09-25

（续）

授权日	2004-11-17
专利权人	河北农业大学
发明人	刘孟军；王向红；崔同
摘要	本发明是一种从枣中分离提取环核苷酸糖浆、膳食纤维和枣蜡的方法，系将成熟枣的果肉干燥后冷却、粉碎，然后用乙醇提取，醇提残渣蒸干后制成枣膳食纤维粉；醇提取液先浓缩回收乙醇，再用有机溶剂萃取，分离出枣蜡；萃余液浓缩制成枣环核苷酸糖浆。本发明的方法实现了按枣的活性成分和理化性能开发出多种产品的目的，生产出新型的功能性保健膳食纤维以及适用于老、弱、病、妇等人群的环核苷酸高果糖浆滋补佳品。
被引数量	4

五、杏

1. 年度分析

截至 2021 年 9 月，中国杏授权发明专利共 334 件，从授权发明专利的年度分布来看，杏发明专利活动可以分为 3 个阶段，一是 1991—1999 年，杏发明专利活动非常不活跃，授权发明仅偶尔出现；二是 2000—2013 年，杏授权发明专利量逐渐增加，特别是 2011 年以来迅猛增长；三是 2014 年至今，杏授权发明专利量呈现较为稳定的小幅波动状态，年度平均授权量为 22 件(图 4-5-1)。

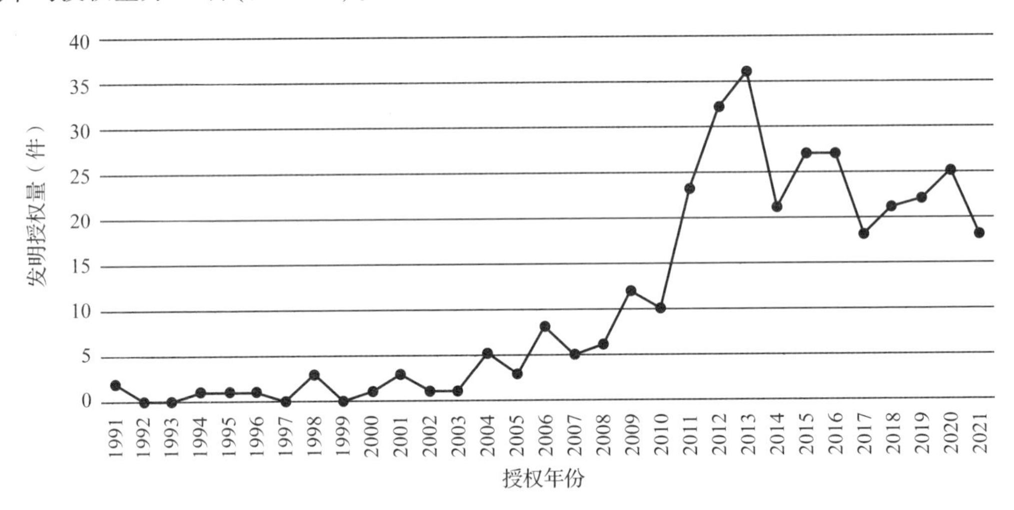

图 4-5-1 中国杏授权发明专利年度分布

2. 国家地区分析

从专利权人国家来看，中国杏授权发明基本由来自中国的专利权人获得，外来申请仅有来自韩国、德国、日本、美国的专利权人获得授权发明专利，共 6 件。

从专利权人省份来看，新疆的授权发明专利量最多，共 34 件，占总量的 10.43%，其次是北京(32 件，9.82%)、山西(30 件，9.20%)、广东(26 件，7.98%)、河北(23 件，

7.06%)。此外，河南、山东、江苏、安徽、辽宁、山西、四川7省的杏授权发明专利在10件以上(图4-5-2)。

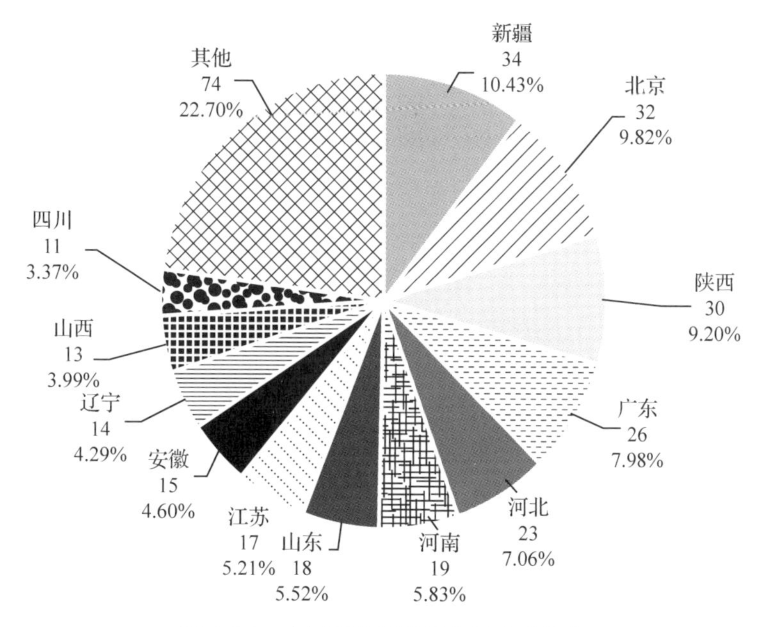

图4-5-2　中国杏授权发明专利省份分布

从排名前10位的专利权人省份的年度分布来看，近年来新疆、北京、广东、江苏的专利活动依然十分活跃(图4-5-3)。

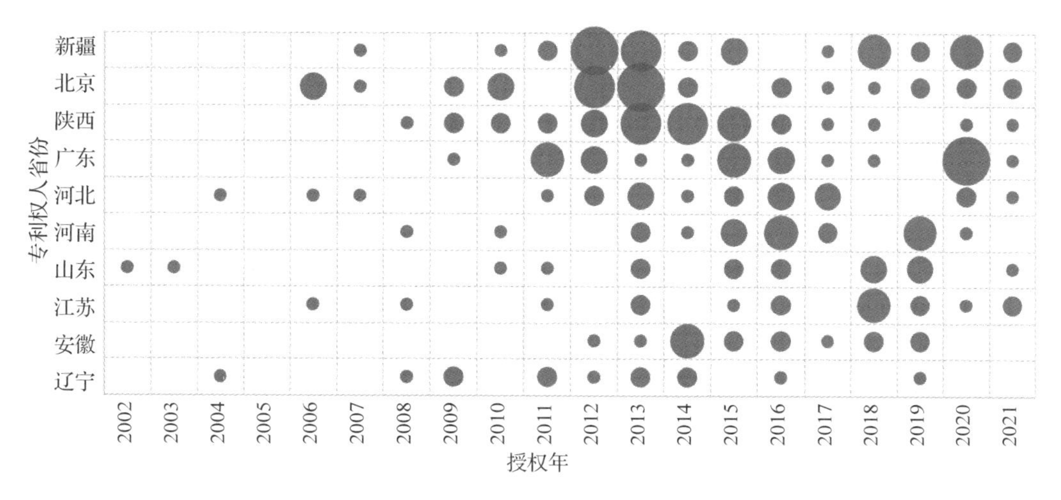

图4-5-3　中国杏授权发明专利主要省份年度分析

3. 技术分类分析

通过IPC分类进行技术分类分析表明，中国杏授权发明中，杏相关食品制备、处理和保存(A23L)这一技术分类专利量最多，为89件，其次是医用和梳妆用配制品(A61K)、化合物或药物制剂的特定治疗活性(A61P)、杏的栽培(A01G)4个技术分类，占比均在

10%以上。排名前 10 位的 IPC 技术分类详情见表 4-5-1。

表 4-5-1 中国杏授权发明的主要 IPC 分类

排名	IPC 小类	IPC 释义	数量	百分比
1	A23L	食品、食料或非酒精饮料，及其制备、处理和保存	89	26. 18%
2	A61K	医用、牙科用或梳妆用的配制品	66	19. 41%
3	A61P	化合物或药物制剂的特定治疗活性	48	14. 12%
4	A01G	园艺；果树栽培	34	10. 00%
5	A23N	收获机械或装置；蔬菜或水果去皮	22	6. 47%
6	G01N	借助于测定材料的化学或物理性质来测试或分析材料	19	5. 59%
7	C11B	生产、精制或保藏脂、脂肪物质如脂油；香精油；香料	17	5. 00%
8	C07H	糖类及其衍生物	16	4. 71%
9	C12G	酒精饮料的制备	15	4. 41%
10	A61Q	化妆品或类似梳妆用配制品的特定用途	14	4. 12%

从 IPC 分类的授权年度分布来看(图 4-5-4)，近年来，排名前 10 位的各技术分类发展比较均衡，杏树栽培(A01G)、杏的收获和去皮装置(A23N)2 个技术分类的专利活动相对较为活跃。

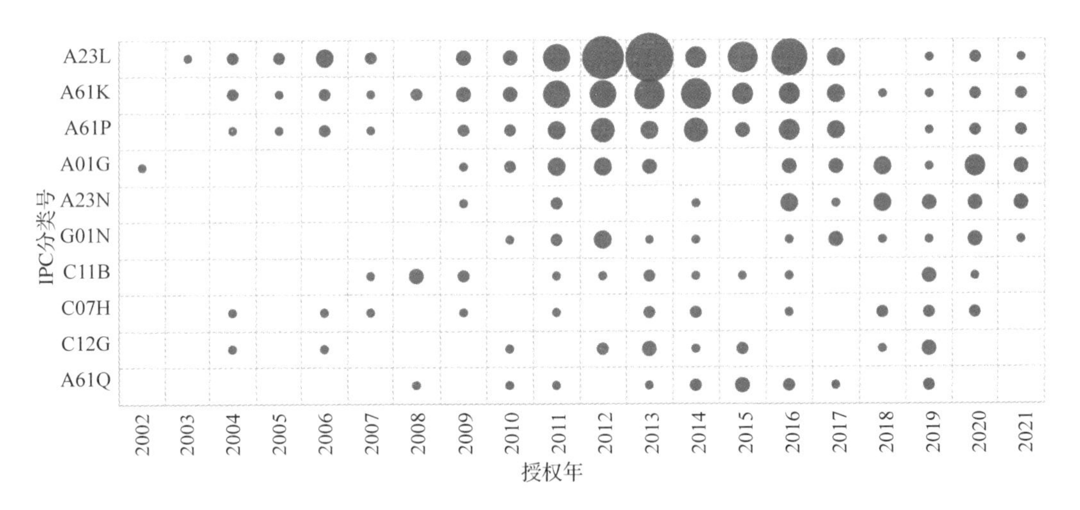

图 4-5-4 中国杏授权发明的主要 IPC 分类年度分布

4. 专利权人分析

中国获得杏授权发明专利最多的专利权人是西北农林科技大学，10 件，其次是新疆农业大学(9 件)、陕西师范大学(9 件)、国家林业和草原局泡桐研究开发中心(7 件)，排名前 10 位的专利权人见表 4-5-2。

表 4-5-2　中国杏授权发明主要专利权人

排名	专利权人	授权发明量
1	西北农林科技大学	10
2	新疆农业大学	9
2	陕西师范大学	9
4	国家林业和草原局泡桐研究开发中心	7
5	张家口市花园果品产业有限责任公司	5
5	北京林业大学	5
5	四川省农业科学院园艺研究所	5
5	新疆农业科学院农业机械化研究所	5
9	中国农业大学	4
9	陕西科技大学	4
9	中国科学院昆明植物研究所	4
9	李刚	4
9	咀香园健康食品(中山)有限公司	4

主要专利权人年度授权量分析表明(图 4-5-5)，近年来四川省农业科学院园艺研究所和新疆农业大学的专利活动较为活跃。

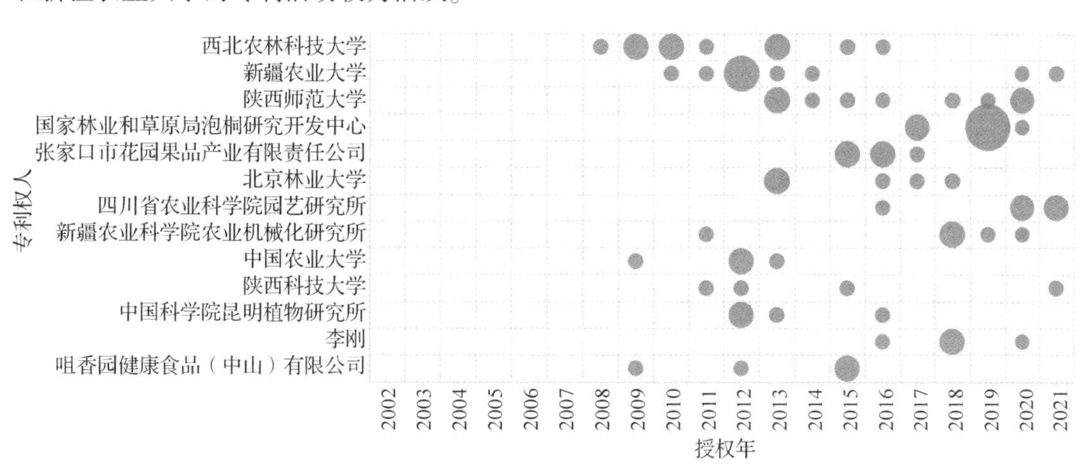

图 4-5-5　中国杏授权发明主要专利权人年度授权量分析

主要专利权人的技术分布分析表明(图 4-5-6)，西北农林科技大学在杏树栽培(A01G)、医用和梳妆用的配制品(A61K、A61Q)、杏仁油生产(C11B)都有相关专利，新疆农业大学侧重杏相关食品制备、处理和保存(A23L)，四川省农业科学院园艺研究所和中国科学院昆明植物研究所均侧重于杏树栽培(A01G)，新疆农业科学院农业机械化研究所侧重杏的收获和去壳的装置(A23N)。

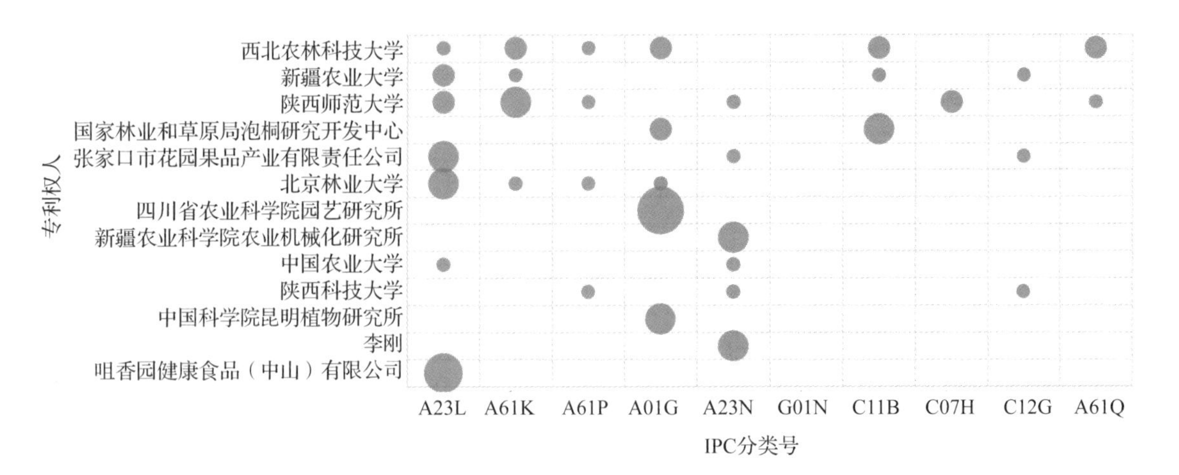

图 4-5-6 中国杏授权发明主要专利权人技术分布

5. 发明人分析

杏授权发明专利的发明人分析表明(表 4-5-3)，排名第 1 的是刘佳(9 件)，其次是乌云塔娜(8 件)、赵忠(8 件)。排名第 1 的刘佳，四川省农业科学院园艺研究所博士，副研究员，长期从事李、杏等树种的优良品种选育及优质高效栽培技术研究工作，专利主要涉及杏树栽培。排名第 2 的乌云塔娜，中国林业科学研究院经济林研究开发中心(国家林业和草原局泡桐研究开发中心)教授，博士生导师，长期从事杏、杜仲等经济林育种、高效培育与综合利用研究，专利主要涉及杏仁油精炼和杏种质资源鉴定。排名第 3 的赵忠，西北农林科技大学博士研究生导师，教授，森林培育研究所所长，主要从事森林培育的研究与教学，专利主要涉及杏仁油生产。

表 4-5-3 中国杏授权发明主要发明人

排名	发明人	授权发明量	排名	发明人	授权发明量
1	刘佳	9	4	王鹏	6
2	乌云塔娜	8	10	朱海兰	5
2	赵忠	8	10	李建军	5
4	张志琪	6	10	李科友	5
4	张清安	6	10	王建中	5
4	朱高浦	6	10	赵罕	5
4	杨海燕	6	10	顾欣	5
4	王振杰	6	10	马希汉	5

发明人的年度授权量分析表明(图 4-5-7)，四川省农业科学院园艺研究所的刘佳、国家林业和草原局泡桐研究开发中心的乌云塔娜，近年来杏相关专利活动十分活跃。

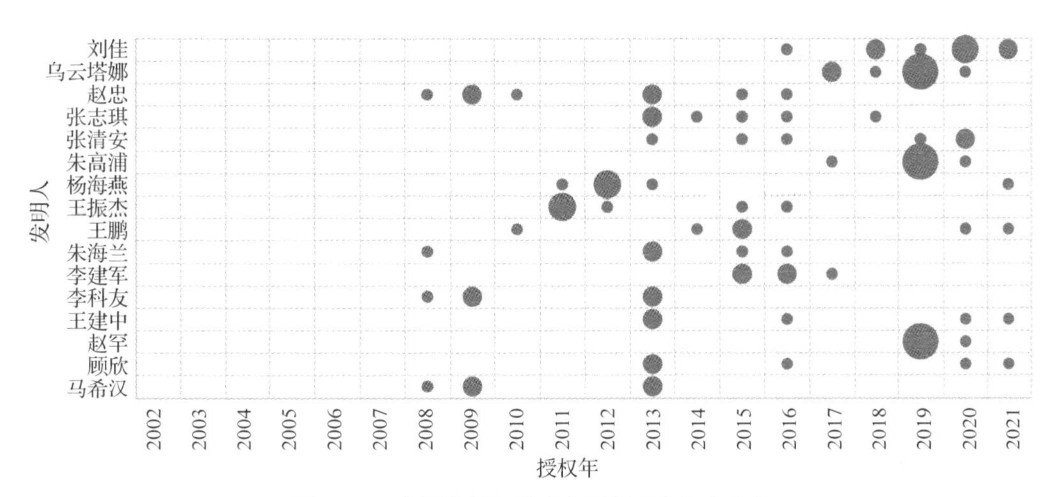

图 4-5-7　中国杏授权发明主要发明人年度分布

6. 文本聚类分析

通过文本聚类进行技术主题分析表明，杏授权发明专利的技术主题主要包括苦杏仁、苦杏仁苷、提取物、杏仁油、加工方法、有效成分、杏仁粉、食品加工、杏仁蛋白、杏仁粕、加工技术、质量控制方法、提取液、绿原酸、生产工艺、重量配比、成活率等(图 4-5-8)。

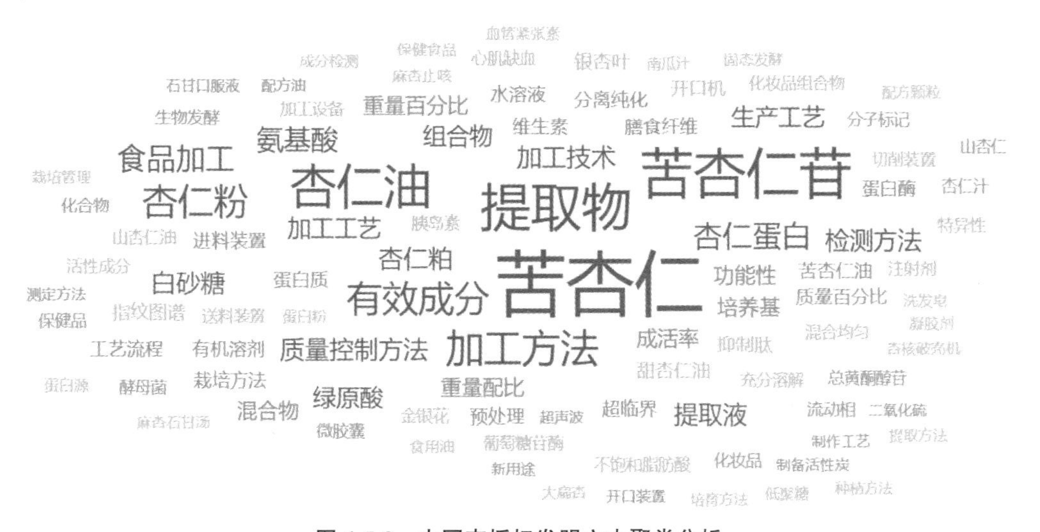

图 4-5-8　中国杏授权发明文本聚类分析

7. 高被引专利分析

中国杏授权发明专利被引次数排名前 3 的高被引专利详情见表 4-5-4。

表 4-5-4 中国杏授权发明高被引专利

1. 山杏仁的脱苦去毒方法	
公开号	CN1027674C
申请日	1992-05-20
授权日	1995-02-22
专利权人	沈阳农业大学
发明人	许绍慧
摘要	本发明是山杏仁脱苦去毒的一种方法，浸泡后的山杏仁经冷冻后再通过温水酶解实现脱苦去毒目的。本发明可缩短杏仁脱苦去毒时间1/2~2/3，节省用水量1/2以上，所用设备相当简单，操作容易，去毒率可达97%以上，氰化物含量可降至3.5mg/kg以下。该方法生产的脱苦去毒杏仁，既充分保证食用安全，又不丧失杏仁风味，杏仁的主要营养成分含量基本不变。
被引数量	12
2. 香辣水煮杏仁及其加工方法	
公开号	CN102871161B
申请日	2011-07-12
授权日	2014-04-02
专利权人	陕西天寿杏仁食品有限责任公司
发明人	柴广建
摘要	本发明公开了一种香辣水煮杏仁及其加工方法，它由新鲜苦杏仁、花椒、八角茴香、小茴香、桂皮、生姜、良姜、草果、食盐、白砂糖按一定比例经杏仁水浸脱皮、低温脱苦、水浸入味步骤后与泡野山椒相配，再进行真空包装、蒸汽灭菌步骤加工制成。与现有技术相比，本发明加工出的香辣水煮杏仁具有口味香辣宜人，口感清脆的特点，且食用方便，是一种风格新颖的理想休闲食品。
被引数量	12
3. 一种脱毒杏仁油的生产方法	
公开号	CN101589745B
申请日	2009-05-22
授权日	2013-06-05
专利权人	西北农林科技大学
发明人	赵忠；李科友；朱海兰；马希汉；王志玲
摘要	一种脱毒杏仁油生产方法，该方法以苦杏种子为原料，包括破壳步骤：将苦杏种子破壳，分拣出苦杏仁；冷榨步骤：将苦杏仁在室温条件下冷榨，得到苦杏仁脂肪油和脱脂苦杏仁；萃取步骤：将苦杏仁脂肪油放入容器内，加入4~8倍重量的水，搅拌成糊状，离心分离油相和水相；对于分离的油相再用其4~8倍重量的水萃取2~5次，最后分离的油相为脱毒杏仁油。所得的脱毒杏仁油生产方法生产的脱毒杏仁油，其中残留的氰化物为0.2mg/kg以下。与1963年的世界卫生组织《饮用水国际标准》相比，其建议饮用水基于健康的氰化物的最高容许浓度为0.2mg/kg，本发明所生产的脱毒杏仁油达到其规定的标准，为健康的、天然的杏仁脂肪油。
被引数量	11
4. 一种从扁杏仁中提取油脂的生物学方法	
公开号	CN101736046B
申请日	2009-12-03

（续）

授权日	2012-04-25
专利权人	渤海大学
发明人	钱建华；何余堂；刘贺；朱丹实
摘要	一种从扁杏仁中提取油脂的生物学方法，将扁杏仁进行干法破碎，将粉碎后的扁杏仁粉与水混合，调节 pH6.5~7.5，温度 50℃，加入扁杏仁粉质量 0.1%~1.0%的中性蛋白酶，酶解 2~6 小时；再降温至 40℃，调节 pH 至 7.5~8.5，加入原料质量 0.1%~1.0%的碱性蛋白酶，酶解 2~6 小时，得酶解液。酶解液直接离心，自上而下分离得到游离油、乳状液、水解液和杏仁渣，将得到的乳状液添加占乳状液体积 0.1%~0.5%的脂肽生物破乳剂，破乳后再次离心分离得到游离油，合并所得的游离油即得扁杏仁油。本发明采用干法破碎可以避免破碎过程中形成稳定的乳状液，减少破乳剂的用量，降低成本。通过生物方法制备扁杏仁油，可以避免油脂压榨造成脂肪的氧化，避免浸出法提油导致溶剂残留的问题。
被引数量	11

六、小结

通过本研究选取的 5 个我国主要优势经济林树种专利分析来看(图 4-6-1、图 4-6-2)，枣和核桃的授权发明专利量较多，油茶居中，板栗和杏的授权发明专利量偏少；从 5 个主要经济林树种授权发明专利年度分析来看，发展历程较为相似，均从 1990 年代初开始获得授权发明专利并缓慢增长，2010 年开始迅速增加，2015 年开始进入平稳发展期。

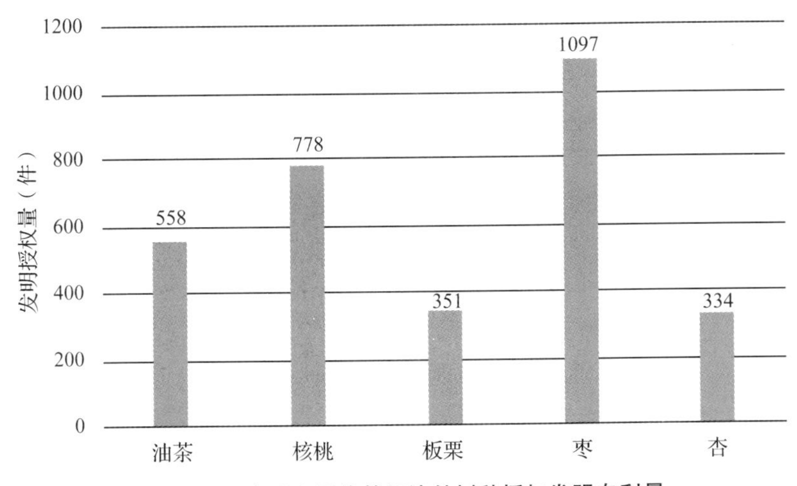

图 4-6-1　中国主要优势经济林树种授权发明专利量

油茶授权发明专利主要分布在湖南、浙江、广西、江西和安徽等省，专利主要涉及油茶栽培技术、茶籽油生产和加工以及茶皂素和多糖的提取，油茶研发实力较强的机构包括中南林业科技大学、广西壮族自治区林业科学研究院、中国林业科学研究院亚热带林业研究所、浙江省林业科学研究院、湖南省林业科学院。

核桃授权发明专利主要分布在云南、山东、新疆、江苏、陕西等省，专利主要涉及核桃收获和去壳设备、核桃食品饮料的制备和处理、核桃栽培技术，核桃相关专利研发实力较强的机构包括昆明理工大学、新疆农业大学、青岛理工大学、陕西科技大学、塔里木大学。

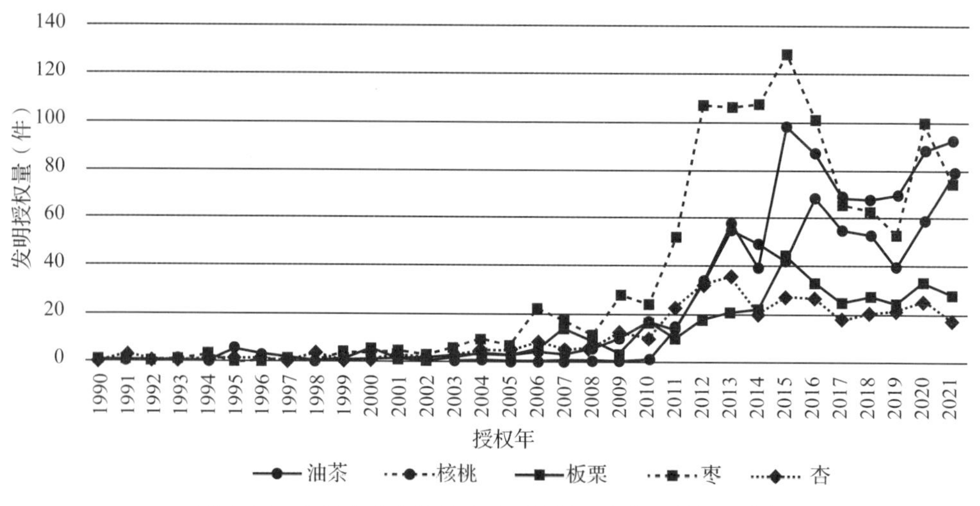

图 4-6-2　中国主要优势经济林树种授权发明专利年度分析

板栗授权发明专利主要分布在河北、北京、江安徽、浙江、湖北、山东等省，专利主要涉及板栗食品饮料的制备和处理、板栗收获和去壳设备，板栗相关专利研发实力较强的机构包括河北科技师范学院、徐州绿之野生物食品有限公司、广西大学和北京农学院。

枣的授权发明专利主要分布在山东、新疆、陕西、河北、江苏、陕西、河南、安徽、北京等省，专利主要涉及枣类食品的制备和处理、枣树栽培、枣类提取物用于药物制剂，枣相关专利研发实力较强的机构包括塔里木大学、陕西科技大学、太原市汉波食品工业有限公司、河北农业大学。

杏授权发明专利主要分布在北京、陕西、广东、河北等省，专利主要涉及杏食品的制备和处理、杏提取物用于药物制剂、杏栽培，杏相关专利研发实力较强的机构包括西北农林科技大学、新疆农业大学、陕西师范大学、国家林业和草原局泡桐研究开发中心。

第五章　世界专利分析

专利数据检索表明，本研究选取的5个我国主要优势经济林树种中，核桃、枣和杏存在国外授权发明专利，油茶和板栗没有，因此世界专利分析部分仅对核桃、枣和杏进行分析。

一、核桃

1. 年度分析

截至2021年9月，世界核桃授权发明专利1272件，其中中国授权发明专利共778件，国外授权发明专利494件。从授权发明专利的年度分布来看，2007年以前中国核桃授权发明专利量较少，世界核桃授权发明专利量基本以国外授权发明专利为主；2008—2012年，国内外核桃授权发明专利量基本持平；2013至今，国外核桃授权发明专利量相对较少，世界核桃授权发明专利量以中国授权发明专利为主。总体来看，国外核桃授权发明专利的发展相对平稳，而中国核桃授权发明专利则在2008年后迅猛增长，至今一直维持着较高的年度授权量(图5-1-1)。

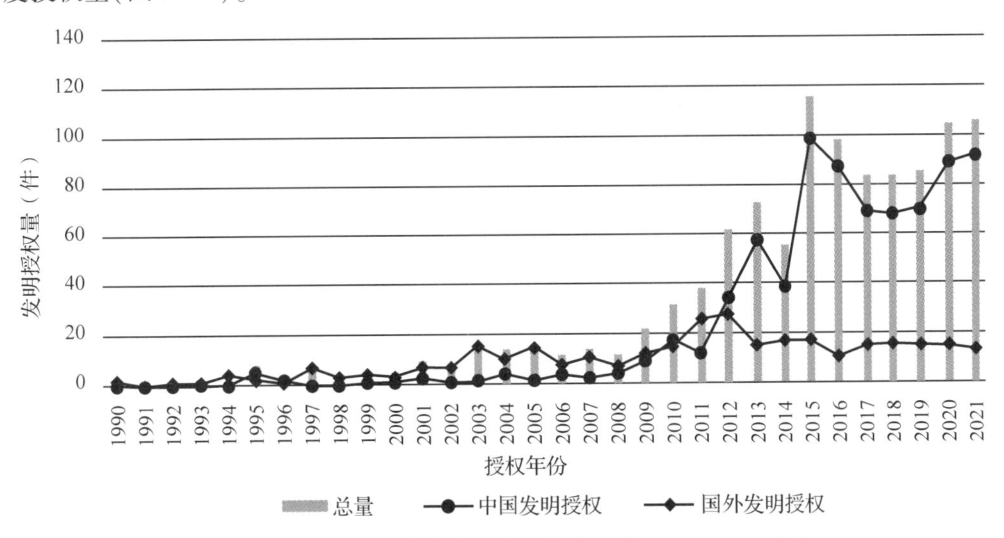

图5-1-1　世界核桃授权发明专利年度分布(1990—2021年)

2. 国家地区分析

从世界核桃授权发明专利的受理局来看，中国遥遥领先，核桃授权发明专利 778 件，占总量的 61.16%，其次是韩国(126 件，9.91%)、美国(106 件，8.33%)。此外，俄罗斯、法国、日本、西班牙、意大利、摩尔多瓦、南斯拉夫 7 个国家的核桃授权发明专利受理量也在 10 件以上(图 5-1-2)。

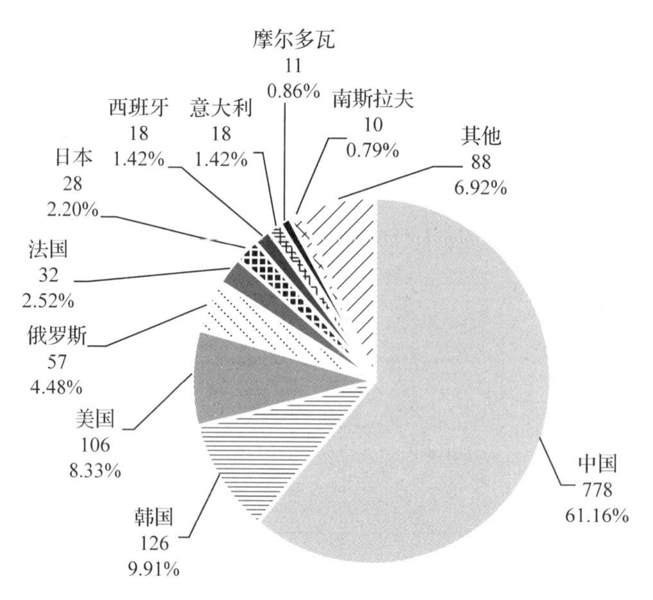

图 5-1-2　世界核桃授权发明受理局分布

从排名前 10 位的受理局的年度分布来看，中国、韩国、日本近 10 年来的授权发明专利受理量较为持续和稳定(图 5-1-3)，这也反映出全球核桃市场主要集中在中日韩，特别是中国。

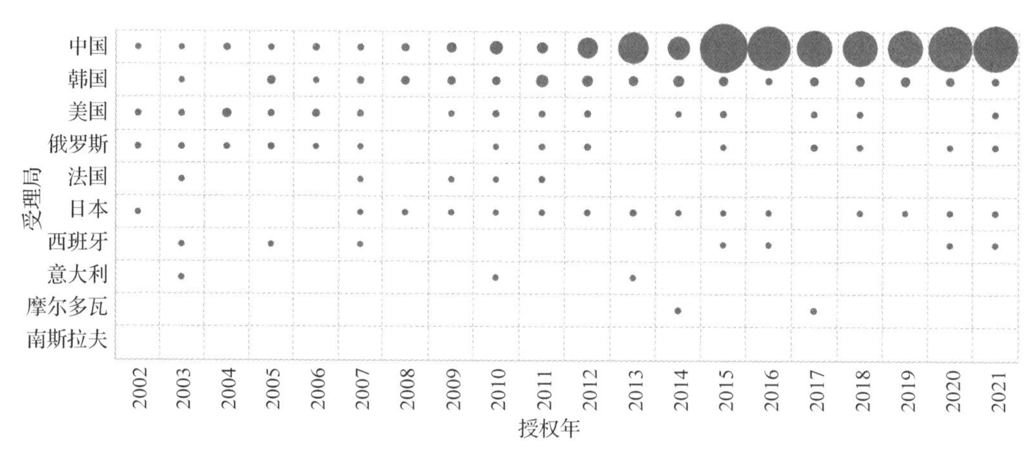

图 5-1-3　世界核桃授权发明专利主要受理局年度分析

3. 技术分类分析

通过 IPC 分类进行技术分类分析表明，世界核桃授权发明中，核桃相关食品的制备和处理(A23L)，核桃收获和去皮装置(A23N)2 个技术分类，专利量最多，分别为 219 件(占比 20.51%)和 209 件(占比 19.57%)；其次是医用、牙科用或梳妆用的配制品(A61K)，核桃栽培技术(A01G)。排名前 10 位的 IPC 技术分类详情见表 5-1-1。

表 5-1-1　世界核桃授权发明的主要 IPC 分类

排名	IPC 小类	IPC 释义	数量	百分比(%)
1	A23L	食品、食料或非酒精饮料，及其制备或处理	219	20.51
2	A23N	收获机械或装置；蔬菜或水果去皮	209	19.57
3	A61K	医用、牙科用或梳妆用的配制品	149	13.95
4	A01G	园艺；果树的栽培	121	11.33
5	A01H	植物新品种培育	88	8.24
6	A61P	化合物或药物制剂的特定治疗活性	87	8.15
7	A21D	面粉焙烤产品及其保存	51	4.78
8	A23C	乳制品及其制备	50	4.68
8	A47J	厨房用具；咖啡磨；香料磨；饮料制备装置	50	4.68
10	A23G	可可、糖食及其制备	44	4.12

从 IPC 分类的授权年度分布来看(图 5-1-4)，核桃各技术领域的发展速度相对平稳，排名前 4 的技术分类，包括核桃食品饮料的制备和处理(A23L)，核桃收获和去皮装置(A23N)，医用、牙科用或梳妆用的配制品(A61K)，核桃栽培技术(A01G)，专利活动都十分活跃。

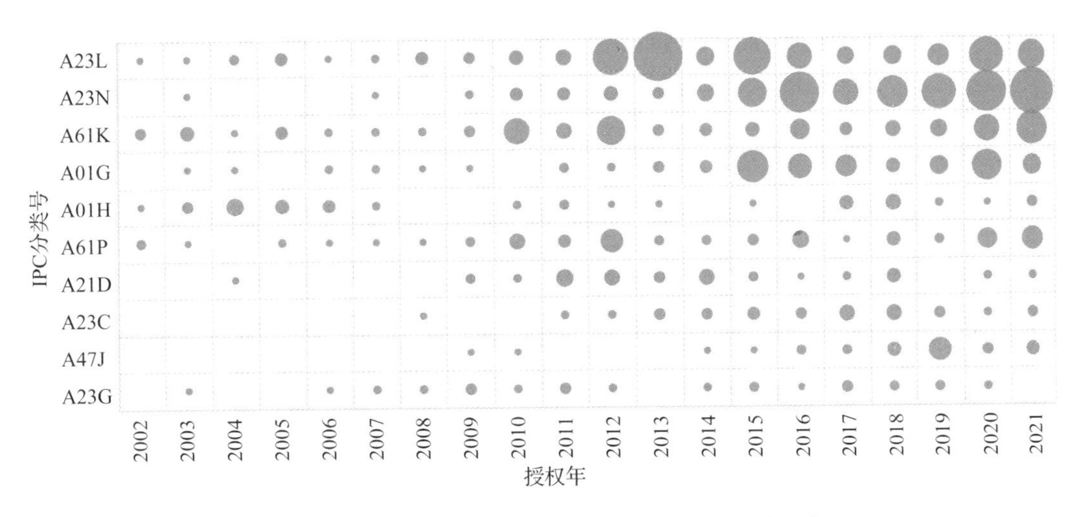

图 5-1-4　世界核桃授权发明的主要 IPC 分类年度分布

从国内外 IPC 分类的对比来看(图 5-1-5)，国内外均非常注重核桃收获和去皮装置(A23N)、核桃食品饮料的制备和处理(A23L)、核桃提取物用于药物制剂(A61K、

A61P)，中国更加侧重核桃栽培技术(A01G)、核桃乳制品及其制备(A23C)、微生物或酶(C12N)，而国外更加侧重核桃新品种培育(A01H)、核桃相关面食焙烤产品制备(A21D)、核桃相关糖食的制备(A23G)。

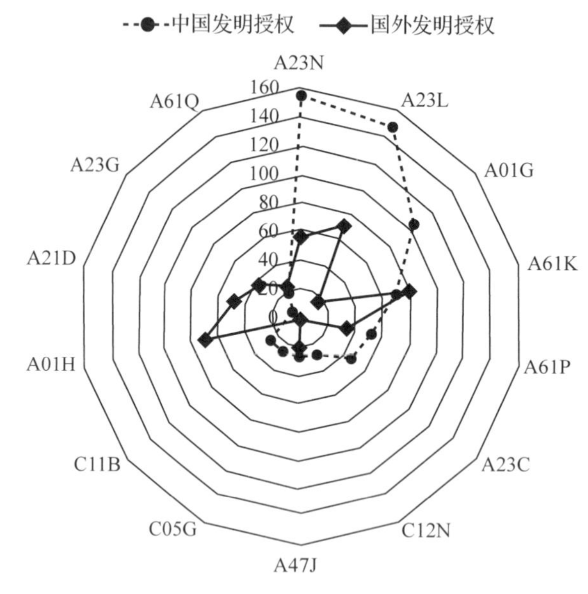

图 5-1-5 国内外核桃授权发明的主要 IPC 分类对比

4. 专利权人分析

世界核桃授权发明专利主要专利权人以中国机构为主，排名前 4 的均为中国机构，分别是昆明理工大学、新疆农业大学、青岛理工大学、陕西科技大学，国外拥有核桃授权发明专利机构主要包括西班牙 HARTINGTON 制药公司、韩国 DAESIN CONTECTIONERY 公司、美国 AMERICAN FORESTRY TECH 公司、美国普渡研究基金会、美国加利福尼亚大学，排名前 10 位的专利权人见表 5-1-2。值得注意的是，排名前 10 位的中国专利权人中，杏辉天力(杭州)药业有限公司的专利申请以海外为主，在美国、欧洲、日本和澳大利亚均有获得核桃相关授权发明专利，而其他中国专利权人则基本无海外申请。

表 5-1-2 世界核桃授权发明主要专利权人

排名	国家	专利权人	授权发明量
1	中国	昆明理工大学	17
2	中国	新疆农业大学	16
3	中国	青岛理工大学	14
4	中国	陕西科技大学	13
5	西班牙	HARTINGTON 制药公司	12
5	韩国	DAESIN CONTECTIONERY 公司	12
7	中国	塔里木大学	11
7	美国	AMERICAN FORESTRY TECH 公司	11

（续）

排名	国家	专利权人	授权发明量
9	中国	杏辉天力（杭州）药业有限公司	9
9	美国	普渡研究基金会	9
9	中国	新疆农业科学院农业机械化研究所	9
9	美国	加利福尼亚大学	9

主要专利权人年度授权量分析表明（图5-1-5），近年来中国专利权人的核桃专利较为活跃，特别是杏辉天力（杭州）药业有限公司和塔里木大学。

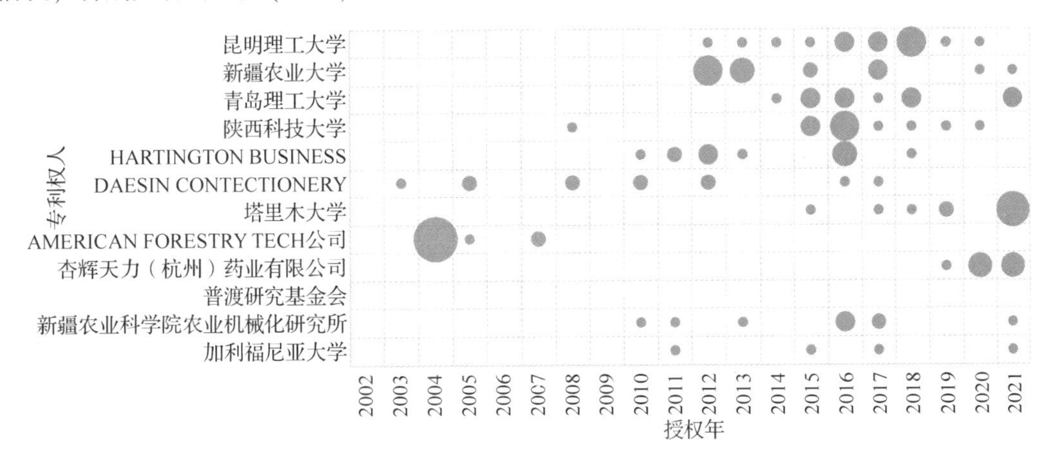

图5-1-5　世界核桃授权发明主要专利权人年度授权量分析

主要专利权人的技术分布分析表明（图5-1-6），昆明理工大学、美国AMERICAN FORESTRY TECH公司、美国普渡研究基金会、美国加利福尼亚大学侧重于核桃植物新品种培育（A01H），新疆农业大学、青岛理工大学、陕西科技大学、塔里木大学、新疆农业科学院农业机械化研究所侧重于核桃收获和去皮装置（A23N），西班牙HARTINGTON制药公司和杏辉天力（杭州）药业有限公司侧重于核桃提取物用于药物制剂（A61K、A61P），韩国DAESIN CONTECTIONERY公司侧重于核桃相关面食和糖食的制备（A21D、A23C）。总体来看，世界核桃专利各主要专利权人的技术侧重点还是非常明显的。

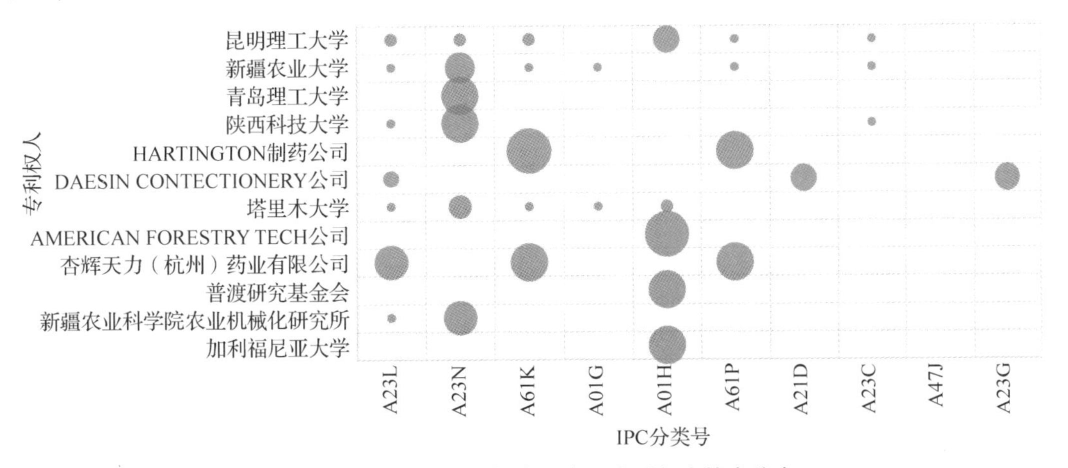

图5-1-6　世界核桃授权发明主要专利权人技术分布

5. 发明人分析

核桃授权发明专利的发明人分析表明(表 5-1-3)，排名前 10 位的 13 位发明人中，中国发明人 8 位，美国 3 位，西班牙和俄罗斯各 1 位。由于国内主要发明人前文已做介绍，此处仅介绍国外主要发明人情况。排名第一的 BEINEKE WALTER(23 件)，男，美国普渡大学荣休教授，美国 AMERICAN FORESTRY TECH 公司顾问，核桃专利主要涉及黑胡桃树新品种培育。排名第四的 LESLIE CHARLES，是美国加利福尼亚大学戴维斯分校植物科学系高级研究员，核桃专利主要涉及核桃树新品种培育。并列排名第四的 MCGRANAHAN GALE，是美国加利福尼亚大学戴维斯分校植物科学系的荣休教授，核桃专利主要涉及核桃树新品种培育。LESLIE CHARLES 和 MCGRANAHAN GALE 是一个团队成员，共同合作完成了多项核桃新品种专利。并列排名第四的 MTCHEDLIDZE VAKHTANG，西班牙 HARTINGTON 制药公司高管，核桃专利主要涉及核桃提取物的方法及医药用途。并列排名第四的 GORLOV I. F.，核桃专利主要涉及基于核桃的生物活性着色物质提取物的方法。

表 5-1-3 世界核桃授权发明主要发明人

排名	国家	发明人	授权发明量
1	美国	BEINEKE WALTER	23
2	中国	李长河	15
3	中国	陈朝银	10
4	美国	LESLIE CHARLES	9
4	美国	MCGRANAHAN GALE	9
4	西班牙	MTCHEDLIDZE VAKHTANG	9
4	俄罗斯	GORLOV I. F.	9
4	中国	刘明政	9
4	中国	张彦彬	9
10	中国	史建新	8
10	中国	尹宏飚	8
10	中国	李忠新	8
10	中国	葛锋	8

发明人的年度授权量分析表明(图 5-1-7)，美国加利福尼亚大学戴维斯分校的 LESLIE CHARLES 和 MCGRANAHAN GALE 核桃新品种专利研发活动持续性较好，近年来中国发明人的核桃专利研发较为活跃。

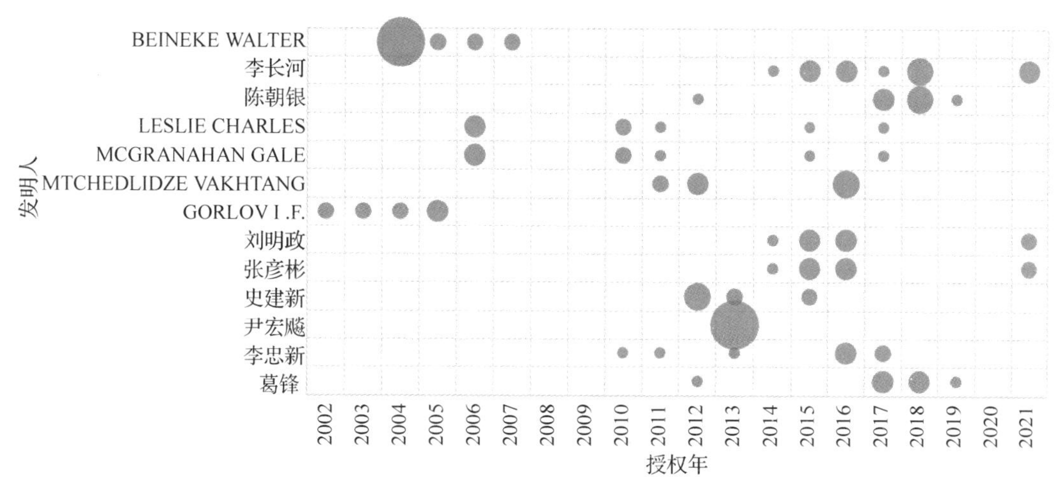

图 5-1-7　世界核桃授权发明主要发明人年度分布

6. 文本聚类分析

由于前文已经进行了中国核桃授权发明专利的文本聚类分析，此处仅对国外核桃授权发明专利进行分析。分析表明，国外核桃授权发明专利的技术主题主要包括提取物、核桃树、组合物、核桃壳、胡桃树、新品种、核桃仁、活性成分、生长速度、生物活性、胡桃木、化妆品、制药工业等(图 5-1-8)。

图 5-1-8　国外核桃授权发明文本聚类分析

7. 高被引专利分析

国外核桃授权发明专利被引次数排名前 3 的高被引专利详情见表 5-1-4。

表 5-1-4 国外核桃授权发明高被引专利

1. 含有核桃壳粉的化妆粉	
原标题	Cosmetic facialpowder containing walnut shell flour
公开号	US4279890A
申请日	1977-05-23
授权日	1981-07-21
专利权人	CHATTEM INC.
发明人	HARRIS THOMAS C. ; GEORGALAS ARTHUR
摘要	本发明涉及改进的基于核桃壳粉的粉末组合物，其具有良好的体液吸附性。更具体地，它涉及基于核桃壳粉的爽肤粉组合物。包含填充剂、助剂和香料成分的化妆品面部粉末组合物具有高度的透明度和吸油性，这是由具有不超过约 40 微米粒度的大量填充剂内容物提供的。该组合物可以是松散或致密的粉末形式。
被引数量	29
2. 用树脂浸渍、树脂包覆的核桃壳颗粒处理油井	
原标题	Treatment of wells with resin-impregnated, resin-coated walnut shellparticles
公开号	US3335796A
申请日	1965-02-12
授权日	1967-08-15
专利权人	CHEVRON RESEARCH COMPANY
发明人	JR. PHILLIP; H. PARKER
摘要	本发明涉及穿过地下的油井的处理，这些油井的地层中含有松散的沙子或土颗粒，并且包括在井筒周围和不合格的土地层附近形成流体可渗透的固结基质。该方法涉及使用热固性树脂(例如环氧树脂)对压碎的核桃壳进行预处理，然后将其固化为不溶性固体状态。将经过预处理的核桃壳缩小到合适的尺寸，然后第二次涂覆热固性树脂，作为颗粒的黏合剂涂层。预处理和包覆的核桃壳颗粒悬浮在惰性流体载体中，并通过井眼注入不合格的地层，以形成坚硬的、流体可渗透的基质结构，允许地层流体流动，但从不合格的地层中筛选出土颗粒。
被引数量	27
3. 核桃收获机	
原标题	Walnut tree shaker
公开号	US2159311A
申请日	1937-05-22
授权日	1939-05-23
专利权人	BERGER JOSEPH D
发明人	BERGER JOSEPH D.
摘要	本发明涉及一种摇动树枝的机器。本发明特别适用于摇晃核桃树的枝干。当核桃发育到可以采摘的状态时，必须立即采摘。这可能会导致这方面的劳动力严重短缺。本发明的目的是提供一种结构简单的机器，该机器可以在果园中四处移动，并且具有能够摇动树枝的装置，从而实现劳动力成本的显著节约。当然，在摇动树枝之前，要把帆布放在地上，以便抓住从树上摇动的坚果。然后，可以捡起这些薄片，将坚果倒入篮子或其他容器中，带到包装室进行分类和包装。
被引数量	23

二、枣

1. 年度分析

截至 2021 年 9 月，世界枣授权发明专利 1313 件，其中中国授权发明专利共 1097 件，国外授权发明专利 216 件。从授权发明专利的年度分布来看，2002 年以前国内外的枣授权发明专利量均较少；2003—2015 年，国内外枣授权发明专利量均迅速增加，但是中国授权发明专利增长更加迅猛；2015 至今，国内外枣授权发明专利的年度专利量均维持相对稳定的状态。总体来看，中国枣类授权发明专利的发展历程基本上可以代表世界枣类授权发明专利的发展历程，国外授权发明专利相对较少(图 5-2-1)。

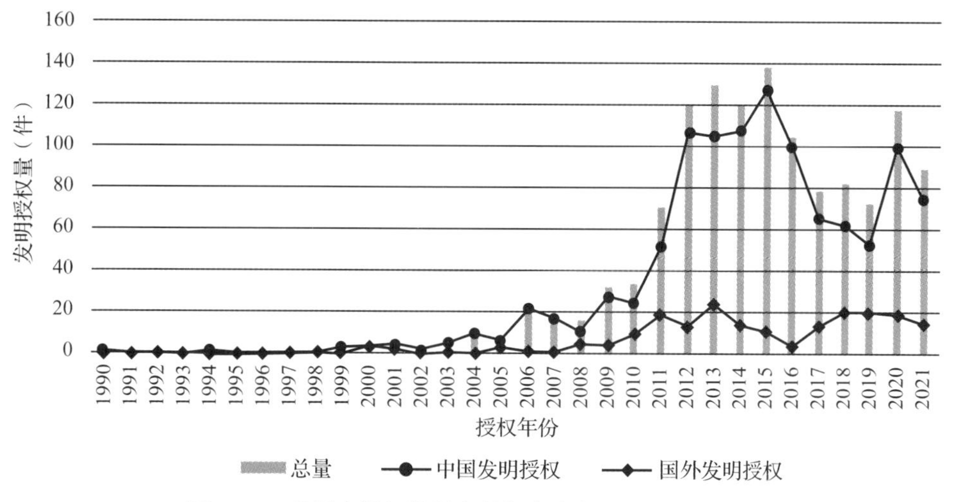

图 5-2-1　世界枣授权发明专利年度分布(1990—2021 年)

2. 国家地区分析

从世界枣授权发明专利的受理局来看，中国遥遥领先，枣授权发明专利 1097 件，占总量的 83. 55%，其次是韩国(162 件，12. 34%)、美国(19 件，1. 45%)。此外，澳大利亚、欧洲专利局、加拿大、俄罗斯、法国、印度等国家也有少量枣的授权发明专利(图 5-2-2)。

从主要受理局的年度分布来看，中国、韩国本近 10 年来的授权发明专利受理量较为持续和稳定(图 5-2-3)，这也反映出全球枣市场主要集中在中国和韩国，特别是中国。

3. 技术分类分析

通过 IPC 分类进行技术分类分析表明，世界枣类授权发明中，枣类食品的制备和处理(A23L)专利量最多，共 425 件，占总量的 32. 37%，其次是枣类提取物的医药应用(A61K、A61P)、枣树栽培技术(A01G)、枣类酒精饮料的制备(C12G)。排名前 10 位的 IPC 技术分类详情见表 5-2-1。

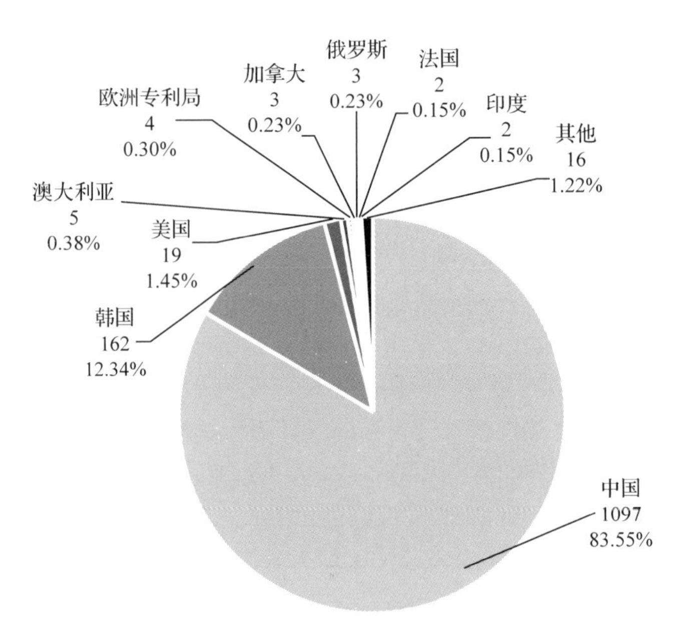

图 5-2-2　世界枣授权发明受理局分布

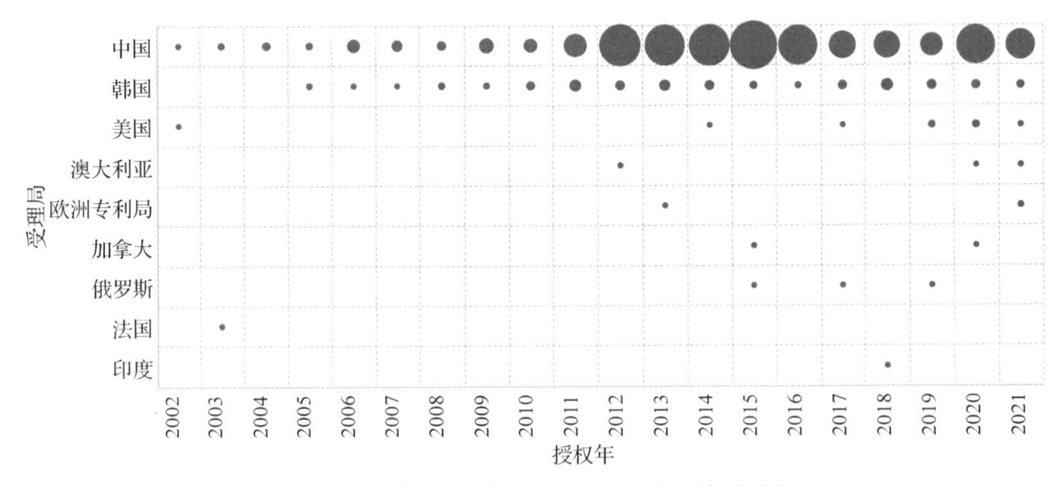

图 5-2-3　世界枣授权发明专利主要受理局年度分析

表 5-2-1　世界枣授权发明的主要 IPC 分类

排名	IPC 小类	IPC 释义	数量	百分比(%)
1	A23L	食品、食料或非酒精饮料，及其制备、处理和保存	425	32. 37
2	A61K	医用、牙科用或梳妆用的配制品	157	11. 96
3	A01G	园艺；果树栽培	123	9. 37
4	A61P	化合物或药物制剂的特定治疗活性	115	8. 76
5	C12G	酒精饮料的制备	109	8. 30
6	A23N	收获机械或装置；蔬菜或水果去皮	93	7. 08
7	C12R	微生物	79	6. 02
8	A23F	茶的制造、配制或泡制	64	4. 87

（续）

排名	IPC 小类	IPC 释义	数量	百分比(%)
8	A23B	水果或蔬菜的化学催熟、保存、催熟	62	4.72
10	A23G	可可、糖食及其制备	52	3.96

从 IPC 分类的授权年度分布来看(图 5-2-4)，近年来，枣的各技术领域的发展速度相对平稳。

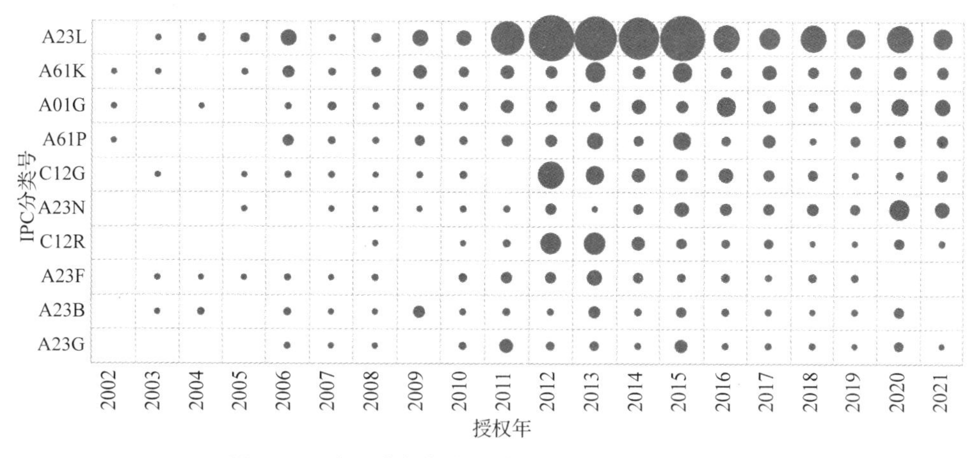

图 5-2-4　世界枣授权发明的主要 IPC 分类年度分布

从国内外 IPC 分类的对比来看(图 5-2-5)，国内外均非常注重枣类食品饮料的制备和处理(A23L)、枣类提取物用于药物制剂(A61K、A61P)，中国更加侧重枣栽培技术(A01G)、枣酒精饮料的制备(C12G)、枣收获和去皮装置(A23N)，而国外更加侧重枣树纤维材料(C09K)、枣类提取物用于化妆品特定用途(A61Q)。

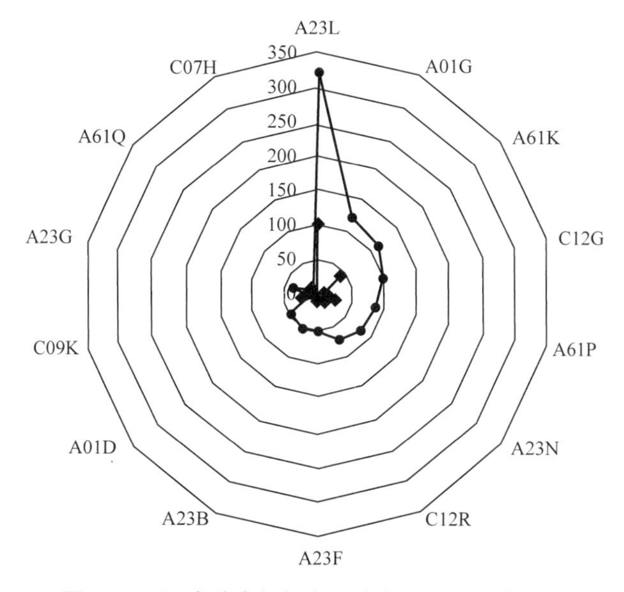

图 5-2-5　国内外枣授权发明的主要 IPC 分类对比

4. 专利权人分析

世界枣授权发明专利主要专利权人以中国机构为主，其次是韩国，排名前 4 的均为中国机构，分别是塔里木大学、陕西科技大学、太原市汉波食品工业有限公司、河北农业大学，国外拥有枣授权发明专利机构主要包括沙特阿拉伯石油公司、韩国忠清大学产学合作基金会、韩国 POUN GUN CHUNG BUK(韩语原文为충청북도보은군)、韩国 BOEUN GUN 农业技术中心(韩语原文为보은군농업기술센터)，排名前 10 位的专利权人见表 5-2-2。

表 5-2-2　世界枣授权发明主要专利权人

排名	国家	专利权人	授权发明量
1	中国	塔里木大学	40
2	中国	陕西科技大学	27
3	中国	太原市汉波食品工业有限公司	26
4	中国	河北农业大学	24
5	沙特阿拉伯	沙特阿拉伯石油公司	23
5	韩国	韩国忠清大学产学合作基金会	15
7	中国	新疆农垦科学院	12
7	韩国	韩国 POUN GUN CHUNG BUK	11
9	中国	中国农业大学	10
9	中国	安徽金禾粮油集团有限公司	10
9	中国	张作光	10
9	韩国	韩国 BOEUN GUN 农业技术中心	10
9	中国	新疆农业大学	10

主要专利权人年度授权量分析表明(图 5-2-5)，近年来塔里木大学、沙特阿拉伯石油公司的枣类专利非常活跃，其次河北农业大学、新疆农业大学也较为活跃。

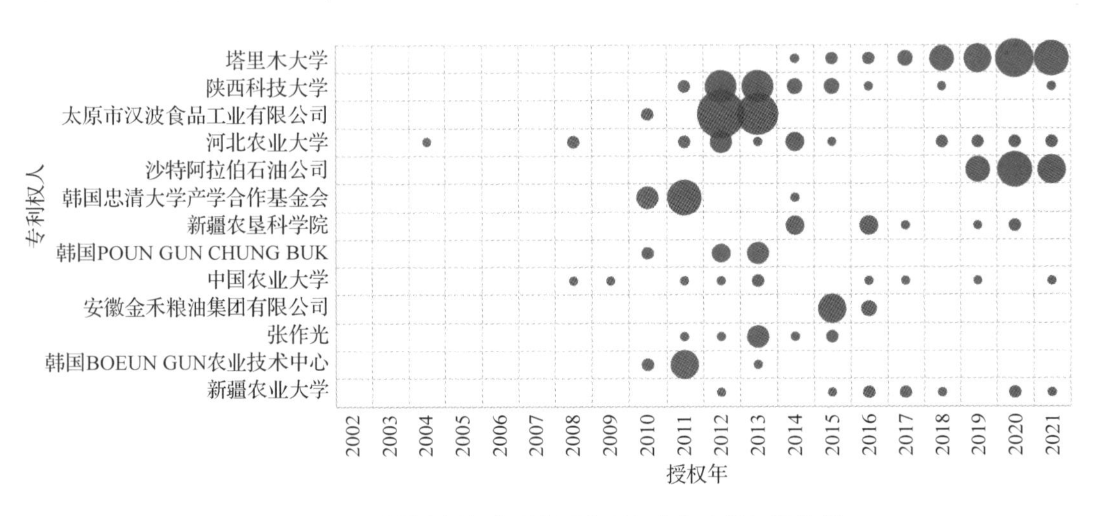

图 5-2-5　世界枣授权发明主要专利权人年度授权量分析

主要专利权人的技术分布分析表明(图5-2-6)，陕西科技大学、太原市汉波食品工业有限公司、韩国忠清大学产学合作基金会、韩国BOEUN GUN农业技术中心、安徽金禾粮油集团有限公司、河北农业大学均侧重于枣类食品的制备和处理(A23L)，个人专利权人张作光侧重于枣提取物用于药物制剂(A61K、A61P)，塔里木大学、河北农业大学、新疆农垦科学院侧重于枣树栽培技术(A01G)，陕西科技大学侧重于枣类收获和去皮装置(A23N)，太原市汉波食品工业有限公司侧重于基于微生物发酵的枣类酒精饮料的制备(C12G、C12R)。总体来看，世界枣类专利各主要专利权人的技术侧重点还是非常明显的。

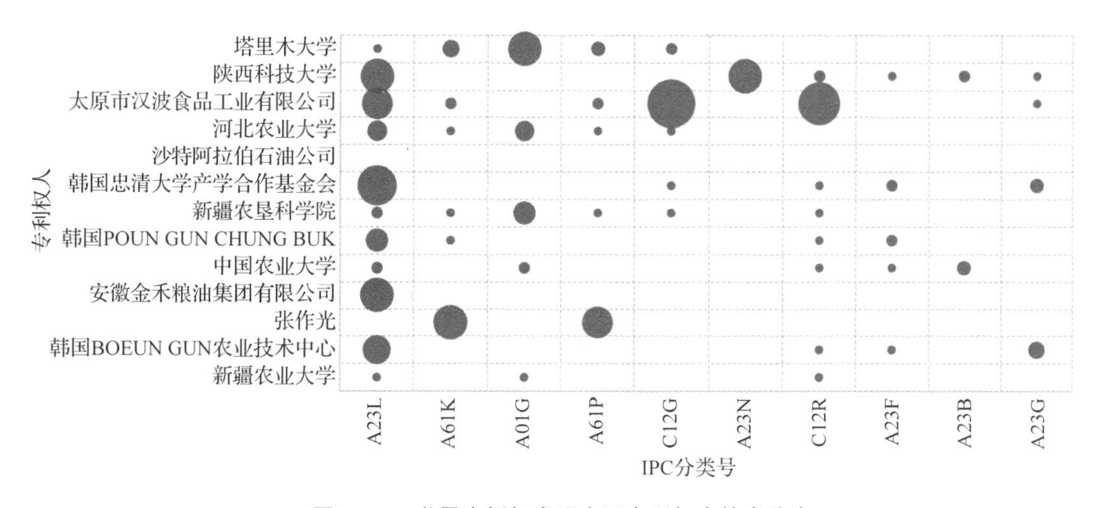

图5-2-6 世界枣授权发明主要专利权人技术分布

5. 发明人分析

枣授权发明专利的发明人分析表明(表5-2-3)，排名前10位的11位发明人中，中国发明人10位，沙特阿拉伯1位。由于国内主要发明人前文已做介绍，此处仅介绍国外主要发明人情况。排名第二的AMANULLAH MD(23件)，男，石油工程博士，沙特阿拉伯石油公司高级石油工程顾问，枣类相关专利主要涉及枣树纤维混合堵漏材料。

表5-2-3 世界枣授权发明主要发明人

排名	国家	发明人	授权发明量
1	中国	马强	35
2	沙特阿拉伯	AMANULLAH MD	23
3	中国	刘孟军	22
4	中国	石聚彬	15
5	中国	石聚领	13
6	中国	许牡丹	12
7	中国	冯霖	11
7	中国	康振奎	11

（续）

排名	国家	发明人	授权发明量
9	中国	毛跟年	10
9	中国	罗华平	10
9	中国	陈少金	10

发明人的年度授权量分析表明（图 5-2-7），沙特阿拉伯的 AMANULLAH MD 近年来枣类相关专利研发最为活跃，其次是中国的刘孟军、罗华平。

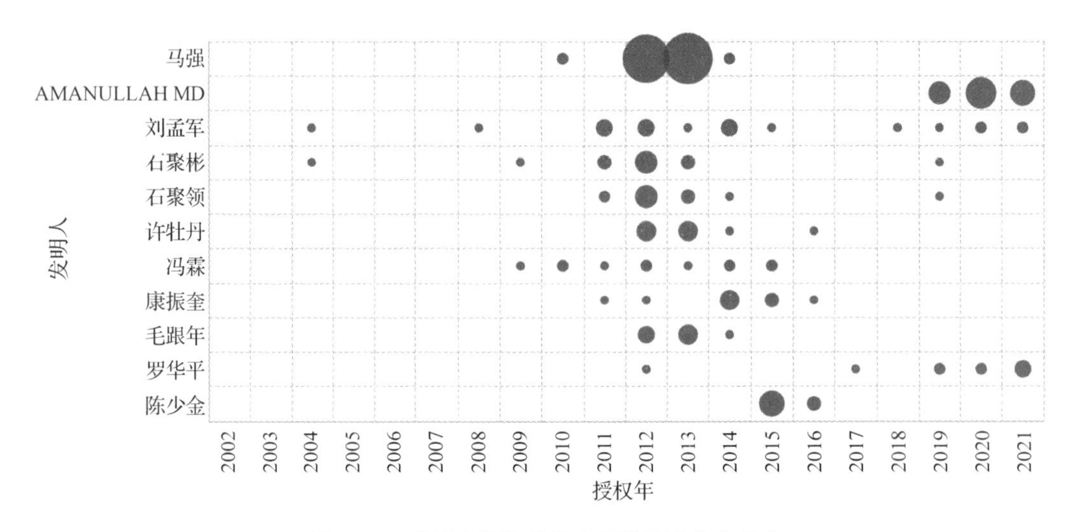

图 5-2-7 世界枣授权发明主要发明人年度分布

6. 文本聚类分析

由于前文已经进行了中国枣授权发明专利的文本聚类分析，此处仅对国外枣授权发明专利进行分析。分析表明，国外枣授权发明专利的技术主题主要包括提取物、活性成分、循环材料、保健品、浓缩物、二元纤维、化妆品组合物、茎纤维、微生物等（图 5-2-8）。

图 5-2-8 国外枣授权发明文本聚类分析

7. 高被引专利分析

国外枣授权发明专利被引次数排名前3的高被引专利详情见表5-2-4。

表5-2-4 国外枣授权发明高被引专利

1. 一种基于枣树干和叶茎的防漏超细纤维材料	
原标题	Date tree trunk andrachis-based superfine fibrous materials for seepage loss control
公开号	US10597575B2
申请日	2019-05-20
授权日	2020-03-24
专利权人	SAUDI ARABIAN OIL COMPANY
发明人	AMANULLAH MD；RAMASAMY JOTHIBASU
摘要	本发明提供了一种基于枣树树干和叶茎的堵漏材料（LCM）。枣树树干和叶茎LCM包括由枣树树干产生的超细枣树树干纤维和由枣树叶茎产生的超细枣树叶茎纤维。枣树树干和叶茎可以从枣树生产过程中加工枣树产生的枣树废料中获得。枣树树干和叶茎LCM可包括长度在20～300微米范围内的纤维。还提供了使用枣树树干和叶茎LCM控制井漏的方法以及枣树树干和叶茎LCM的制造方法。
被引数量	16
2. 从枣中提取桦木酸的方法	
原标题	Extracting betulinic acid from *Ziziphus jujuba*
公开号	US6264998B1
申请日	2000-03-01
授权日	2001-07-24
专利权人	DABUR RESEARCH FOUNDATION
发明人	RAMADOSS SUNDER；AHMED SIDDIQUI；MOHAMMAD JAMSHED
摘要	本发明涉及一种从枣中分离桦木酸的方法。该方法包括以下步骤：a)在溶剂中提取枣树皮以获得含有白桦脂酸的提取物，b)半浓缩含有白桦脂酸的提取物，c)将所述半浓缩提取物冷却过夜以获得固体提取物，d)通过过滤或离心从提取物中分离固体，e)将从步骤d分离的固体溶解在热甲醇中，用活性炭回流并通过硅藻土床过滤以获得甲醇溶液，f)部分浓缩步骤e的甲醇溶液，加入卤代烃溶剂并冷却过夜以获得溶液中的固体，g)通过过滤或离心分离步骤f的固体并干燥固体以获得富含白桦脂酸的固体，h)将干燥的固体步骤g溶解在含有吡啶和乙酸酐的溶剂中，分离有机层并干燥以获得粗3-乙酰氧基桦木酸，i)用乙醇洗涤步骤h中获得的粗固体3-乙酰氧基白桦酸，以在醇-碱水溶液中产生纯固体3-乙酰氧基白桦酸，以产生纯白桦酸。
被引数量	14
3. 用于中度至重度损失控制的基于枣树废物的二元纤维混合物	
原标题	Date tree waste-based binary fibrous mix for moderate to severe loss control
公开号	US10414965B2
申请日	2018-08-07
授权日	2019-09-17
专利权人	SAUDI ARABIAN OIL COMPANY
发明人	AMANULLAH MD

（续）

摘要	提供了一种枣树纤维混合堵漏材料(LCM)。枣树纤维混合物 LCM 可包括由枣树干产生的枣树干纤维和由枣树叶和叶茎产生的枣树叶和叶茎纤维。LCM 包括按重量计 30%的枣树干纤维和 70%的枣树叶和叶茎纤维、按重量计 40%的枣树干纤维和 60%的枣树叶和叶茎纤维、按重量计 50%的枣树的混合物树干纤维和 50%枣树叶和叶茎纤维。还提供了使用和制造枣树纤维混合物 LCM 的漏失控制方法。
被引数量	14
4. 一种基于枣树干和叶茎的超细纤维防渗材料	
原标题	Date tree trunk andrachis-based superfine fibrous materials for seepage loss control
公开号	US10479920B2
申请日	2017-10-31
授权日	2019-11-19
专利权人	SAUDI ARABIAN OIL COMPANY
发明人	AMANULLAH MD；RAMASAMY JOTHIBASU
摘要	提供了一种基于枣树干和叶茎的堵漏材料(LCM)。枣树干和叶茎 LCM 包括由枣树树干制成的超细枣树树干纤维和由枣树叶轴制成的超细枣树叶茎纤维。枣树的树干和枝条可以从枣果生产过程中加工枣树产生的枣树废料中获得。枣树干和叶茎 LCM 可包括长度在 20~300 微米范围内的纤维。还提供了使用枣树树干和叶茎 LCM 的漏失控制方法以及枣树树干和叶茎 LCM 的制造方法。
被引数量	14

三、杏

1. 年度分析

截至 2021 年 9 月，世界杏授权发明专利 868 件，其中中国授权发明专利共 334 件，国外授权发明专利 534 件。从授权发明专利的年度分布来看，2011 年以前中国杏授权发明专利量相对较少，世界杏授权发明专利量基本以国外授权发明专利为主；2012 年至今，国内外杏授权发明专利的年度专利量均相对稳定，中国杏授权发明专利量相对更多一些，差距不大(图 5-3-1)。

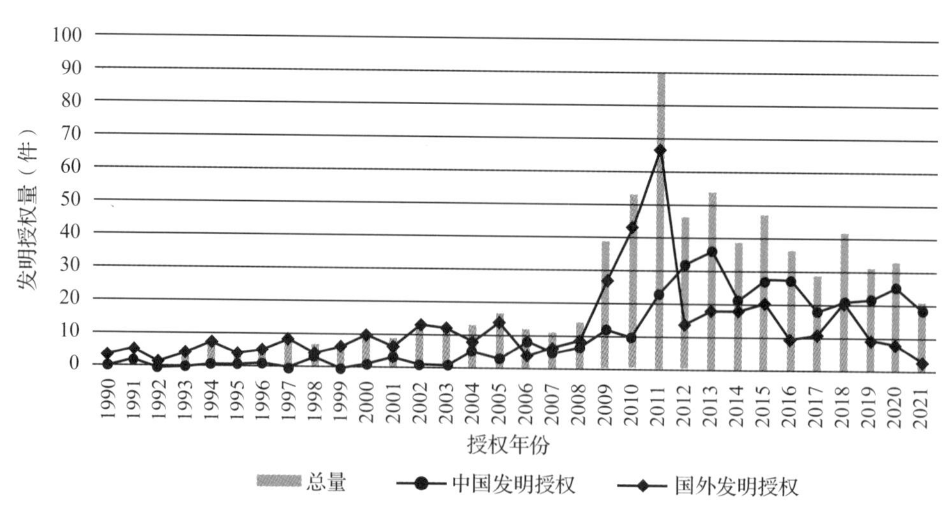

图 5-3-1 世界杏授权发明专利年度分布(1990—2021 年)

2. 国家地区分析

从世界杏授权发明专利的受理局来看，中国明显领先，杏授权发明专利334件，占总量的38.48%，其次是俄罗斯(165件，19.01%)、美国(117件，13.48%)。此外，韩国、西班牙、法国、土耳其、乌克兰、日本6个国家的杏授权发明专利受理量也在10件以上(图5-3-2)。

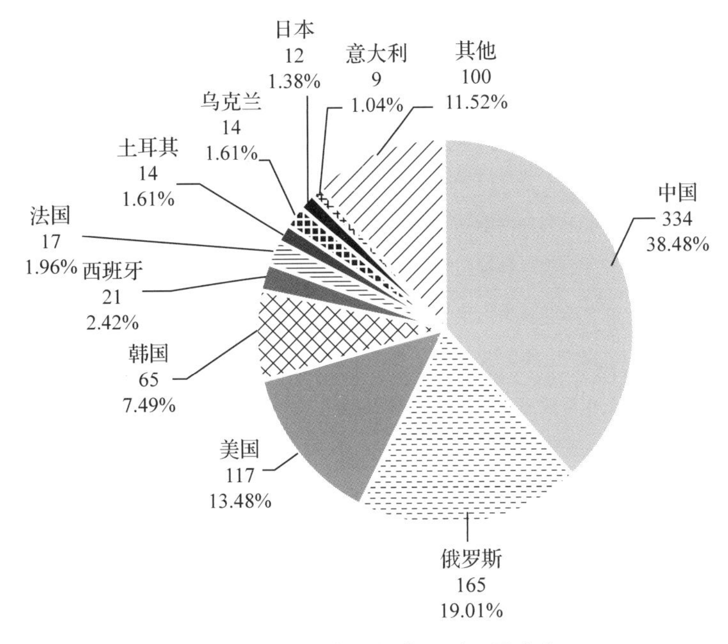

图5-3-2　世界杏授权发明受理局分布

从排名前10位的受理局的年度分布来看，中国、俄罗斯、美国、韩国的杏授权发明专利受理量较为持续和稳定(图5-3-3)，这也反映出全球杏市场主要集中在中国、美国、俄罗斯、韩国，特别是中国。

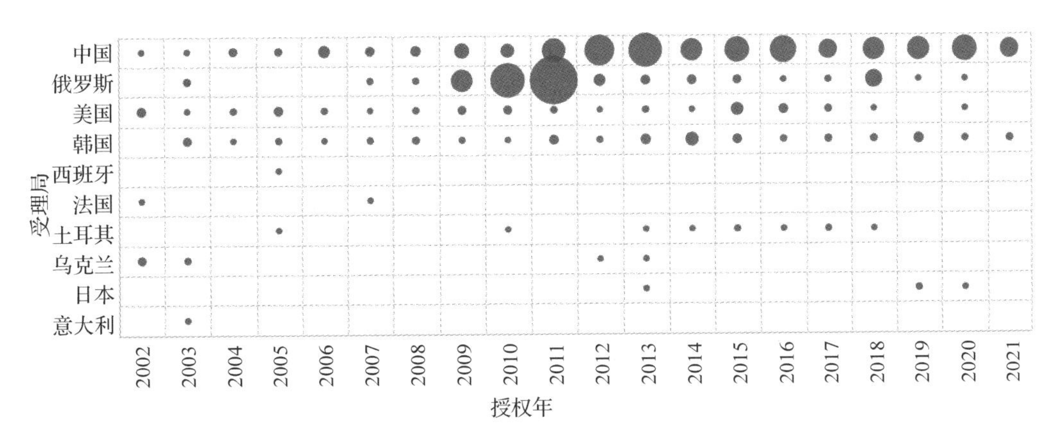

图5-3-3　世界杏授权发明专利主要受理局年度分析

3. 技术分类分析

通过IPC分类进行技术分类分析表明，世界杏授权发明中，杏相关食品制备和处理(A23L)专利量最多，共339件，占总量的37.79%；其次是杏树新品种培育(A01H)，医用、牙科用或梳妆用的配制品(A61K)。排名前10位的IPC技术分类详情见表5-3-1。

表 5-3-1 世界杏授权发明的主要IPC分类

排名	IPC小类	IPC释义	数量	百分比
1	A23L	食品、食料或非酒精饮料，及其制备、处理和保存	339	39.06%
2	A01H	植物新品种培育	137	15.78%
3	A61K	医用、牙科用或梳妆用的配制品	107	12.33%
4	A23N	收获机械或装置；蔬菜或水果去皮	69	7.95%
5	A61P	化合物或药物制剂的特定治疗活性	55	6.34%
6	A61Q	化妆品或类似梳妆用配制品的特定用途	42	4.84%
7	A01G	园艺；果树栽培	39	4.49%
8	A23B	水果或蔬菜的化学催熟、保存、催熟	37	4.26%
8	C12N	微生物或酶；变异或遗传工程	37	4.26%
10	C12P	发酵或使用酶的方法合成目标化合物	35	4.03%

从IPC分类的授权年度分布来看(图5-3-4)，近年来杏相关专利各主要技术领域的发展速度相对平稳。

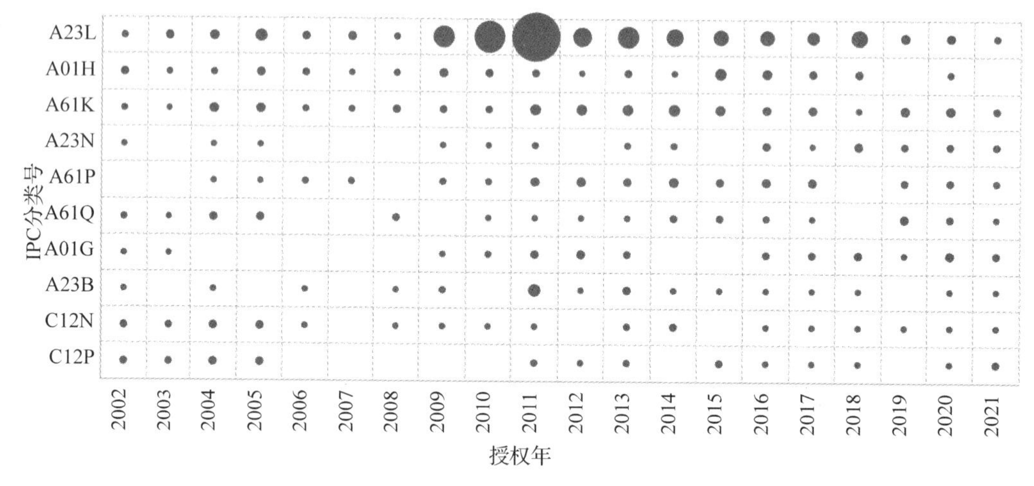

图 5-3-4 世界杏授权发明的主要IPC分类年度分布

从国内外IPC分类的对比来看(图5-3-5)，国内外均非常注重杏相关食品饮料的制备和处理(A23L)、杏提取物用于药物制剂(A61K)、杏的收获和去皮装置(A23N)，中国更加侧重杏树栽培技术(A01G)，而国外更加侧重杏树新品种培育(A01H)。

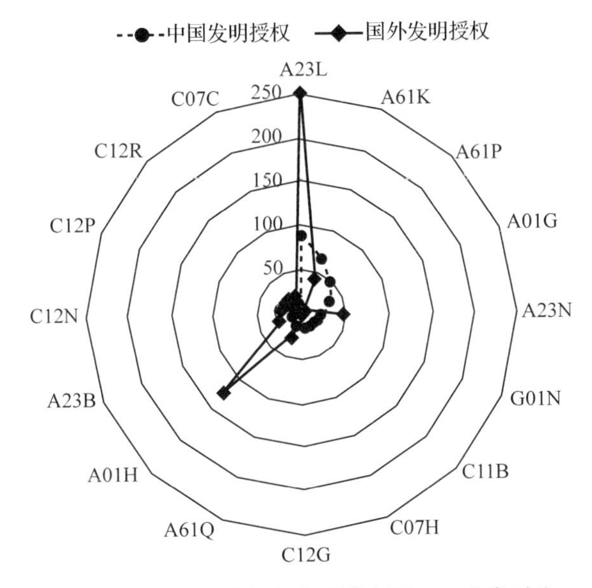

图 5-3-5 国内外杏授权发明的主要 IPC 分类对比

4. 专利权人分析

世界杏授权发明专利主要专利权人以俄罗斯和美国专利权人为主，排名第 1 的是俄罗斯个人专利权人 KVASENKOV OLEG IVANOVICH，112 件，专利量遥遥领先；其次是俄罗斯个人专利权人 AKHMEDOV MAGOMED EHMINOVICH、法国育种公司 R L AGRO SELECTION FRUITS、捷克个人专利权人 SARDARYAN EDUARD。排名前 10 位的专利权人见表 5-3-2，其中国外专利权人还包括 4 位美国个人专利权人 ZAIGER CHRIS F、GARDNER LEITH M、ZAIGER GRANT G、ZAIGER GARY N，他们属于 1 个团队，大部分专利为联合申请。

表 5-3-2 世界杏授权发明主要专利权人

排名	国家	专利权人	授权发明量
1	俄罗斯	KVASENKOV OLEG IVANOVICH	112
2	俄罗斯	AKHMEDOV MAGOMED EHMINOVICH	17
3	法国	R L AGRO SELECTION FRUITS	10
4	捷克	SARDARYAN EDUARD	10
5	中国	西北农林科技大学	10
5	美国	ZAIGER CHRIS F	10
7	美国	GARDNER LEITH M	9
7	美国	ZAIGER GRANT G	9
9	美国	ZAIGER GARY N	9
9	中国	新疆农业大学	9
9	中国	陕西师范大学	9

主要专利权人年度授权量分析表明(图 5-3-5)，近年来新疆农业大学、陕西师范大学的专利相对较为活跃，其次是法国育种公司 R L AGRO SELECTION FRUITS、俄罗斯个人专利权人 AKHMEDOV MAGOMED EHMINOVICH。

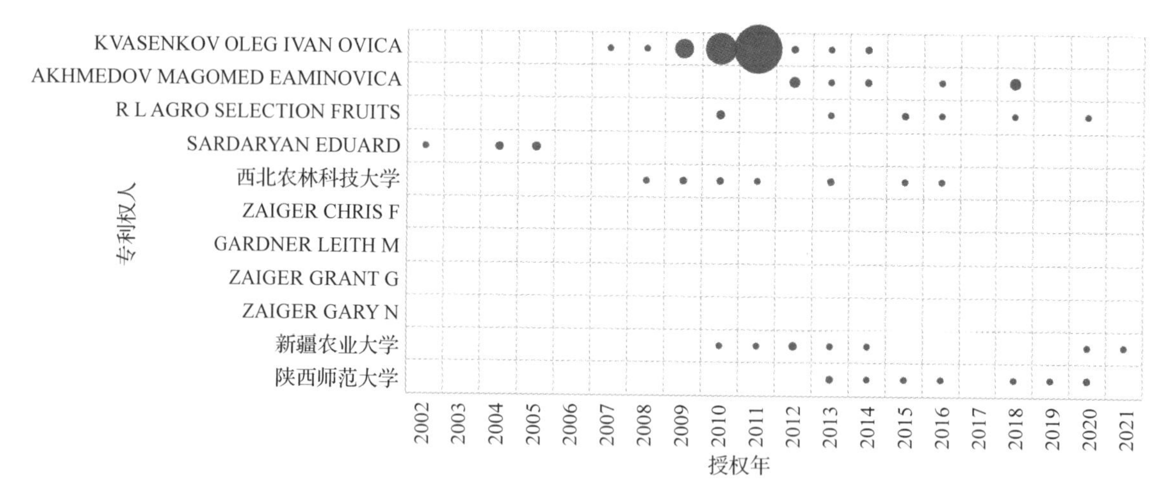

图 5-3-5　世界杏授权发明主要专利权人年度授权量分析

主要专利权人的技术分布分析表明(图 5-3-6)，俄罗斯 2 位个人专利权人 KVASENKOV OLEG IVANOVICH、AKHMEDOV MAGOMED EHMINOVICH 均侧重杏相关食品饮料的制备和处理(A23L)，法国育种公司 R L AGRO SELECTION FRUITS 和 4 位个人专利权人 ZAIGER CHRIS F、GARDNER LEITH M、ZAIGER GRANT G、ZAIGER GARY N 侧重杏的新品种培育(A01H)，西北农林科技大学和陕西师范大学侧重杏的提取物用于药物制剂(A61K、A61P、A61Q)。总体来看，世界杏专利各主要专利权人的技术侧重点还是非常明显的。

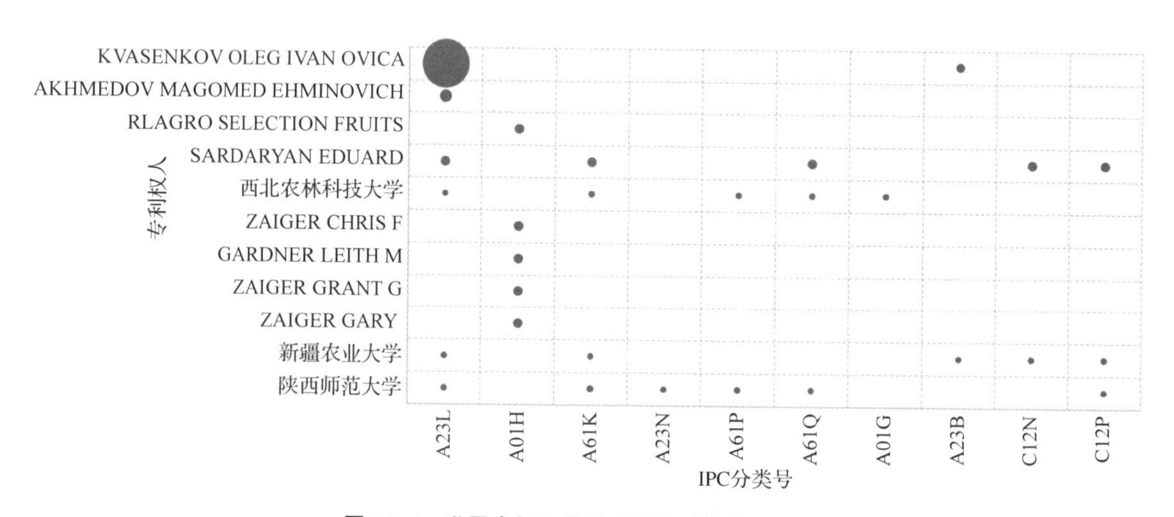

图 5-3-6　世界杏授权发明主要专利权人技术分布

5. 发明人分析

杏授权发明专利的发明人分析表明(表 5-3-3)，排名前 10 位的 11 位发明人中，俄罗斯和美国各 4 位，法国 2 位，中国发明人 1 位。由于国内主要发明人前文已做介绍，此处仅介绍国外主要发明人情况。排名前 3 位的俄罗斯发明人 KVASENKOV OLEG IVANOVICH(114 件)、AKHMEDOV MAGOMED(31 件)、DEMIROVA AMIYAT FEJZUDINOVNA(20 件)，杏相关专利均主要涉及杏的蜜饯的制备、保存和处理。排名第四和第六的 2 位法人发明人 MAILLARD LAURENCE、MAILLARD ARSENE，法国育种公司 R L AGRO SELECTION FRUITS 发明人，杏相关专利均为杏树新品种。美国的 4 位发明人 ZAIGER CHRIS F、GARDNER LEITH M、ZAIGER GARY N、ZAIGER GRANT G 为一个团队，均来自美国加利福尼亚州，杏相关专利均为杏树新品种。

表 5-3-3　世界杏授权发明主要发明人

排名	国家	发明人	授权发明量
1	俄罗斯	KVASENKOV OLEG IVANOVICH	114
2	俄罗斯	AKHMEDOV MAGOMED	31
3	俄罗斯	DEMIROVA AMIYAT FEJZUDINOVNA	20
4	法国	MAILLARD LAURENCE	10
4	美国	ZAIGER CHRIS F	10
6	美国	GARDNER LEITH M	9
6	法国	MAILLARD ARSENE	9
6	美国	ZAIGER GARY N	9
6	美国	ZAIGER GRANT G	9
6	俄罗斯	RAKHMANOVA MAFIJAT MAGOMEDOVNA	9
6	中国	刘佳	9

发明人的年度授权量分析表明(图 5-3-7)，近年来中国发明人刘佳的杏相关专利研发最为活跃，此外俄罗斯和法国的发明人专利研发活动持续性较好，近年来研发也较为活跃。

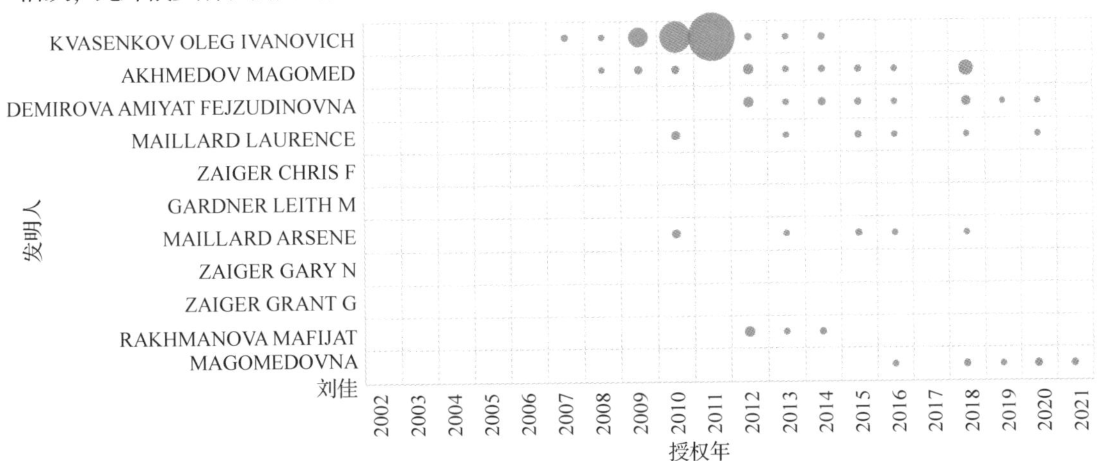

图 5-3-7　世界杏授权发明主要发明人年度分布

6. 文本聚类分析

由于前文已经进行了中国杏授权发明专利的文本聚类分析，此处仅对国外杏授权发明专利进行分析。分析表明，国外杏授权发明专利的技术主题主要包括组合物、工艺参数、生产技术、制造技术、提取物、微波场、新品种、微生物、复合材料、化妆品、活性成分、草酸青霉菌、食品行业等(图 5-3-8)。

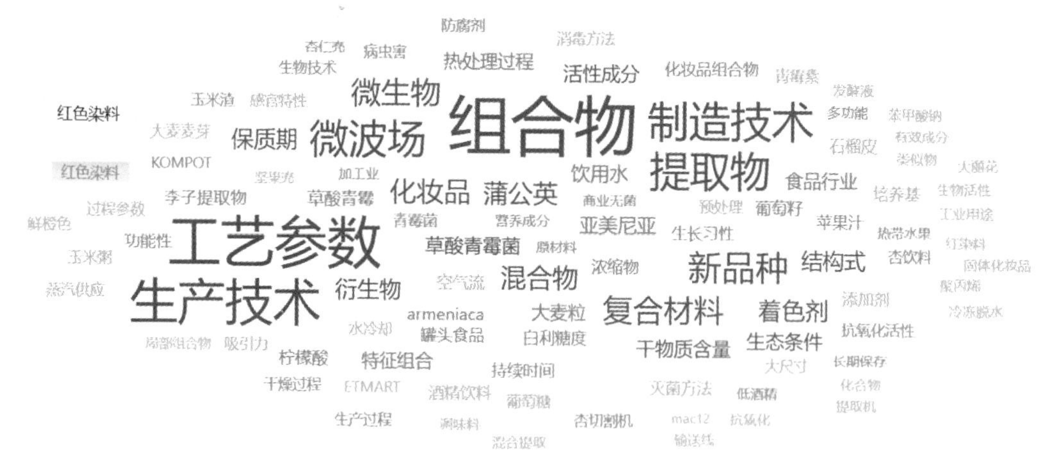

图 5-3-8 国外杏授权发明文本聚类分析

7. 高被引专利分析

国外杏授权发明专利被引次数排名前 3 的高被引专利详情见表 5-3-4。

表 5-3-4 国外杏授权发明高被引专利

1. 用杏子制造食品的方法	
原标题	СПОСОБ ПРОИЗВОДСТВА ПИЩЕВОГО ПРОДУКТА ИЗ АБРИКОСОВ
公开号	RU2404686C1
申请日	2009-10-21
授权日	2010-11-27
专利权人	KVASENKOV OLEG IVANOVICH
发明人	PENTO VLADIMIRBORISOVICH；KVASENKOV OLEG IVANOVICH；REJZIG ROBERT
摘要	本发明涉及杏子食品加工技术。该产品的制备方法如下：准备杏子，将杏子切块，干燥至中等水分含量，加热时保持压力，减压至为杏子膨胀提供液相状态的值，在微波场中完成干燥，可加入调味添加剂，并在无氧环境中包装在聚合物或组合材料的包装中。本发明的使用将可能从杏子中获得食品，其具有爆米花和水果沙拉的感官特性的独特和谐组合。
被引数量	26
2. 把杏切成两半并去核的装置	
标题	Apparatusfor halving and pitting apricots
公开号	US2474492A
申请日	1944-09-25

（续）

授权日	1949-06-28
专利权人	PERRELLI FREESTONE MACHINE INC.
发明人	PERRELLIJOSEPH；PERRELLI JOHN
摘要	本发明涉及一种核果(如杏等)去核机，其中核相对地脱离每个果实的主体。目前，用于罐装或干燥的杏通常是用手对半切和去核，操作人员一手拿着果实，另一手拿着刀沿着核缝线切割。虽然有一些罐体机提供特殊的装置，可以对杏进行等分和对半，然而这种设备需要在整个切半和去核过程中手动移动和操作每个杏。本发明提供一种杏的去核机，其中唯一需要的手动操作的是，将杏在单一定位器上喂到机器上，水果自动减半和去核，提供了一种简单、安全、快速且制作经济杏瓣的装置和方法。
被引数量	12
3. 用于从果壳中分离杏仁的方法和装置	
原标题	Method and apparatus for separating apricot kernels from husks
公开号	US4389927A
申请日	1981-05-11
授权日	1983-06-28
专利权人	CROMPTON ALAN WOODHOUSE
发明人	CROMPTON ALAN W.
摘要	本发明提出了一种将杏仁与杏仁壳分离的方法，即至少将未与杏仁壳分离的中间开口的杏仁放置在两个移动表面上，两个移动表面在杏仁下面有一个分离间隙，每个移动表面从分离间隙向上和向外移动，以及被布置成沿着分离间隙将中间分离的壳体从输入位置运送到输出位置。
被引数量	10

四、小结

通过本研究选取的5个我国主要优势经济林树种专利分析来看(图5-4-1、图5-4-2)，全球范围内，枣、核桃、杏的授权发明专利量较多，且国内外均有专利，其中杏的授权发明专利国外更多一些，油茶和板栗仅在中国有授权发明专利。从枣、核桃、杏3个树种的国外授权发明专利年度分析来看，发展历程较为相似，2002年以前国外授权发明专利量不多，2003—2012年专利量有所增长，2013年以后开始进入平稳发展期。总体来看，除了杏的国外授权发明专利经历了快速发展外，枣和核桃的国外发明专利活动一直较为平稳。

世界核桃授权发明专利主要分布在中国，其次是韩国和美国；专利主要涉及核桃食品饮料的制备和处理、核桃收获和去皮装置、核桃提取物的药物制剂应用、核桃栽培技术；从技术侧重点来看，国内外均非常注重核桃收获和去皮装置、核桃食品饮料的制备和处理、核桃提取物的药物制剂应用，中国更加侧重核桃栽培技术、核桃乳制品制备、微生物或酶，而国外更加侧重核桃新品种培育、核桃相关面食焙烤产品制备、核桃相关糖食的制备；核桃相关专利研发实力较强的国外机构包括西班牙HARTINGTON制药公司、韩国DAESIN CONTECTIONERY公司、美国AMERICAN FORESTRY TECH公司、美国普渡研究基金会、美国加利福尼亚大学。

世界枣授权发明专利主要分布在中国，其次是韩国和美国；专利主要涉及枣类食品的制备和处理、枣类提取物用于药物制剂、枣类酒精饮料的制备；从技术侧重点来看，国内外均

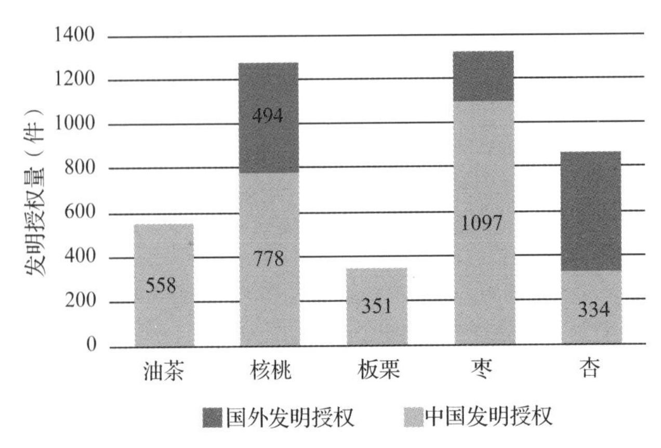

图 5-4-1　中国主要优势经济林树种世界授权发明专利量

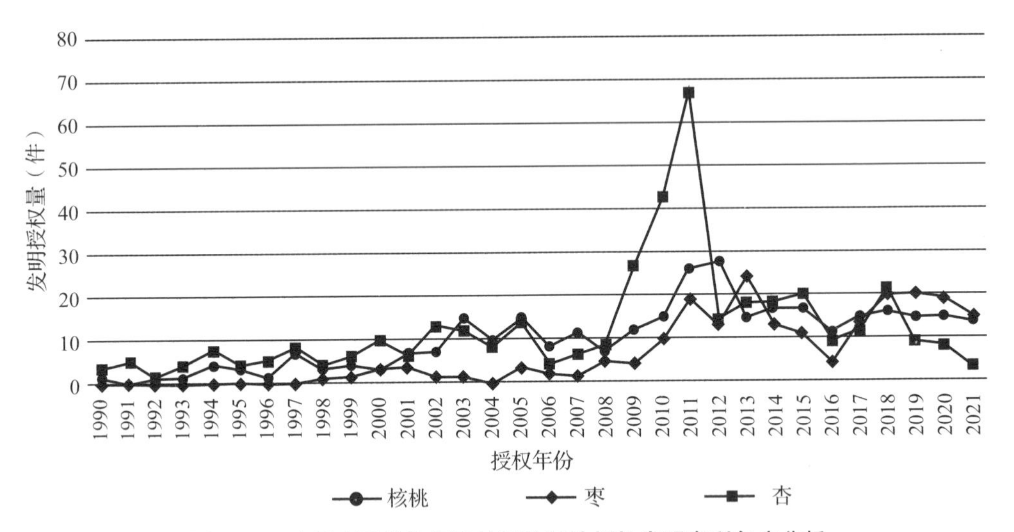

图 5-4-2　中国主要优势经济林树种国外授权发明专利年度分析

非常注重枣类食品饮料的制备和处理、枣类提取物用于药物制剂，中国更加侧重枣树栽培技术、枣酒精饮料的制备、枣收获和去皮装置，而国外更加侧重枣树纤维材料、枣类提取物用于化妆品特定用途；枣相关专利研发实力较强的国外机构包括沙特阿拉伯石油公司、韩国忠清大学产学合作基金会、韩国 POUN GUN CHUNG BUK、韩国 BOEUN GUN 农业技术中心。

世界杏授权发明专利主要分布在中国，其次是俄罗斯、美国、韩国；专利主要涉及杏相关食品的制备和处理、杏树新品种培育、杏提取物的药物制剂应用；从技术侧重点来看，国内外均非常注重杏相关食品饮料的制备和处理、杏提取物用于药物制剂、杏的收获和去皮装置，中国更加侧重杏树栽培技术，而国外更加侧重杏树新品种培育；杏相关专利研发实力较强的国外专利权人包括俄罗斯个人专利权人 KVASENKOV OLEG IVANOVICH、俄罗斯个人专利权人 AKHMEDOV MAGOMED EHMINOVICH、法国育种公司 R L AGRO SELECTION FRUITS、捷克个人专利权人 SARDARYAN EDUARD、美国个人专利权人 ZAIGER CHRIS F、GARDNER LEITH M、ZAIGER GRANT G、ZAIGER GARY N(4 位美国专利树人属于 1 个团队，大部分专利为联合申请)。

第六章　结论与建议

一、结论

1. 油茶

科技发展阶段　油茶论文数量自2007年以来快速增长，2011年开始进入平稳发展期，每年的论文数量相对稳定；而油茶专利数量则是2011年开始快速增长，2013年开始进入平稳发展期。总体来看，油茶的科学研究创新活动略早于产业技术创新活动，目前油茶科学技术创新活动属于平稳发展阶段(图6-1-1)。2006年以来国家对发展油茶产业高度重视并出台一系列促进油茶产业的政策，这对中国油茶的科学技术创新活动产生了明显促进作用。

国家科技实力　研究结果表明，油茶论文和专利的科研活动基本均为中国，这主要是由于油茶是我国特有的木本油料树种，因此油茶的科学技术创新活动基本上仅由中国开展。除中国以外，泰国、美国、日本、韩国等少数国家也有少量油茶论文发表，但是没有油茶专利申请。总体来说，国外有少量国家进行油茶相关科学基础研究，但是无相关机构参与以专利为代表的产业化技术创新活动。

研发技术类别　油茶的科学基础研究以食品科技为主，其次是植物科学、化学应用、生物化学与分子生物学等，产业技术创新则以栽培技术、油脂和香料的生产和保藏、收获和去皮装置、肥料为主。从国内外科学基础研究内容来看，中国更加侧重油茶栽培技术、茶籽油生产和加工以及油茶及油茶壳皂苷的提取和多糖研究，国外油茶文献相对较少，研究内容较分散。

主要研发机构　油茶的科学基础研究以中南林业科技大学的研究最多，其次是中国林业科学研究院、中国科学院、湖南省林业科学院、华南农业大学、江西农业大学、安徽农业大学、广西壮族自治区林业科学研究院、福建农林大学、江西省林业科学院、南京林业大学。油茶的产业技术创新以中南林业科技大学和广西壮族自治区林业科学研究院最为活跃，其次是中国林业科学研究院、浙江省林业科学研究院和湖南省林业科学院。总体来看，油茶领域无论是科学基础研究和产业技术创新，均由中国高校和研究机构承担，企业的研发实力较为薄弱。中南林业科技大学、中国林业科学研究院、广西壮族自治区林业科

学研究院和湖南省林业科学院的综合实力最强。

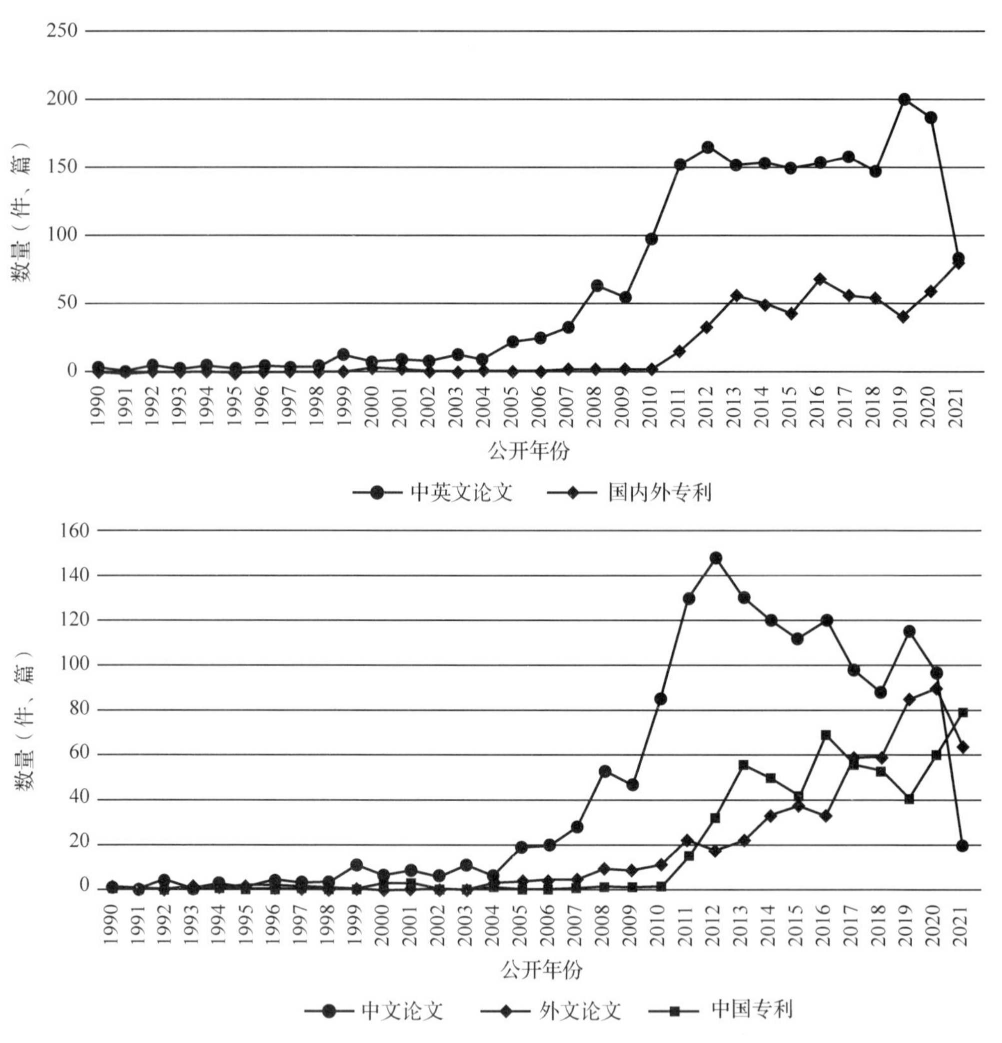

图 6-1-1　国内外油茶论文和专利年度分布

主要研发团队　油茶领域科学基础研究最多的科研团队有 3 个，一是中南林业科技大学森林培育(经济林学)谭晓风团队，主要开展油茶等经济林树种的种质创新、优质丰产栽培技术和应用基础方面的研究工作；二是中国林业科学研究院亚热带林业研究所经济林研究室姚小华团队，长期从事经济林培育与利用技术研究，主要研究油茶等木本油料树种培育与利用技术；三是，是湖南省林业科学院油茶研究所陈永忠团队，主要从事油茶育种与栽培技术研究。油茶领域具有较强实力的产业技术创新团队，除了中国林业科学研究院亚热带林业研究所姚小华团队以外，还有中国林业产业联合会油茶协会管天球团队，以及广西壮族自治区林业科学研究院油茶研究所王东雪团队。

2. 核桃

科技发展阶段　核桃论文数量一直处于稳步增长状态，国内和国外均如此，目前仍然处于上升趋势；而核桃专利数量则一直增幅不大，特别是国外专利，目前每年的国内外专利数量均处于相对稳定的状态。总体来看，目前，核桃领域的科学基础研究活跃度要明显高于产业技术创新(图 6-1-2)。

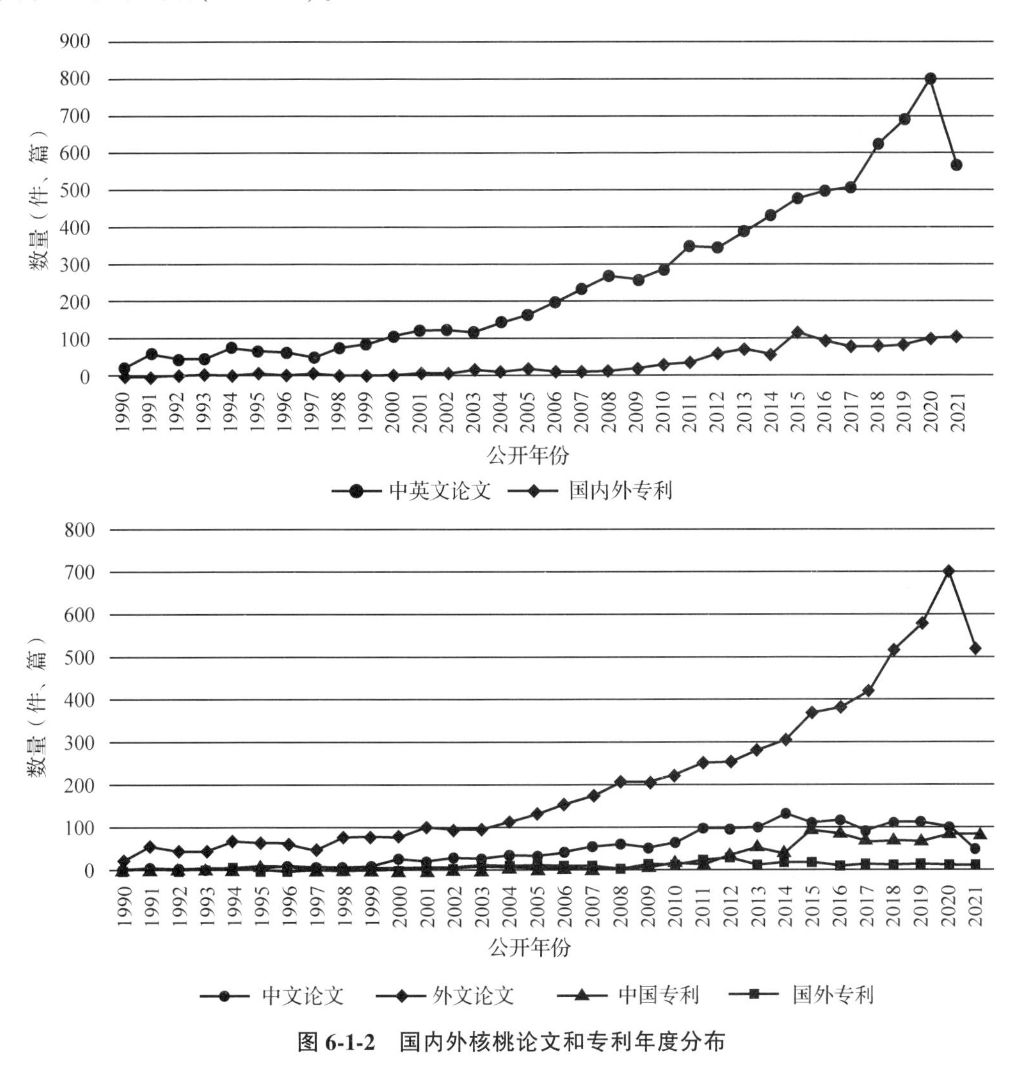

图 6-1-2　国内外核桃论文和专利年度分布

国家科技实力　核桃论文主要由美国和中国发表，其次是伊朗、土耳其、西班牙、法国、意大利，核桃专利主要分布在中国，其次是韩国、美国。总体来看，美国和中国在核桃领域的基础科学研究和技术产业创新方面实力都是最强的，此外欧洲的土耳其、西班牙、法国、意大利等国家更注重科学基础研究，而亚洲的韩国、日本等则是核桃产业技术创新表现更好。

研发技术类别　核桃的科学基础研究以食品科技和植物科学为主，此外还包括环境科学、林业、营养学、园艺、化学应用等，产业技术创新则以核桃相关食品的制备和处理、核桃收获和去皮装置为主，其次是核桃提取物用于药物制剂、核桃栽培技术。从国内外科学基础研究内容来看，国内外均非常注重核桃食品饮料的营养研究、核桃提取物的化学应用，在此基础上，中国更加侧重核桃栽培技术、核桃果实制备，而国外更加侧重核桃新品种培育的研究。从国内外产业技术侧重点来看，国内外均非常注重核桃收获和去皮装置、核桃食品饮料的制备和处理、核桃提取物的药物制剂应用，中国更加侧重核桃栽培技术、核桃乳制品制备、微生物或酶，而国外更加侧重核桃新品种培育、核桃相关面食焙烤产品制备、核桃相关糖食的制备。

主要研发机构 核桃的科学基础研究以美国农业部和加利福尼亚大学的研究最多，其次是法国国家农业食品与环境研究院、欧洲研究型大学联盟、普渡大学、中国科学院、德黑兰大学、法国国家科学研究中心、西北农林科技大学、西班牙高等科学研究理事会。核桃的产业技术创新分布相对分散，各个研发机构的核桃专利均不多，没有形成产业技术实力较为雄厚的机构，中国的昆明理工大学、新疆农业大学、青岛理工大学、陕西科技大学的核桃专利相对较多。总体来看，核桃领域的科学基础研究和产业技术创新方面技术实力最强的是美国农业部、加利福尼亚大学和普渡大学。核桃领域的基础科研研究和产业技术创新均由高校和研究机构承担，企业的研发实力相对薄弱。

主要研发团队 核桃领域科学基础研究的科研团队较多，国外主要有普渡大学 Woeste Keith 团队，主要开展核桃在基因遗传学方面的应用研究；加利福尼亚大学 Leslie Charles A. 团队，主要研究核桃基因育种。国内主要有中国林业科学研究院林业研究所裴东团队，主要从事核桃属植物育种学和栽培学的应用研究；西北农林科技大学王绍金团队，主要研究射频波对核桃等果实的影响；西北农林科技大学翟梅枝团队，致力于核桃良种选育、丰产栽培、示范推广。核桃领域具有较强实力的产业技术创新团队，国外主要是加利福尼亚大学 Leslie Charies 团队，主要开展核桃树新品种培育；国内的青岛理工大学李长河团队主要开展核桃分选和去壳装置研究，昆明理工大学陈朝银团队主要开展核桃相关的分子生物学以及基因工程相关技术研究。

3. 板栗

科技发展阶段 板栗论文数量总体来看一直处于稳步增长状态，目前处于相对平稳的波动状态，近年来外文论文数量仍然增长势头良好，但是中文论文数量明显下降，中国作者越来越倾向于发表外文论文；而板栗专利则全部在中国，一直处于稳步增长状态，目前处于相对平稳的波动状态，国外则没有相关专利。总体来看，板栗领域的科学基础研究的发展要早于产业技术创新，目前板栗科学技术创新活动属于平稳发展阶段(图 6-1-3)。

国家科技实力 板栗论文主要由中国和美国发表，其次是日本和英国，板栗专利仅分布在中国。总体来看，中国和美国在板栗领域的基础科学研究实力是最强的，此外日本以及欧洲的英国、西班牙、德国、意大利、法国等也有一些板栗科学基础研究，中国是板栗最大的消费国，因此由专利代表的板栗产业技术创新均在中国。

研发技术类别 板栗的科学基础研究以食品科技和植物科学为主，此外还包括园艺、林业、化学应用、生物化学与分子生物学、遗传学与遗传、农艺学、昆虫学等，产业技术创新则以板栗相关食品的制备和处理、板栗收获和去皮装置为主，其次是板栗栽培技术、板栗的化学催熟和保存、板栗提取物用于药物制剂。从国内外科学基础研究内容来看，国内外均非常注重板栗基因组研究，在此基础上，中国更加侧重板栗组成成分的化学应用研究，而国外更加侧重板栗栗疫病菌的研究。

主要研发机构 板栗的科学基础研究以中国科学院、美国农业部、北京林业大学的研究最多，其次是英国生物技术和生物科学研究委员会（BBSRC）、英国 Quadram Institute、

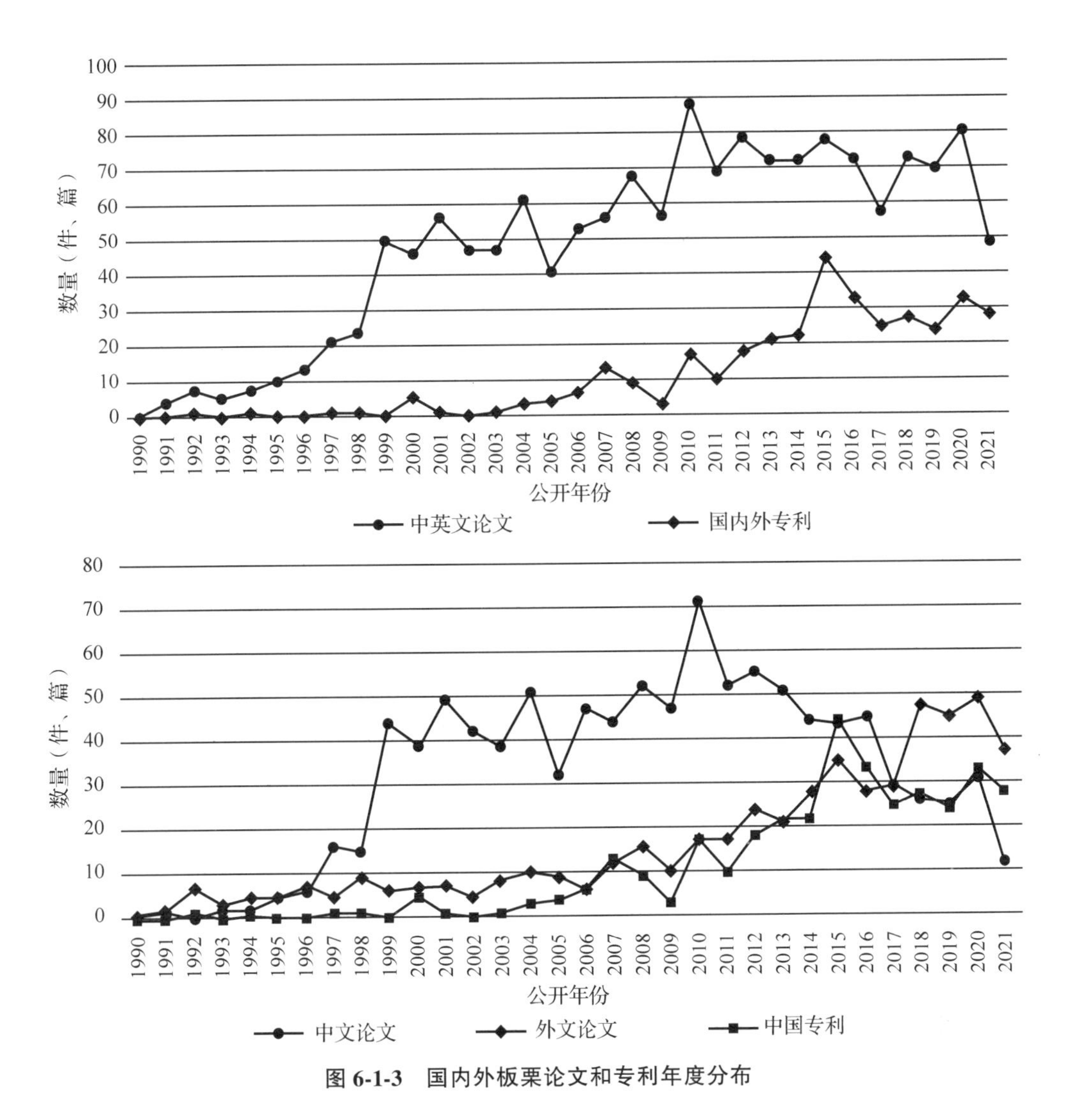

图 6-1-3　国内外板栗论文和专利年度分布

英国研究与创新署（UKRI）、东英吉利大学和中国农业大学。板栗的产业技术创新分布相对分散，各个研发机构的核桃专利均不多，没有形成产业技术实力较为雄厚的机构，河北科技师范学院、徐州绿之野生物食品有限公司、广西大学、北京农学院、中国农业大学、陕西科技大学、江南大学、河北省农林科学院昌黎果树研究所、中国科学院沈阳应用生态研究所均有一定的板栗专利。总体来看，板栗领域的科学基础研究和产业技术创新方面技术实力最强的是中国科学院和美国农业部。板栗领域的基础科学研究和产业技术创新以由高校和研究机构为主，企业的研发实力相对薄弱。

主要研发团队　板栗领域科学基础研究的科研团队较多，具有较强实力的包括：北京林业大学教授郭素娟，主要研究领域为经济林培育理论与技术；北京农学院教授秦岭，研究方向为园艺种质资源创新与利用，主要研究栗属植物资源评价与利用、板栗基因组和转录组研究、分子辅助育种、板栗种质创制等；北京市农林科学院研究员兰彦平，主要从事板栗优良品种选育、资源评价与利用研究；中国林业科学研究院林业研究所研究员王贵禧，主要研究板栗采后生物学和贮藏保鲜技术；美国纽约州立大学环境与林学院 Powell

William A.，主要开展栗属植物转基因相关研究。板栗领域具有较强实力的产业技术创新团队主要有河北科技师范学院王同坤团队，主要开展板栗相关提取物的药物制剂应用研究。

4. 枣

科技发展阶段　枣的论文数量总体来看一直处于稳步增长状态，目前处于相对平稳的波动状态，近年来外文论文数量仍然增长势头良好，但是中文论文数量略有下降，中国作者越来越倾向于发表外文论文；而枣的专利则大部分在中国，目前处于相对平稳的波动状态，国外则一直专利量较少。总体来看，枣领域的科学基础研究的发展要早于产业技术创新，目前枣的科学技术创新活动属于平稳发展阶段(图 6-1-4)。

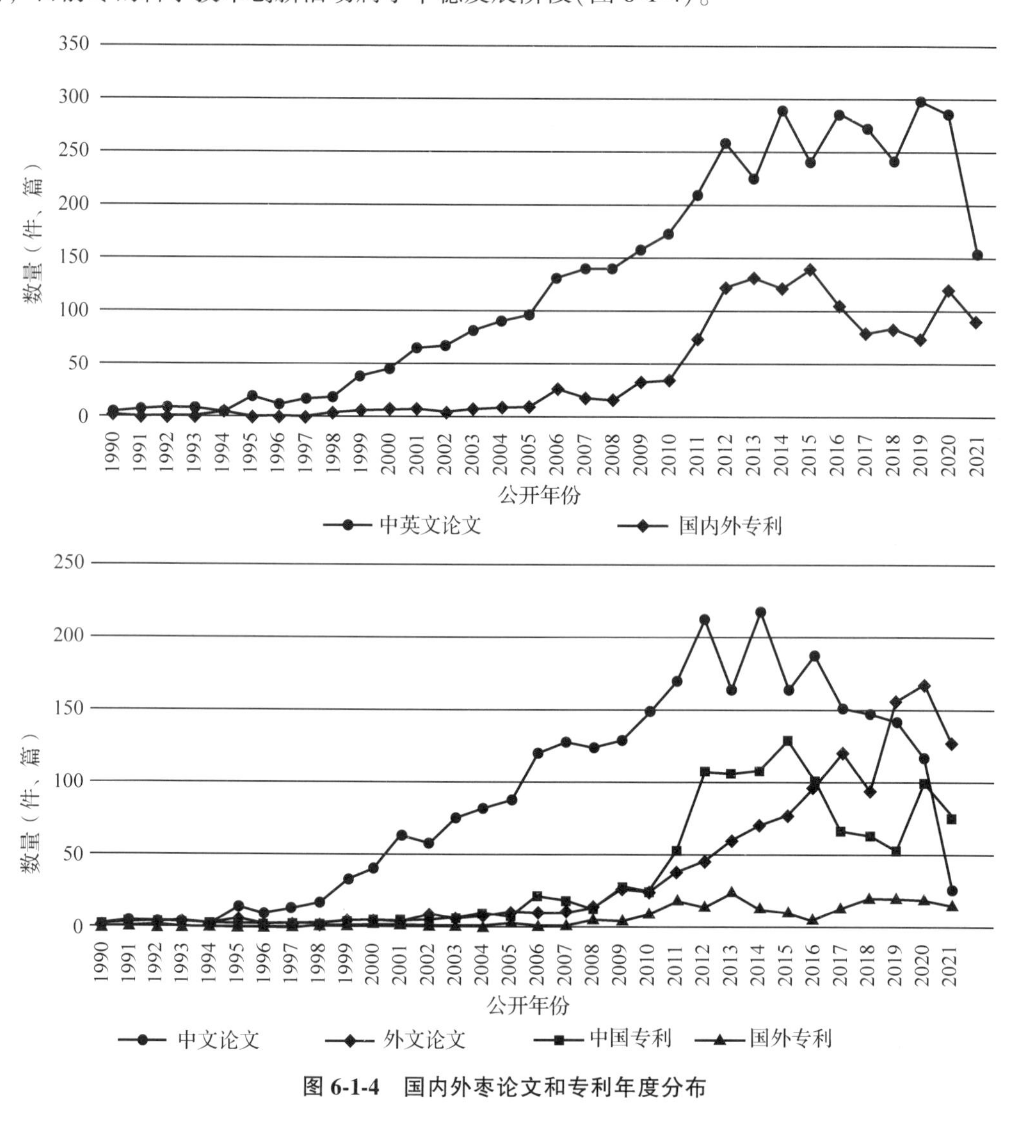

图 6-1-4　国内外枣论文和专利年度分布

国家科技实力　枣的论文大部分由中国发表，其次是印度、伊朗、韩国，枣的专利绝大部分在中国，其次是韩国。总体来看，中国在枣领域的基础科学研究实力和技术产业实力方面都是最强的，其次是韩国。

研发技术类别 枣的科学基础研究以食品科技和植物科学为主，此外还包括园艺、化学应用、生物化学与分子生物学、药理学与药剂学、营养与营养学等；产业技术创新则以枣类食品的制备和处理为主，其次是枣类提取物的医药应用、枣树栽培技术、枣类酒精饮料的制备、枣类收获装置。从国内外科学基础研究内容来看，国内外均非常注重枣及枣组成成分的化学研究，在此基础上，中国更加侧重枣栽培技术、枣类食品的营养研究，而国外更加侧重枣类提取物用于药物的研究。从国内外产业技术创新侧重点来看，国内外均非常注重枣类食品饮料的制备和处理、枣类提取物用于药物制剂，中国更加侧重枣栽培技术、枣酒精饮料的制备、枣收获和去皮装置，而国外更加侧重枣树纤维材料、枣类提取物用于化妆品特定用途。

主要研发机构 枣的科学基础研究以西北农林科技大学和中国科学院的研究最多，其次是中国农业大学、河北农业大学、新疆农业大学、塔里木大学、山西农业大学、中国农业科学院、石河子大学、浙江大学。枣的产业技术创新分布相对分散，塔里木大学研究较多，此外陕西科技大学、太原市汉波食品工业有限公司、河北农业大学、沙特阿拉伯石油公司、韩国忠清大学产学合作基金会、新疆农垦科学院也有一定专利量。总体来看，枣领域的科学基础研究以高校和研究机构为主，产业技术创新则是高校、科研机构和企业均有参与。

主要研发团队 枣领域科学基础研究的科研团队较多，具有较强实力的团队包括：河北农业大学教授刘孟军，主要研究方向为枣组学、分子育种、现代栽培技术及果品营养与功能；西北农林科技大学国家节水灌溉杨凌工程技术研究中心研究员汪有科，研究方向为水土保持、节水灌溉、山地经济生态林建设；南京中医药大学段金廒，主要开展枣组成成分的研究，如枣干蒸过程中三萜酸、核苷、碱基和糖含量的变化等。枣领域产业技术创新代表性团队除了河北农业大学刘孟军团队，还有山西汉波食品有限公司马强，主要开展红枣饮料制备，以及沙特阿拉伯石油公司高级石油工程顾问 AMANULLAH MD 博士团队，主要开展枣树纤维混合堵漏材料研究。

5. 杏

科技发展阶段 杏的论文数量总体来看一直处于稳步增长状态，目前处于相对平稳的波动状态，近年来外文论文数量仍然增长势头良好，但是中文论文数量呈下降趋势；而杏的专利有近一半在中国，目前处于相对平稳的波动状态。总体来看，杏领域科学基础研究的发展要早于产业技术创新，目前杏的科学技术创新活动属于平稳发展阶段(图 6-1-5)。

国家科技实力 杏的论文主要由土耳其、中国、西班牙发表，其次是意大利、美国、日本、印度、法国，杏的专利主要分布在中国，其次是俄罗斯、美国和韩国。总体来看，参与杏领域的基础科学研究的国家较多，且实力相对均衡。中国和美国无论是在杏的基础科学研究还是技术产业创新方面都具有较强实力。

研发技术类别 杏的科学基础研究以食品科技、园艺和植物科学为主，此外还包括农学、化学应用、生物化学与分子生物学、基因与遗传学、工程化学等；产业技术创新则以杏相关食品的制备和处理为主，其次是杏的新品种培育，杏类提取物的医药应用，杏的去皮和收获装置，杏树栽培技术，杏的催熟与保存等。从国内外科学基础研究内容来看，国

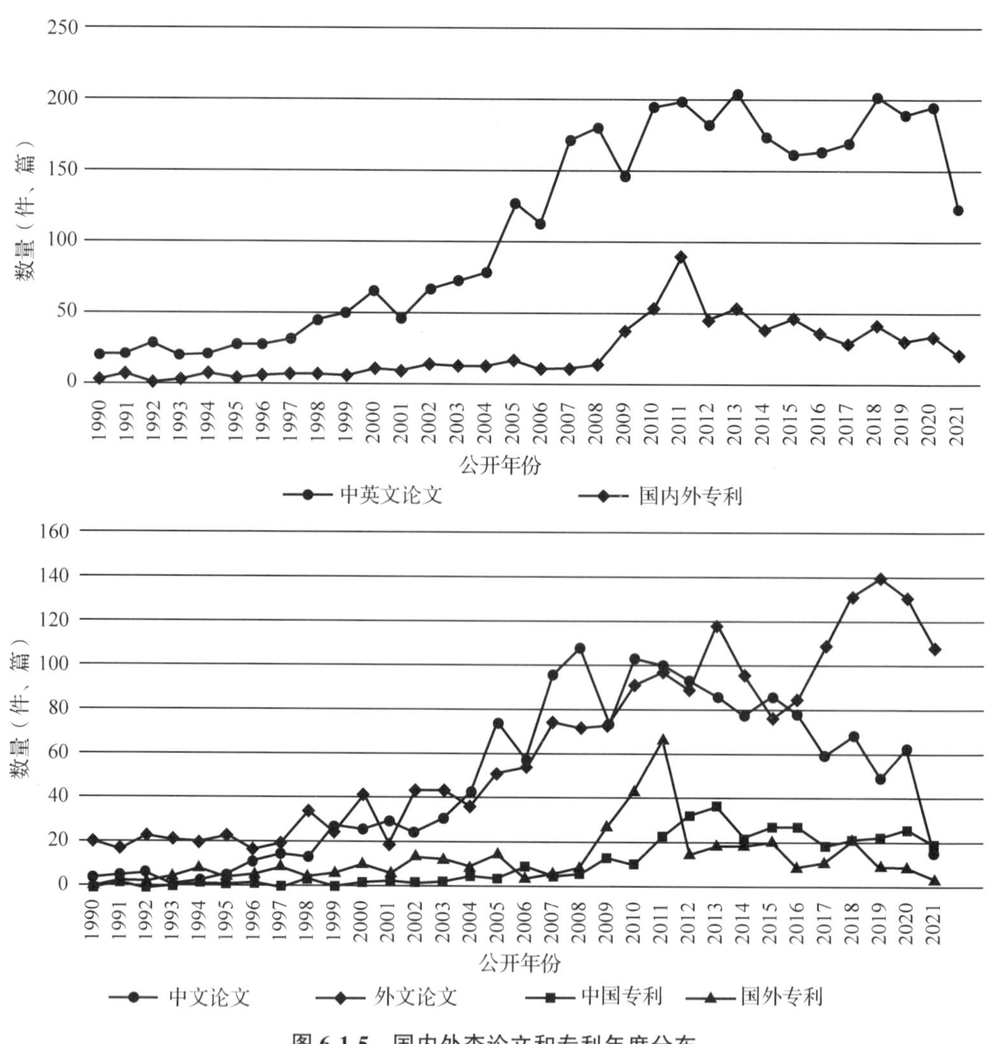

图 6-1-5　国内外杏论文和专利年度分布

内外均非常注重杏提取物的药物制剂应用研究，在此基础上，中国更加侧重杏的栽培技术、基因育种研究，而国外更加侧重杏及杏组成成分的化学研究。从国内外产业技术创新侧重点来看，国内外均非常注重杏相关食品饮料的制备和处理、杏提取物用于药物制剂、杏的收获和去皮装置，中国更加侧重杏的栽培技术，而国外更加侧重杏树新品种培育。

主要研发机构　杏的科学基础研究以西班牙高等科学研究理事会(CSIC)、法国国家农业食品与环境研究院(INRAE)和伊诺努大学的研究最多，其次是南京农业大学、阿塔图尔克大学、安卡拉大学、加利福尼亚大学、欧洲研究型大学联盟(LERU)、布尔诺孟德尔大学、博洛尼亚大学。杏的产业技术创新分布相对分散，法国育种公司 R L AGRO SELECTION FRUITS、新疆农业大学、西北农林科技大学、陕西师范大学均有一定专利量。总体来看，杏领域的科学基础研究以高校和研究机构为主，产业技术创新方面中国仍以高校和科研机构为主，国外则以企业和个人为主。

主要研发团队　杏领域科学基础研究的科研团队较多，具有较强实力的包括：法国农业科学研究院 Audergon Jean-Marc 团队，主要开展杏的基因组选择、基因鉴定等相关研究；西班牙高等科研理事会 Ruiz David 团队，主要开展杏育种研究；西班牙学者 Egea J 团队，主要开展杏树新品种、杏产量的研究等；南京农业大学教授高志红，主要开展杏基因研究分析。杏领域产业技术创新分布较为分散，实力较强的团队是法国育种公司 R L AGRO SELECTION FRUIT 的 MAILLARD LAURENCE 团队，主要开展杏的新品种培育。

二、建议

1. 加强经济林产品精深加工

研究表明，目前我国油茶、核桃、板栗、枣和杏的科学基础研究均以食品科技和植物科学为主，产业技术创新则以相关食品的制备和处理、收获和去皮装置为主，在具有较高附加值的经济林产品精深加工和利用方面的研究相对较少，特别是国内，因此建议加强各类经济林产品精深加工方面的科学基础研究和产业技术创新。例如，油茶籽榨取的茶油是一种高档木本食用油，其营养价值与橄榄油相媲美，也是开发药品、保健品和化妆品的优良原材料，开发利用价值高；榨取茶油后的茶枯饼可提取茶皂素、茶多糖等活性物质，也可用于制造生物肥、生物农药和生物洗涤剂等绿色产品；茶壳可提炼栲胶、糠醛、活性炭等，可用于皮革、塑料、油漆、涂料等方面。

2. 加强经济林植物新品种培育

研究表明，相对于国外而言，我国在经济林新品种培育方面的研究更少，关于经济林栽培技术方面的研究更多，因此建议加强优质经济林新品种培育方面的研究，提高我国经济林产品在世界上的竞争力。对于国内外研究均较多的核桃和杏，美国加利福尼亚大学在核桃树新品种培育和基因育种方面具有较强实力，西班牙高等科研理事会在杏育种方面研究较多；法国育种公司 R L AGRO SELECTION FRUIT 的杏新品种培育实力较强，这些都值得国内学习和借鉴。对于油茶、板栗、枣这类主要或仅受中国关注的经济林产品，则主要通过自主创新进行新品种培育。

3. 加强经济林企业科技创新能力

研究表明，目前我国油茶、核桃、板栗、枣和杏的科学基础研究和产业技术创新，均以中国高校和研究机构为主，企业的研发实力较为薄弱，这非常不利于各类经济林产业的发展和做大做强，建议科研机构与企业联合攻关，带动经济林企业加强技术创新能力，这样更有利于中国经济林产业的长远健康发展。中国科学院院士王贻芳认为，企业在基础科学研究投入严重不足，导致产业缺乏核心的技术，企业的研究力量也非常薄弱，没有足够的知识储备和能力积累，也影响产学研合作和科技成果的转化效果。他还以美国、韩国和日本等国企业对基础科学的研究为例说明，企业的超强竞争力与其对基础研究一贯的支持，特别是领域内前沿性的基础研究是密不可分的。

4. 以科技为支撑引导经济林产业转型升级

研究表明，近 10 年来，油茶、板栗、枣和杏的科学基础研究和产业技术创新基本都处于平稳发展阶段，缺乏更多新的科学技术突破来实现产业的跨越式发展。尤其是油茶、板栗和枣这类主要或仅受中国关注的经济林产品，中国只有通过深厚的科学基础研究和新技术研发应用，才能为各类经济林产业转型升级和持续健康发展保驾护航。

5. 与国外经济林研究优势机构开展合作

对于核桃和杏这类国内外研究均较多的经济林产品，建议加强与国外优势研究机构之间的合作交流。如，核桃领域的研究，可以与美国农业部、加利福尼亚大学、普渡大学、法国国家农业食品与环境研究院、欧洲研究型大学联盟、德黑兰大学、法国国家科学研究中心等机构开展合作和学习。杏领域的研究可以与西班牙高等科学研究理事会、法国国家农业食品与环境研究院、伊诺努大学、加利福尼亚大学、欧洲研究型大学联盟等开展合作和学习。

参考文献

董坤，许海云，罗瑞，等．科学与技术的关系分析研究综述[J]．情报学报，2018，37(6)：11.

付贺龙，王忠明，马文君，等．我国近 20 年木结构相关研究文献分析[J]．木材工业，2017，31(4)：28-31.

管珊红，付英，曾小军，等．《江西农业学报》2008—2012 年载文统计分析[J]．江西农业学报，2014，26(6)：139-142.

郭俊，杜冠潮，赵丰等．基于 VOSviewer 与 CiteSpace 的良性前列腺增生中医药研究现状与趋势的知识图谱分析[J]．世界科学技术-中医药现代化，2021，23(6)：1902-1908.

国家林业和草原局．中国林业和草原统计年鉴(2020)[M]．北京：中国林业出版社，2021.

韩元顺，许林云，周杰．中国板栗产业与市场发展现状及趋势[J]．中国果树，2021(4)：83-88.

贺宇玉，曾子逸，王卉，等．国内外辣味科学研究的文献计量分析[J]．中国食品学报，2022，22(1)：15.

胡臻，张阳．基于普赖斯定律与综合指数法的核心作者和扩展核心作者分析——以《西南民族大学学报》(自然科学版)为例[J]．西南民族大学学报：自然科学版，2016，42(3)：4.

梁国强．国内文献计量学综述[J]．科技文献信息管理，2013，27(4)：3.

刘辉锋，杨起全．基于论文与专利指标评价当前我国的科技产出[J]．科技管理研究，2008，28(8)：48-50.

刘金花，崔金梅．基于 VOSviewer 的领域性热门研究主题挖掘[J]．情报探索，2016(2)：13-16.

刘孟军，王玖瑞，刘平，等．中国枣生产与科研成就及前沿进展[J]．园艺学报，2015，42(9)：1683-1698.

刘孟军，王玖瑞．新中国果树科学研究 70 年——枣[J]．果树学报，2019，36(10)：1369-1381.

刘孟军．枣产业转型期面临的挑战与对策[J]．中国果树，2018(1)：1-4.

刘英敏．枣抗逆优质高产新品系选育研究[D]．河北：河北农业大学，2017.

裴东，郭宝光，李丕军，等．我国核桃市场与产业调查分析报告[J]．农产品市场，2021(19)：54-56.

宋涯含，吴云霞，范道洋．基于 VOSviewer 生物医学领域 3D 打印的知识图谱分析[J]．中国组织工程研究，2021，25(15)：9.

孙浩元，张俊环，杨丽，等．新中国果树科学研究 70 年——杏[J]．果树学报，2019，36(10)：1302-1319.

韦忠明．2006—2009 年《图书馆论坛》基金资助论文分析——继 1993—2005 年该刊基金资助论文的再分析[J]．图书馆论坛，2011，31(1)：52-54+175.

徐德兵，袁其琼，陈福，等．油茶产业转型升级的瓶颈及对策研究[J]．林业经济问题，2017，37(6)：78-83110.

殷媛媛，肖沪卫．基于论文专利的科学技术互动发展趋势研究——以立体显示产业为例[J]．情报杂志，

2011，30(6)：25-2981.
余红红，韩长志，李娅．中国省域核桃产业竞争力评价[J]．北方园艺，2021(18)：161-167.
翟纡润，陈振江，李春杰．基于 Web of Science 与 CNKI 数据库的野大麦文献计量分析[J]．草业科学，2022，39(4)：10.
张立伟，王辽卫．我国油茶产业的发展现状与展望[J]．中国油脂，2021，46(6)：6-927.
章秋平，刘威生．杏种质资源收集、评价与创新利用进展[J]．园艺学报，2018，45(9)：1642-1660.
赵海莉，张婧．基于 Citespace 和 Vosviewer 的中国水旱灾害研究进展与热点分析[J]．生态学报，2020，40(12)：10.
钟文娟．基于普赖斯定律与综合指数法的核心作者测评——以《图书馆建设》为例[J]．科技管理研究，2012，32(2)：57-60.